LEITFADEN

FUR

SCHACHSPIELER

VERFASST

VON

VON DER LASA.

FÜNFTE VERMEHRTE AUFLAGE,

BESORGT VON

DR. C. SCHWEDE.

LEIPZIG,

VERLAG VON VEIT & COMP.

1880.

Il faut que la Grammaire soit conduite par le génie de la langue qu'elle traite; que la méthode en soit nette et facile; qu'elle n'omette aucune des lois de l'usage; et que tout y soit exactement défini ainsi qu'éclairé par des exemples; afin que les ignorans la puissent apprendre, et que les doctes lui donnent leur approbation.

GIRARD VI. Discours.

Druck von Metzger & Wittig in Leipzig.

Vorwort zur vierten Auflage.

Seit dem Jahre 1848, in welchem der Leitfaden zum ersten Male erschien, hat sich die Thätigkeit der deutschen und ausländischen Schachfreunde ungemein gesteigert. Ausser den Resultaten, welche wir in grösseren neuen Werken dargelegt finden, wurden verschiedene Abschnitte der Theorie auch durch Aufsätze in den Zeitschriften näher erörtert, während andere Fragen von Bedeutung in Partien, namentlich bei den Schachwettkämpfen, in Anregung kamen. Der Kreis der Theilnehmer an den theoretischen Bestrebungen erweitert sich von Tag zu Tag. Dadurch wird eine fortdauernde Vervollständigung der älteren Arbeiten zum Bedürfniss. Der hiernach 1857 umgearbeitete und 1862 wiederum erweiterte Leitfaden soll in seiner jetzigen, vierten Auflage dem Leser eine kurze und allseitige Belehrung für das so merklich vergrösserte Gebiet unserer Schachwissenschaft, unter Beachtung der erhöhten Anforderungen des lernenden Publikums, gewähren. Zu diesem Zwecke sind, neben Beibehaltung des früheren Planes für das Ganze, die einzelnen Spiele sorgsam revidirt und mit den erforderlichen Ergänzungen versehen worden. Von dem Streben nach möglichster Kürze in der Ausführung der Spiele sind wir aber nicht abgegangen und man wird also auch gegenwärtig überall nur das Wesentlichste leichtfasslich erläutert finden, während solche Einzelnheiten, die erst bei tiefer eingehendem Studium und grösserer Uebung im Spiel an Interesse gewinnen, in dem umfassenden Bilguer'schen Handbuche aufzusuchen bleiben.

Kopenhagen, Februar 1876.

v. d. Lasa.

Vorwort zur fünften Auflage.

Herr v. d. Lasa hat sich aus denselben Gründen, welche ihn veranlassten, die Redaction des Handbuches niederzulegen, auch von der Veranstaltung weiterer Auflagen des Leitfadens zurückgezogen.

Der Leitfaden setzt bereits einige Kenntnisse voraus und bildet gewissermassen die Vorschule zu Bilguer; für Diejenigen, welche sich mit den ersten Elementen des Spieles vertraut machen wollen, ist das ABC von Minckwitz bestimmt.

Diese fünfte Auflage des Leitfadens, die fast gleichzeitig mit der sechsten Bearbeitung des Bilguer'schen Handbuchs erscheint, hat allen Neuerungen der Theorie und Praxis Rechnung getragen. Die Anlage, der Plan des Buches aber, welche sich in vier Auflagen als durchaus zweckdienlich bewährt haben, sind unverändert geblieben. Es lag allerdings die Versuchung nahe, in dem Leitfaden die gleiche Reihenfolge der Spieleröffnungen eintreten zu lassen wie im Bilguer'schen Handbuche, allein andererseits machte sich die Rücksicht auf den Vortheil geltend, welcher dem Lernenden durch möglichstes Zusammenhalten der geschlossenen wie der offenen Spiele erwächst. Der wichtige Unterschied zwischen den beiden Partien-Classen wird auf diese Weise schärfer markirt.

Dresden, im Februar 1880.

Dr. Constantin Schwede.

Inhaltsverzeichniss.

Einleitung.

Um den Leser auf den Standpunkt zu versetzen, von welchem der Verfasser bei Bearbeitung der gegenwärtigen Abhandlung ausging, wollen wir als Einleitung einen prüfenden Blick auf die Entwickelung der Schachliteratur werfen, an welche sich dieses Werk anreiht.

Das Spiel kam wohl schon vor dem Jahre 1000 unserer Zeitrechnung aus dem Oriente zu uns, und muss bereits, ehe die Kreuzzüge begannen, weit verbreitet gewesen sein, unterschied sich jedoch im Abendlande einigermassen von der in Asien gebräuchlichen Spielweise. Seine jetzige Gestalt erhielt es im südwestlichen Europa zur Zeit, als die Buchdruckerkunst Aufnahme fand. Vorzüglich beliebt scheint es damals in Spanien gewesen zu sein, denn hier entstanden die ersten Druckwerke praktischer Spiele. Zunächst schloss sich dann Italien an, von wo aus sich das Studium über Frankreich, England, Deutschland, und zuletzt auch über Russland und den skandinavischen Norden, sowie über Amerika verbreitete, während das Interesse bei den Spaniern allmählich wieder abnahm. Die Epochen der Literatur können zum Theil nach diesen Nationen unterschieden werden, lassen aber auch einen allgemeinen Fortschritt erkennen.

Die ersten um 1500 gedruckten Werke eines Lucena und Damiano erscheinen, gleich wie das vermuthlich noch etwas ältere lateinische Manuscript zu Göttingen, für den Theoretiker jetzt mehr ihres Alters als der Vollständigkeit ihrer Untersuchungen wegen beachtenswerth. Nur ihre künstlichen Endspiele sind noch fortwährend geschätzt. Als den wahren Begründer der Theorie können wir erst einen gelehrten Geistlichen von Safra, Ruy Lopez, betrachten, der aber auch die Rochade noch nicht anwandte. Er zeichnete viele für seine Zeit lehrreiche Eröffnungen auf, nahm dabei jedoch auf eine planmässige Entwickelung der Streitkräfte noch wenig Rücksicht. Eine Vervollkommnung in letzterer Hinsicht sehen wir bei dem Italiener Polerio, welcher übrigens seinen Spielen auch durch die gewöhnliche Rochade mehr Lebendigkeit verschaffte. Seine handschriftliche Arbeit, die erst kürzlich zum Druck gelangt ist, verfiel aber bald, obwohl das Hauptsächlichste daraus von Zeitgenossen benutzt wurde, gänzlich der Vergessenheit und fand daher weniger Anerkennung als Gianutio's gleichzeitiges Werk mit freierer Rochade. Diese Art Rochade (s. S. 9) hat sich in Italien bis heute erhalten. Wichtiger noch war aber die Erscheinung zweier Meister, Salvio und Greco, deren ersterer seine Erfahrungen 1604 zu Neapel in einem geschätzten Buche niederlegte, welches auf Polerio stillschweigend fussend, namentlich über das Königsgambit Aufschluss gab. Zu bedauern ist indess, dass es jener Meister an den belehrenden Bemerkungen ganz fehlen liess. Dieser Vorwurf trifft auch die sehr bekannte Spielsammlung des Greco, welche man ausserhalb Italiens, wo die beschränkte Rochade üblich blieb, noch jetzt allgemein verbreitet findet.

Ein Abschnitt für die Schachliteratur tritt zur Zeit des dreissigjährigen Krieges ein. Bei allen Nationen ruhen nämlich seitdem die Forschungen bis gegen die Mitte des vorigen Jahrhunderts, nehmen dann aber einen Charakter grösserer Gründlichkeit an. Zunächst sehen wir allerdings noch Bertin und 1745 Stamma gleich den früheren Autoren mit Spiel-Anfängen ohne genügende Erläuterungen auftreten, bald aber folgt Rio in Italien und Philidor für den Norden: beide als die Vertreter verschiedener Systeme bekannt. Philidor versuchte die Mitte der Partie zu analysiren und glaubte, ähnlich wie Bertin, der Gewinn sei allein von der Führung der Bauern mit richtiger Unterstützung durch die Officiere abhängig. Er trachtete stets, die Positionen durch die vorgeschobenen Bauern abzuschliessen und nahm, wie die 1775 ihm nachfolgenden Amateurs, das Lauferspiel als Norm an. Indess blieb er, eben aus diesem Grunde, vom Vorwurf der Einseitigkeit nicht frei. Rio und dessen geschickte Commentatoren, Lolli und Ponziani, beschränkten sich auf die Theorie der Eröffnungen und Endspiele, leisteten hierin aber Ausgezeichnetes. Namentlich gewährt

Ponziani's zweite Auflage von 1782 einen musterhaft kurzen und gediegenen Unterricht, der jedoch, wegen Anwendung der freien Rochade, lange auf Italien beschränkt blieb, wo er noch fortwährend als unerreicht gilt. Ueberhaupt ward aber das Interesse für das Spiel seither auf der Halbinsel merklich geringer und begann erst wieder in ganz neuester Zeit sich dort zu heben. Unsere Darstellung hat es also ferner mit dem Norden allein zu thun, bei welchem Philidor's Ansichten Eingang fanden, und neben Greco, Stamma's künstlichen Endspielen und Lopez lange den gültigen Codex bildeten. Fast allein auf diese Schriften ist auch Allgaier's übrigens schätzbares Werk gegründet, welches die Forschungen der grossen Italiener noch mit Misstrauen fern hielt. Dieselben wurden erst im Anfange unseres Jahrhunderts durch die deutschen Uebersetzungen von Heinse, Koch, Mosler allmählich bekannt, gelangten, dann auch nach Schweden und Russland und führten später eine Verschmelzung der Ansichten der sich entgegenstehenden Autoren herbei. Namentlich sind es aber die englischen Uebersetzer Saratt, Lewis und Cochrane, welche diese Vereinigung ins Leben riefen, indem sie das Neue mit dem Bekannten in Verbindung setzten und selbständig bearbeiteten. Unter ihnen gebührt dann wieder Lewis das grosse Verdienst, die Vermittelung zuerst am vollkommensten erreicht zu haben. Er entwickelte 1831 und 1832 sämmtliche Eröffnungen ihrem wahren Charakter gemäss und erweckte dadurch zugleich von neuem die Theilnahme an gründlichen Forschungen. Unter seinen Landsleuten schloss sich ihm Walker und demnächst Staunton an. Darauf folgten zwei in London lebende Deutsche, Kling und Horwitz, mit einem Werk über gewöhnliche Spiel-Endungen, und demnächst mehrere englische und amerikanische Verfasser.

In Frankreich, wo die Periode der Uebersetzungen, welche wir in Deutschland, England und dem Norden wahrnehmen, um 1830 noch nicht eingetreten war, lieferte de la Bourdonnais 1833 eine zeitgemässe Compilation. Erst durch Alexandre's *Tableaux synoptiques des ouvrages tant anciens que modernes* ist hier 1837 die Lücke der fehlenden Uebersetzungen mittelst eines grossen Sammelwerkes ergänzt worden. In Deutschland hat die Kenntniss des Spieles nach Allgaier durch Silberschmidt, Lange und Andere, so wie durch Bilguer's Handbuch beträchtliche Fortschritte gemacht, während von St. Petersburg Jaenisch mit einer gediegenen Analyse aller Eröffnungen in französischer Sprache sich der Zahl der Epoche machenden Theoretiker beigesellte. Die zuletzt erwähnten Arbeiten zeichnen sich auch dadurch aus, dass ihre praktische Anordnung und Bezeichnungsart eine Kürze und Uebersichtlichkeit gestattet, wie sie bei der in England üblichen Notation nicht erreicht werden kann. Einen ganz besondern Aufschwung hat aber die Betheiligung am Schach durch bedeutende Wettkämpfe und durch das Erscheinen von Zeitschriften in französischer, englischer, deutscher, holländischer, dänischer, italienischer und russischer Sprache, sowie endlich dadurch erhalten, dass Artikel über Schach in vielgelesenen Journalen und illustrirten Wochenblättern bis nach Indien und China hin Verbreitung fanden. Die Zahl der in neuerer Zeit erschienenen grösseren Werke ist übrigens zu beträchtlich, als dass wir die Titel einzeln anführen könnten. Selbst mehrere wichtige Erzeugnisse sind, der Kürze wegen, unerwähnt geblieben. Nur noch eines umfangreichen Buches, *Miscellanea Napoli* 1861 von C. Usigli, wollen wir gedenken, da es für Italien denselben Werth hat, wie die Alexandre'sche Encyclopédie für die französische Literatur besass. Mit den Arbeiten im Gebiete der Probleme beschäftigen wir uns gar nicht, da unserem Plane die Berücksichtigung der künstlichen Aufgaben fern liegt. Im Fach der Schachgeschichte, welcher wir auch nur einen kurzen Ueberblick widmen konnten, ist als massgebend ein grosses Werk von Dr. van der Linde zu erwähnen.

Betrachten wir nun die Richtung, welcher die in unsern Gesichtskreis fallenden Untersuchungen bisher allgemein gefolgt sind, so finden wir, dass die Spiel-Anfänge und die regulären Endspiele fast das alleinige Ziel der Forschungen blieben. Auf die Mitte der Partie gehen die Autoren wenig ein, überlassen in diesem Punkte vielmehr Alles der natürlichen Gewandtheit des Spielers. Die Schriftsteller wetteifern aber in der Ergründung der correctesten Angriffs- und Vertheidigungsmethoden für die Anfangszüge, so dass hierin eine reichhaltige Ausbeute bald nur noch in erschöpfenden Monographieen einzelner Abschnitte, wie solche z. B. „Bilguer's Zweispringerspiel im Nachzuge" und „Lange's Artikel über das Laufergambit" gewähren, wird gesucht werden können. Abhandlungen dieser Art zu liefern liegt indess nicht in unserer Absicht, vielmehr wollen wir, für die minder geübten Schachfreunde, denen Bilguer's Handbuch zu speciell und umfangreich erschien, eine kürzere Anleitung für alle Theile des Spiels zu geben versuchen. Dieselbe soll zwar den besseren Spielern ebenfalls zusagen, wird aber besonders klar in Entwickelung der Resultate und, durch die beigefügten Anmerkungen, möglichst elementar gehalten werden. Sie mag daher in der jetzt dem Leser vorliegenden vermehrten Auflage noch mehr wie in den früheren als Vorschule zu dem Studium der grösseren Werke, namentlich des eben angeführten Handbuchs zu betrachten sein, bildet aber auch an sich einen vollständigen Leitfaden. Wir entnehmen desshalb aus früheren Lehrbüchern eine gedrängte Zusammenstellung und ergänzen nur da, wo es der Zusammenhang unseres systematischer geordneten Vortrages erfordert, das etwa Fehlende. Dabei haben wir aber unser Augenmerk auch auf die Mitte der Partie und die consequente Durchführung des Planes, so viel wie möglich, gerichtet, obgleich sich hier eine vollständige Erörterung schwer geben lässt.

Das Spiel überhaupt ist zwar so construirt, dass jeder Zug, welcher eine Reihe von Consequenzen bedingt, wesentlich zur endlichen Entscheidung der Partie beiträgt. Seinen Werth können wir aber erst aus dem Erfolge beurtheilen. Um die Stärke einer Position zu erforschen, giebt es nämlich kein anderes Mittel, als so lange fortzuspielen und sich dabei zu versichern, dass man stets die besten Züge thun lässt, bis man zu einer Stellung des Spieles gelangt, deren Resultat unzweifelhaft erscheint. Indem man nun rückwärts schliesst, überzeugt man sich, ob auch die fragliche Position, von welcher man ausging, zum Gewinn, Verlust oder zur Unentschiedenheit der Partie nothwendig führen muss. Dies Verfahren ist natürlich empirisch und bei jedem Schritte der Täuschung unterworfen; überhaupt kann es aber nur für Endspiele, bei welchen wenige Figuren thätig sind, und für die Anfänge, bei denen wir stets von derselben ursprünglichen Stellung der Steine ausgehen, mit Erfolg ausgeführt werden. Die Stellungen für die Mitte der Partie können begreiflicher Weise, wegen ihrer grossen Mannichfaltigkeit, nicht vollkommen analysirt werden. Einen Anhalt gewinnt aber die Untersuchung darin, dass die weiteren Combinationen aus den erörterten Anfängen folgerecht hervorgehen müssen. Wenn wir also zwar nicht alle Züge im Voraus zu bestimmen vermögen, können wir doch wenigstens den Charakter im Allgemeinen andeuten, welchen jedes Spiel annehmen wird. Indem wir nun dies durch Erläuterung bewährter Musterpartieen zu thun versuchen, hoffen wir dem Studium des Lesers die passendste und zugleich allgemeinste Anleitung für sein praktisches Spiel darzubieten. Auf die Einzelnheiten in den verschiedenen Eröffnungen haben wir dabei aber weniger eingehen können. Desshalb müssen wir dem Leser überlassen, manche nur kurz in ihren Hauptzügen angedeutete Spiele durch eigenes Nachdenken weiter zu verfolgen und sich auf diese Art selbständig von ihrer Richtigkeit in allen Punkten zu überzeugen.

Die durchgeführten Partieen sind meistens aus den Beispielen anerkannter Meister, wie Labourdonnais, Mac Donnell, Philidor, Anderssen, Morphy, Steinitz, gewählt. Der Leser wird daher wohl thun, die einzelnen Combinationen aufmerksam und wiederholt stets bis an's Ende zu verfolgen. Einige Hauptmomente haben wir in den Partieen durch bildliche Darstellungen der Position hervorgehoben, um sie dem Leser besonders zu empfehlen.

Bei dem Gange der Untersuchung und für die Darstellungsweise sind die classischen Werke eines Jaenisch, Ponziani, Lewis als Muster beachtet. Auf die grosse, durch Wetten hervorgerufene Vorsicht der heutigen Spieler, welche heftigen Angriffen gern ausweichen, haben wir gebührende Rücksicht genommen. Für die Fälle daher, in denen ein materieller Gewinn nur mit einer mühsamen Vertheidigung behauptet werden kann, geben wir gewöhnlich auch ein einfacheres, gleiches Spiel an.

In Erwähnung müssen wir hier noch bringen, dass wir nicht immer gewagt haben, ein bestimmtes Urtheil, welches wir für allgemein gültig hielten, über das Resultat abgebrochener Spiele auszusprechen. So oft indess eine vielleicht noch zweifelhafte Variante bei der Begründung einer aufgestellten Behauptung angeführt wird, haben wir eine andere, einfachere Spielart hinzugefügt, welche jedenfalls der Entscheidung als Grundlage dienen kann.

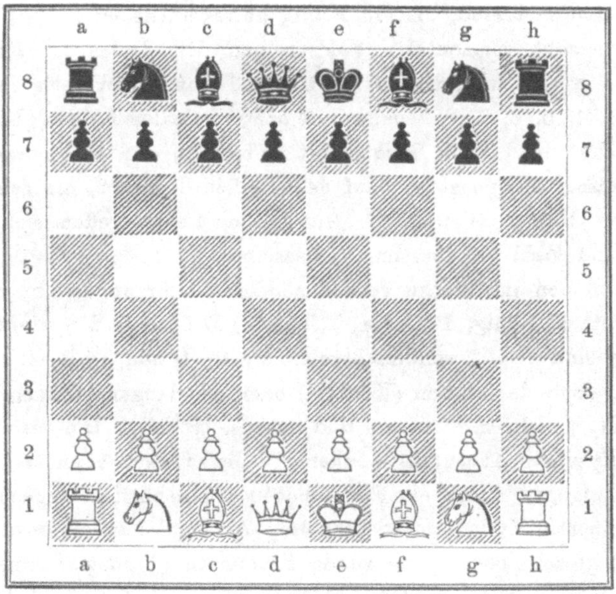

Vom Schachbret, von den Steinen und der Angabe der Züge.

Das Schachbret ist, wie die Abbildung zeigt, aus 64 gleichen, abwechselnd hell und dunkel gefärbten Feldern zusammengesetzt, von denen immer ein weisses die Ecke rechts unten bildet.

Die beiden Spieler sitzen einander gegenüber, und jeder derselben stellt acht Officiere oder Figuren auf die ihm zunächst liegende horizontale Felderreihe und ebenso viele Bauern auf seine zweite Reihe. Beide Lager dieser Steine unterscheiden sich durch die Farbe und werden desshalb von uns mit Weiss und Schwarz bezeichnet. Von den Officieren nehmen vier Stücke, Thürme genannt, die vier Ecken des Bretes ein, neben diesen folgen vier Springer, dann vier Läufer, und zuletzt in der Mitte für jede Partei ein König und eine Dame oder Königin, welche letztere, je nachdem sie zu den weissen oder schwarzen Steinen gehört, auf einem hellen oder dunklen Felde aufgestellt wird. Die Züge geschehen abwechselnd, bis ein König schachmat ist.

Die acht horizontalen Felderreihen des Bretes (Reihen im engeren Sinne) hat man in Deutschland von unten nach oben mit 1, 2, 3, 4, 5, 6, 7, 8 benannt, die acht verticalen Reihen (Linien) aber von links nach rechts mit a, b, c, d, e, f, g, h bezeichnet. Die weissen Steine stehen auf den Reihen 1 und 2, die schwarzen auf den Reihen 8 und 7. Auf jedem Felde treffen sich Buchstabe und Zahl und bestimmen dasselbe.

Von den im Werke vorkommenden Abkürzungen und Zeichen bedeutet: K König, D Dame, T Thurm, L Laufer, S Springer. Die Bauern sind nicht besonders bezeichnet. 0—0 und 0—0—0 bedeutet rochirt nach der kurzen (Königs-) oder der langen (Damen-) Seite, : nimmt, † Schach, :† nimmt und Schach, ‡ Mat. Die besten Züge sind mit einem Ausrufungszeichen (!), die schwachen und schlechten Züge hingegen durch ein Fragezeichen (?) kenntlich gemacht. Die aus früheren Varianten wiederholten Anfänge sind entweder bildlich dargestellt oder durch runde Klammern () ausgezeichnet.

Ein Zug wird ausgedrückt, indem der Anfangsbuchstabe des ziehenden Steines (nur bei Bauern nicht), dann das Feld, von welchem der Stein kommt, und endlich das, auf welches er hingeht, angegeben ist. Man kann sich indessen auch kürzer fassen und das Ausgangsfeld weglassen, z. B. statt Kg1—h1 einfach Kh1 (d. h. König geht nach h1) sagen. In diesem Buche wenden wir die Abkürzung nur selten an. Es werden stets Zug und Gegenzug einander gegenübergestellt. Der Gleichförmigkeit wegen soll aber durchgängig Weiss den Anzug haben, d. h. das Spiel beginnen.

Gang und Werth der Steine.

Jedes Feld kann nur mit einem Stücke besetzt sein, aber der Gegner darf ein feindliches Stück vom Brete entfernen, schlagen, und dafür auf das Feld, wo es gestanden hat, einen seiner Steine setzen.

Ein Feld, auf welches geschlagen werden könnte, sowie das dort befindliche Stück heissen „angegriffen“.

Alle Stücke, mit Ausnahme der Bauern, schlagen wie sie gehen und können sowohl vorwärts als rückwärts über unbesetzte Felder bewegt werden. Der Springer darf sogar über eigene und fremde Stücke hinwegspringen. Die Bauern gehen nur geradeaus und schlagen schräg vorwärts in die rechts und links anstossenden Felder.

Vom Könige.

Der König zieht und schlägt nach jeder Richtung, thut aber nur immer einen Schritt bis in's nächste Feld. Eine Ausnahme findet jedoch statt, wenn er rochirt, welches eine besondere Bewegung von Thurm und König zugleich ist, die für einen Zug gerechnet wird. Der Thurm zieht dabei dicht an den König, und dieser stellt sich auf die andere Seite neben den Thurm. Weiss rochirt also nach der Königs- oder kurzen Seite durch Tf1 und Kg1 (0—0), nach der langen oder Damenseite durch Td1 und Kc1 (0—0—0); dem analog Schwarz durch Tf8 und Kg8, resp. Td8 und Kc8. Die nur in Italien übliche freiere Rochade, bei welcher als Extrem die Stellung Te1, Kh1 zulässig ist, kommt für uns natürlich nicht in Betracht. Jedem Könige ist die Rochade einmal in der Partie und auch dann nur gestattet, wenn weder er noch der betreffende Thurm bisher bewegt waren. Ferner darf der König nicht gerade im Schach stehen, d. h. sein Feld darf nicht von einem feindlichen Stücke angegriffen sein. Ebenso müssen auch die Felder zwischen dem Könige und dem rochirenden Thurme unbesetzt sein, sowie auch das Feld, welches der König bei der Rochade überspringt, von keinem feindlichen Steine beherrscht sein darf. Mit einem bedrohten Thurm und über das angegriffene Feld b1 oder b8 würde man aber rochiren können.

Der König ist die Hauptfigur und wird nicht geschlagen. Daher muss er jedem Schach, wenn das angreifende Stück nicht genommen werden kann, ausweichen, oder durch Zwischensetzen eines eigenen Steines, den directen Angriff aufheben. Kann sich aber der König, er mag allein oder noch mit mehreren Stücken auf dem Brete sein, auf diese Art dem Schach nicht mehr entziehen, so ist er mat und die Partie für ihn verloren. Unentschieden oder remis bleibt hingegen das Spiel, wenn sich, ohne Schachmat, dieselben Züge, z. B. bei einem immerwährenden Schach, dem der Gegner nicht abhelfen kann, dauernd wiederholen, oder wenn, nach dem Abtausch der meisten Stücke, keine genügende Uebermacht auf einer Seite bleibt, um damit das Mat zu erzwingen. Endlich gilt das Spiel für unentschieden, wenn der König, welcher am Zuge ist, keinen seiner Steine, falls er deren noch hat, bewegen kann, dabei aber selbst auf einem nicht angegriffenen Felde steht, von welchem er nur auf ein angegriffenes oder von einem eigenen Steine besetztes[1] ziehen könnte. Der König ist dann pat.

Der König, welcher gegen die Angriffe der feindlichen Officiere des Schutzes bedarf und sich desshalb durch die Rochade, am häufigsten mit seinem Thurme, sicher zu stellen pflegt, äussert gegen Ende des Spiels, namentlich bei der Unterstützung der Bauern, fast die Kraft eines Thurmes.

Es ist nur vortheilhaft dem Könige Schach zu bieten, wenn man dadurch die Rochade hindert, oder einen andern bestimmten Zweck erreicht. Hingegen ist es häufig gut, selbst einen Officier

[1] Deutsche Schachzeitung 1879, S. 306.

hinzugeben, um den feindlichen König dadurch zu entblössen, oder ihn zu zwingen, sich vor die eigenen Bauern zu stellen.

Ein feindlicher Bauer deckt den König mitunter sehr gut.

Es pflegt gefährlich zu sein, den König einem aufgedeckten Schach auszusetzen, d. h. ihn einer feindlichen Figur gegenüber zu stellen, von welcher er Schach bekommt, sobald eine andere noch dazwischen stehende Figur bewegt wird, zumal wenn auch diese beim Abzuge Schach bieten kann.

Von der Dame.

Die Dame vereinigt den Gang des Thurmes und Laufers und zieht in senkrechter, wagerechter und diagonaler Richtung über eine beliebige Anzahl unbesetzter Felder, darf jedoch nicht in demselben Zuge zwei verschiedenen Richtungen folgen, also nicht auf einmal von d1 über d4 nach a7 gehen. Sie ist stärker als Thurm und Laufer zusammengenommen, obgleich sie nicht wie diese denselben Punkt zugleich zweimal angreifen oder doppelt schützen kann. Sie ist dem Gegner bei der Eröffnung besonders auf f3 oder b3 und überhaupt wegen ihrer grossen Beweglichkeit bei einem freien Spiele sehr gefährlich, kann aber auch, wenn sie zu früh vorgeht, von den feindlichen Officieren mit Verlust von Zügen zurückgedrängt werden.

Auch vor dem Könige ist sie einem Angriffe vom Thurme oder in schräger Richtung vom Laufer ausgesetzt. Man hüte sich, selbst wenn man etwas nimmt, zu tief mit der Dame allein in das Spiel des Gegners einzudringen, damit ihr nicht der Rückzug abgeschnitten werde.

Haben in einer Stellung alle Stücke feste Plätze eingenommen, so kann man doch gewöhnlich die Dame noch anders postiren, ohne dem Spiele zu schaden.

Von den Thürmen.

Die Thürme, welche in horizontaler und vertikaler Richtung über beliebig viele unbesetzte Felder gehen, pflegen erst nach der Rochade in Thätigkeit zu treten und zeigen sich auch dann mehr geeignet, von wohlgewählten Plätzen aus den Angriff der übrigen

Stücke zu unterstützen, als selbst viel zu manövriren. Ihre Verdoppelung auf offenen Linien, namentlich auf der horizontalen zweiten Reihe des Gegners, ist rathsam. Zur Besetzung der Felder auf der Seite der Dame verwendet man gewöhnlich den Damenthurm.

Der Thurm ist nicht geschickt, am Ende des Spiels Bauern leicht in ihrem Gange aufzuhalten, daher vertauscht man ihn nicht selten gegen Springer oder Laufer und zwei Bauern, oder beide kleine Officiere gegen Thurm und zwei Bauern. Solcher Abtausch ändert im Allgemeinen nichts an dem numerischen Gleichgewichte der Streitkräfte.

Von den Läufern.

Der Laufer zieht, leere Felder vorausgesetzt, beliebig weit in schräger Richtung, vorwärts und rückwärts. Daraus folgt, dass er die Farbe, auf der er zu Anfang steht, nie verlässt. Im Allgemeinen hält man zwar die kleineren oder leichteren Officiere, Springer und Laufer, für gleich stark, dennoch giebt man für den Anfang der Partie dem Königslaufer, den man desshalb auch Angriffslaufer nennt, den Vorzug, wenn er den nur vom Könige gedeckten Punkt, f2 oder f7, angreift. Der Gegner setzt häufig, um diese Linie zu unterbrechen, den Laufer der Dame zum Tausch entgegen. Auf dem dritten Felde der Dame steht der Königslaufer, nach der Rochade des Feindes, ebenfalls gut.

Ein Laufer auf d4 hält einen Springer auf a4 gefangen. Beide Läufer geben das Mat gegen den einzelnen König.

Von den Springern.

Der Springer wechselt mit jedem Zuge die Farbe seines Feldes, indem er stets in das dritte Feld, z. B. von b1 nach a3, c3 oder d2, springt. Er macht zweimal hintereinander einen Schritt ins nächste Feld, den ersten gerade, den zweiten schräg oder umgekehrt. Der Springer springt über andere Figuren hinweg und nur das Feld, auf welches er gesetzt werden soll, darf von keinem Stück seiner Partei besetzt sein.

Der Königsspringer steht meistens auf dem dritten Felde des Laufers sehr günstig, der Springer der weissen Dame findet gewöhnlich auf d5 oder e4 eine drohende Stellung. Bei einem Endspiele, in welchem sich nur noch Bauern befinden, pflegt ein Springer, da er alle Felder angreifen kann, geschickter als ein Laufer zu operiren.

In den Endspielen ohne Bauern gilt als Regel, dass das Uebergewicht eines leichten Officiers den Sieg nicht entscheidet.

Von den Bauern.

Der Bauer geht nur gradeaus und immer in das nächst vor ihm gelegene Feld, jedoch darf er bei seinem ersten Zuge auch zwei Felder weit vorgehen. Käme dadurch, wenn z. B. b2—b4 von Weiss geschähe, ein feindlicher, schon bis a4 vorgedrungener Bauer neben ihm zu stehen, so könnte dieser schwarze Bauer den vorbeigezogenen im nächstfolgenden Zuge, aber nicht später, vom Brete nehmen und zwar so (a4—b3:) schlagen, dass er sich auf den Platz stellte, welchen jener weisse Bauer eingenommen haben würde, wenn er anfangs nicht zwei, sondern nur einen Schritt, in unserm Beispiele also b2—b3, gethan hätte. Uebrigens schlagen die Bauern stets schräg vorwärts in das nächste Feld rechts oder links und weichen also im Schlagen von ihrem gewöhnlichem Gange ab. Gelangt der Bauer auf die letzte (achte oder erste) Reihe des Bretes, so muss er sofort zu einem Officier gemacht werden, welchen der Besitzer des Bauern beliebig (jedoch mit Ausnahme des Königs und des Laufers, welcher nicht auf die Farbe des Feldes passt) und ohne Rücksicht darauf bestimmen kann, ob ein Officier, wie der gewählte, selbst wenn dies eine Dame wäre, schon geschlagen oder noch im Spiele ist.

Der Verlust eines Bauern bei gleich guter Stellung der beiderseitigen Spiele genügt gewöhnlich für die Entscheidung der Partie. Der Tausch eines Springers oder Laufers gegen drei Bauern, ohne sonstigen Vortheil, lässt den Ausgang zweifelhaft.

Die Bauern auf den Reihen c, d, e und f nennt man Mittelbauern. Unter ihnen sind die Bauern der Dame und des Königs die wichtigsten, namentlich weil sie auf den vierten Feldern die feindlichen Läufer sehr beschränken. Der Gegner sucht sie gewöhnlich gegen seine Läuferbauern zu tauschen. Auch die Verdoppelung der Bauern, wenn sie sich dadurch der Mitte des Bretes nähern und in Verbindung mit anderen bleiben, pflegt nicht schädlich zu sein.

Ein unterstützter freier Bauer, dessen ferneres Vorrücken nur mit Officieren vom Gegner gehindert werden kann, ist sehr stark. Hingegen ist ein vereinzelter Bauer mitunter schwer zu schützen. Meistens ist auch ein solcher Bauer schwach, welcher hinter seinen Nachbarn zurückgeblieben ist, also nur noch von Officieren gedeckt werden kann. Man nennt diesen „rückständig".

Den Lauferbauern des Königs zieht man im Anfang der Partie nicht gern einen Schritt, weil dadurch sowohl der König entblösst, als auch gleichzeitig dem Springer und der Dame der Ausgang versperrt wird; dagegen geschieht es häufig, dass man durch den Zug des Lauferbauern der Dame einen Schritt (c2—c3) die Eroberung des Centrums vorzubereiten oder sich in demselben zu erhalten sucht. Ebenso werden oft die Thurmbauern einen Schritt gezogen, namentlich auf der Seite, wohin der König rochirt; jedoch muss man sich hüten, mit diesem Zuge ein besser zu verwendendes Tempo zu versäumen oder damit, wie es auch zuweilen geschehen kann, die Stellung des Königs zu gefährden. — Die Partei, welche um einen Bauern stärker ist, pflegt mit Vortheil die Officiere abzutauschen, der schwächere Gegner vermeidet dagegen in diesem Falle vorzüglich den Damentausch und sucht sich einen Laufer zu erhalten, der nicht auf den Feldern derselben Farbe wie der feindliche geht.

Regeln des Schachspiels.

Es lassen sich dem Spieler manche Regeln der Vorsicht empfehlen, wie z. B. dass er eine Partie nur beginnen solle, wenn er sich zum Spiel aufgelegt fühlt, dass er sich gleichmässig an das Spielen mit den weissen, wie mit den schwarzen Figuren gewöhnen müsse und Anderes mehr. Diese Empfehlungen bilden aber keinen Theil der Schachgesetze oder der Theorie und sind daher hier unwesentlich. Hingegen müssen wir diejenigen Vorschriften, welche als Reglement des Spieles am allgemeinsten anerkannt und in den folgenden Paragraphen kurz zusammengefasst sind, dem Leser zur genauesten Befolgung auch in den sehr streng erscheinenden Bestimmungen empfehlen. Bei diesen Regeln wird die gewöhnliche Kenntniss der Züge vorausgesetzt.

§. 1.

Das Schachbret pflegt man so zu stellen, dass jeder Spieler ein weisses Eckfeld zunächst zu seiner Rechten hat. Bemerkt ein Spieler, ehe der vierte Zug von beiden Seiten gethan ist, dass in der Aufstellung des Bretes oder der Steine etwas unrichtig ist, so darf er verlangen, dass das Spiel von neuem angefangen werde; nach dem vierten Zuge bedarf es aber dazu der Einwilligung des Gegners.

§. 2.

Vor der ersten Partie wird der Anzug, der in Partien ohne Vorgabe immer nur mit einem Stück geschieht, und, auf Verlangen eines Spielers, auch die Farbe der Steine durch das Loos bestimmt. Die zugetheilten Steine bleiben für die ganze Sitzung, der Anzug wechselt aber mit jedem Spiele, es mag gewonnen werden oder durch Pat oder Remis unentschieden bleiben.[1]

§. 3.

Berührt der Spieler einen Stein, so ist er verpflichtet, ihn zu ziehen, oder, wenn es ein Stein des Gegners ist, ihn zu schlagen: *pièce touchée — pièce jouée;* es sei denn, dass der Spieler vorher ausdrücklich gesagt habe, dass er den Stein nur zurechtrücke (französisch: *j'adoube).* Kann der berührte Stein nicht gezogen werden, so muss zur Strafe der König ziehen, der aber in diesem Falle nicht rochiren darf. Kann der König auch nicht ziehen, ohne sich einem Schach auszusetzen, so hat das Berühren des Steines keine Folgen. Auf die Strafe darf der Gegner so lange dringen, als er selbst noch keinen Stein zu seinem nächsten Zuge berührt hat.

§. 4.

Zieht man einen gegen die Regeln über den Gang der Steine verstossenden Zug oder einen Stein des Gegners, so hat dieser, bis er selbst einen Stein anrührt, die Wahl, den Zug als richtig gelten zu lassen, ihn einfach zurückzugeben oder das Ziehen des Königs zur Strafe zu verlangen.

§. 5.

Dem König allein, nicht auch der Dame oder andern Stücken, bietet man laut „Schach!", jedoch ist der Zuruf auch beim König nicht nothwendig, nur kann nicht weiter gespielt werden, wenn ein Spieler seinen König im Schach stehen liesse.

[1] An vielen Orten ist aber schon seit längerer Zeit ein anderer Gebrauch aufgekommen, der darin besteht, vor der ersten Partie über die Farbe der Steine zu loosen und immer Weiss anziehen zu lassen. Bei dem Wechsel des Anzuges werden dann später auch die Steine gewechselt.

§. 6.

Wer den feindlichen König, falls das Spiel nicht vorher aufgegeben wird, mat setzt, hat gewonnen; es kommt aber nichts darauf an, ob sich dieser König allein oder noch mit andern seiner Steine auf dem Brete befindet. Wenn ein Spieler aber in einem Endspiele innerhalb 50, für jeden der beiden Theile dann vom Gegner abzuzählenden Zügen, das Mat nicht ausführt, wird das Spiel als unentschieden aufgehoben. Wird während der 50 Züge eine Figur geschlagen, so beginnt eine neue Spielendung, für die wiederum 50 Züge gelten u. s. w.

§. 7.

Nur die beschränkte Rochade ist, leere Felder zwischen Thurm und König vorausgesetzt, gestattet, jedoch ist es dabei gleichgültig, welchen der beiden Steine man zuerst berührt. Der König darf aber über das Feld der Dame oder seines Laufers, während es von einem feindlichen Stück angegriffen ist, nicht rochiren, hingegen kann der Damenthurm das Feld des Springers, auch wenn dieses angegriffen ist, bei der Rochade überschreiten. Der König rochirt nicht aus dem Schach, dagegen hindert es die Rochade nicht, dass der Thurm angegriffen ist.

§. 8.

Ein Bauer, der bei seinem ersten Vorrücken einen Doppelschritt thut und damit *(en passant)* an einem feindlichen Bauern vorüber geht, kann von diesem im nächsten Zuge, aber nicht auch später, genommen werden, als hätte der eben vorgerückte Bauern nur einen Schritt gethan. Wenn eine Partei keinen andern Zug haben sollte, als einen eben vorgerückten Bauern en passant zu schlagen, so ist sie dazu genöthigt.

§. 9.

Jeder Bauer, der bis auf die erste Felderreihe des Gegners vordringt, wird daselbst sogleich umgewandelt und, nach freier Wahl des Spielenden, ohne Rücksicht auf die noch im Spiel vorhandenen Officiere, zu einer Dame, einem Thurm, Laufer oder Springer gemacht. Derselbe wirkt dann sofort in seiner neuen Eigenschaft mit und darf nicht als Bauer unwirksam bleiben.

Die aufgestellten Regeln finden nicht allein auf Spiele ohne Vorgabe, sondern auch, unter ungleich starken Gegnern, auf Partien Anwendung, in denen der überlegene Spieler den Bauern seines Königslaufers entfernt und den Gegner überdies, bei der Vorgabe eines Zuges, stets den einfachen Anzug, bei der Vorgabe mehrerer Züge aber eine entsprechende Anzahl von Zügen, welche die Mitte des Bretes jedoch nicht überschreiten dürfen, beliebig in allen Partien vorweg thun lässt. Bei grösserer Verschiedenheit der beiderseitigen Kräfte, welche niemals unausgeglichen bleiben sollte, pflegt der Springer oder der Thurm der Dame der einen Partei entfernt zu werden. In diesen, übrigens auch nach den Regeln zu führenden Spielen beginnt, ohne Wechsel des Anzuges, derjenige Spieler immer die Partie, welcher die Vorgabe des Officiers macht.

Sollte sich ein hier nicht erwähnter Fall ereignen, oder sollten die Spieler über die Auslegung der einen oder andern Bestimmung verschiedener Meinung sein, so würden sie am besten thun, wenn sie die Entscheidung einem unparteiischen und im Spiele erfahrenen Schachfreunde übertrügen.

Die Eröffnung der Partie.

Der Zweck des Spieles ist, den Gegner **mat** zu setzen, wir können ihn aber nicht unmittelbar beim Beginn der Partie in's Auge fassen. Die Heere stehen einander zu fern, die Stücke, welche den feindlichen König bedrohen sollen, müssen erst einzeln hervorgezogen werden, und überdies bedürfen einige derselben mehr Zeit, um jenseits anzugreifen, als die Steine des Gegners, den unter ihnen stehenden König zu decken. Erst nach Entfernung dieses Schutzes, und zwar gewöhnlich durch Schwächung der Kräfte des Gegners, wird es möglich, uns dem Ziele zu nähern. Da uns gegenüber aber dieselbe Zahl der Figuren thätig ist, so wird ein Uebergewicht nur dadurch erreicht werden können, dass wir unsere Stücke vortheilhafter zu verwenden wissen, so dass sie zugleich genügend schützen und auf einem Punkt der feindlichen Stellung mehr oder stärkere Angriffe concentriren, als dort Deckungen vorhanden sind. Entweder erobern wir dann ein Stück oder zwingen den Gegner, seine Position aufzugeben und beschränken ihn auf weniger Terrain, wodurch seine Operationen, wegen Mangel an Raum, erschwert, die unsrigen aber, zumal wenn die Zahl der Angriffspunkte zunimmt, erleichtert werden.

Auf der andern Seite wird der Gegner darauf bedacht sein, nicht allein unsere Angriffe zurück zu drängen, sondern, wo möglich, uns selbst zur Vertheidigung zu zwingen. Auch er wird von Anfang an seine Figuren zur Abwehr und zum Angriff zu ordnen trachten, jedoch kann der eine oder andere Zweck, namentlich die Vertheidigung, vorherrschend sein. Die üblichen Eröffnungen des Spiels sind nun so beschaffen, dass sich für jeden Angriff auch eine genügende Vertheidigung, oft sogar, nach der Wahl des Spielers, verschiedene, mehr oder minder einfache, aufstellen lassen. Der Vortheil des Anzuges schwindet nach einer Reihe von Zügen, wie wir bei den einzelnen Anfängen näher sehen werden. Das Spiel geht dann in das Stadium über, welches wir die Mitte der Partie nennen, deren genaue Analyse nicht mehr möglich ist und deren Charakteristik nur in grösseren Umrissen gegeben werden soll. Wir möchten bei dem Uebergange zur Mitte drei Klassen von Positionen unterscheiden. In die erste stellen wir diejenigen Spiele, bei denen das Bestreben hervortritt, Bauern auf der Mitte des Bretes in der Absicht zu vereinigen, sie dort, unterstützt von den Officieren, zu erhalten, bis sich Gelegenheit darbietet, diese Bauern, ohne sie der Gefahr des Abtausches auszusetzen, weiter vorzurücken. Dieser Plan kann von einer oder von beiden Seiten befolgt werden: 1. e2—e4, e7—e5; 2. Sg1—f3, d7—d6; 3. d2—d4, f7—f5; 4. d4—e5:, f5—e4:; 5. Sf3—g5, d6—d5; 6. f2—f4 etc. In solchen Spielen wird der Sieg dem zufallen, der die Bauern des Gegners zu trennen oder aufzuhalten, seinen eigenen aber das Feld zu eröffnen weiss. Besteht das Centrum nur auf einer Seite, wie gewöhnlich im Königsgambit, so wird sich der Feind darauf beschränken, das fernere Vorrücken unschädlich zu machen, bis er die Bauern vereinzeln kann. Endlich können zwar auf beiden Seiten Bauern in der Mitte vorhanden sein, einander aber so gegenüber stehen, dass sie ihr ferneres Vordringen gegenseitig hindern, wie z. B. nach dem Anfange; 1. e2—e4, e7—e6; 2. f2—f4, d7—d5; 3. e4—e5, c7—c5; 4. Sg1—f3, Sb8—c6; 5. c2—c3, f7—f5; 6. d2—d4, Sg8—h6 etc. Alle diese Partien nun, in welchen es darauf abgesehen ist, Bauern in der Mitte verbunden zu erhalten, rechnen wir zur ersten Klasse und bezeichnen sie als geschlossene Spiele, indem die Bauern darin eine sichtbare Trennung beider Parteien bilden. In diesen Spielen, welche man auch wohl bezeichnend Bauernpartien nennen könnte, spricht sich der Typus aus, welchen die französische Schule, nach Philidor, für den empfehlenswerthesten hielt. Hiervon zu unterscheiden ist der Charakter der italienischen Spielart, deren Positionen wir unter der zweiten Klasse begreifen und mit dem Ausdrucke des offenen Spieles bezeichnen. Auch hier kommt es vor, dass der erste Spieler, selbst durch ein Opfer, seine Mittelbauern vereinigt, aber es ist dann nicht sein alleiniger Zweck, dieselben geschlossen zu erhalten, vielmehr sucht er damit, ohne sie zu schonen, weiter vorzudringen und verflicht sie in die Angriffs-Operationen der Officiere: 1. e2—e4, e7—e5; 2. Sg1—f3, Sb8—c6; 3. Lf1—c4, Lf8—c5; 4. b2—b4, Lc5—b4:; 5. c2—c3, Lb4—c5; 6. d2—d4, e5—d4:; 7. c3—d4:, Lc5—b4†; 8. Ke1—f1 etc. Diese Partieen hat man desshalb Figurenpartieen genannt. Gewöhnlich ist aber hier das Centrum nicht vollständig, sondern es befindet sich nur ein Bauer darin, dessen drohendes Vorgehen die Entwickelung der feindlichen Officiere beschränkt. Nicht selten ist dieser Bauer durch das Opfer eines der Nebenbauern frei gemacht, wie z. B.: 1. e2—e4, e7—e5; 2. d2—d4, e5—d4:; 3. Lf1—c4, Sb8—c6; 4. Sg1—f3, Lf8—c5; 5. c2—c3, Dd8—f6; 6. 0—0, d7—d6 etc. Hier ist die Aufmerksamkeit des Nachziehenden getheilt; er muss sich gegen die feindlichen Angriffe sicher stellen und seine Züge zugleich so einrichten, dass der Bauer, welcher ihm als Compensation für die nachtheiligere Position dient, wenigstens so lange diese nicht ausgeglichen ist, erhalten bleibt. Die Beurtheilung, ob man den Bauern, oder was sonst preisgegeben ist, zurückerstatten soll, ist besonders schwierig und verleiht den Partieen dieser Art einen eigenthümlichen Reiz. Dieselben pflegen sich auch dadurch auszuzeichnen, dass der Angreifende früh und sicher rochirt, der König des Gegners aber vielfachen Gefahren ausgesetzt bleibt.

Indem wir so das offene Spiel dem geschlossenen entgegensetzen, bemerken wir aber zugleich, dass die Unterscheidung bei manchen Positionen zweifelhaft werden kann. In einigen Spielen wird sogar bestimmt ein gemischtes Verhältniss eintreten und auf der einen Seite der Angriff ohne Bildung eines stehenden Centrums, auf der entgegengesetzten gerade allein diese Bildung versucht werden. Endlich kann ein geschlossenes Spiel in ein freies und umgekehrt übergehen, so dass also der Charakter in derselben Partie wechselt. Auf diese Abweichungen wird bei den einzelnen Spielarten Rücksicht zu nehmen sein. Uebrigens tritt uns noch eine dritte Klasse von Positionen entgegen, welche entschieden kein geschlossenes und eben so wenig ein offenes Spiel bilden. Es sind dies die Stellungen, in denen zwar die Besitznahme der Mitte, sei es um sich dort zu halten oder um darüber hinaus zu dringen, versucht, aber vom Gegner mit dem Abtausch der Bauern, so wie der zur Unterstützung herbeigeführten Steine, vereitelt wird: 1. e2—e4, e7—e5; 2. c2—c3 d7—d5: 3. e4—d5:, Dd8—d5:, 4. d2—d4, e5—d4:; 5. c3—d4:, c7—c5; 6. Lc1—e3, c5—d4:, 7. Dd1—d4:, Dd5—d4:; 8. Le3—d4:, Sb8—c6 etc. Wir möchten dies ein aufgelöstes Spiel nennen, weil die bisher mobilen Kräfte ganz oder doch zum grösseren The verschwunden, die übrigen aber, in dem gewählten Beispiel, in vier Haufen vertheilt und noch unwirksam sind. Auch bei weniger vollständigem Abtausch der Bauern kann sich durch Auflösung die vollkommene Gleichheit herstellen: 1. e2—e4, e7—e5; 2. Sg1—f3, Sb8—c6; 3. Sb1—c3, Lf8—b4; 4. Lf1—b5, Sg8—f6; 5. Sc3—d5, Sf6—d5:; 6. e4—d5:, Sc6—d4; 7. Sf3—d4:, e5—d4:; 8. Dd1—e2†, Dd8—e7 u. s. w. Dergleichen Partien gewähren allerdings weniger Interesse als complicirtere, ungleiche Stellungen, sind aber noch leichter durchzuführen und bleiben nicht selten unentschieden. Sie bilden sich zuweilen erst spät aus und gehen als Auflösung aus Positionen der ersten oder zweiten Klasse hervor.

In Betreff der Spiel-Anfänge, welche zu den eben charakterisirten Stellungen Anlass geben, könnte man glauben, dass jede eigenthümliche Eröffnung einer Klasse entspräche und auch nur zu Positionen dieser Gattung führe. Dem ist indess nicht vollkommen so. Allerdings herrscht bei den Spielen einer Eröffnung dieser oder jener Typus vor, es bleibt aber dessen ungeachtet überall so viel Wahl in der Vertheidigung, dass man sich wenigstens dem, vielleicht unbekannten und daher gefährlichen Angriff des freien Spiels entziehen und die Position auf ein einfacheres, gesperrtes und nicht nachtheiliges, oder ein ganz aufgelöstes Spiel reduciren kann. Uebrigens ist diese Materie, ungeachtet vielseitiger Studien und Jahrhunderte langer Erfahrungen, noch so wenig ergründet, dass man sich selbst über die besten ersten Züge, welche doch die Grundlage der ferneren Operationen bilden, noch nicht vollständig geeinigt hat.

Um die Theorie der Eröffnungen gründlich zu erfassen, muss man zunächst folgende allgemeine Hauptsätze und deren nothwendige Consequenzen beachten. Der schwächste Punkt der ursprünglichen Aufstellung ist offenbar der Platz der Königslauferbauern, f2 oder f7, denn dieses Feld ist vom Könige allein geschützt und bildet daher das passendste Ziel für die ersten Angriffe. Dieselben werden namentlich durch den Angriffslaufer von c4 aus, unterstützt durch die Dame aus f3, h5, d5 oder b3, so wie in Verbindung mit dem

Springer auf g5, gebildet. Die Postirung des Laufers ist daher von grosser Wichtigkeit.

Hiernach scheint die beste Eröffnung nicht 1. d2—d4 zu sein, da der Laufer des Königs, sobald 1. d7—d5 als Gegenzug erfolgt, nicht allein vorläufig noch eingesperrt bleibt, sondern auch verhindert wird, das für ihn beste Feld c4 einzunehmen. Dies Verhältniss ändert sich bei 1. e2—e4, vorausgesetzt, dass der Gegner nach denselben Grundsätzen verfährt und ebenfalls den Königsbauern, 1. e7-e5 spielt. Diese Variante ist zwar sicher, verwickelt den Nachziehenden aber, der hier später zur Rochade kommt, in manche schwierige Vertheidigung. Wegen dieser grösseren Mannichfaltigkeit werden wir uns zu dieser Eröffnung auf der Königsseite (1. e2—e4, e7—e5), welche die im praktischen Spiele beliebteste ist, erst in der zweiten und dritten Abtheilung, nach der Analyse der verschiedenen andern Anfänge, wenden.

Auf die Stellung der Bauern wird ebenfalls schon bei der Eröffnung besondere Rücksicht zu nehmen sein. Königs- und Damenbauer auf ihren vierten Feldern beschränken die feindlichen Läufer und drohen auch gegen die dritten Felder dieser Officiere, welche die natürlichen Ausgänge für die Springer bilden, vorzudringen. Es ist daher wichtig, die eigenen Bauern durch Unterstützung der Lauferbauern in die Mitte zu bringen oder die feindlichen Mittelbauern durch Abtausch gegen die Läuferbauern aus dem Centrum zu entfernen.

Der Zweck des Zuges 1. e2—e4 war, wie bemerkt, den Laufer f1 frei zu machen, damit er bald von c4 aus den schwachen Punkt f7 bedrohen könne. Dieses wurde durch 1. e7—e5 nicht gehindert und wäre auch nicht gut durch 1. d7—d5 zu vermeiden, da sich nach dem Tausch der Bauern die Dame dem Angriffe des Springers und dem Verluste eines Zuges aussetzen müsste. Unterbrochen werden kann die Richtung des Angriffslaufers aber durch 1. e7—e6! und später d7—d5, oder man kann auch zuvörderst 1. c7—c5 und nachher e7—e6 thun. In beiden Fällen wird die Vereinigung der feindlichen Mittelbauern unschädlich und der Laufer auf c4 unwirksam. Sie tragen beide an sich das Gepräge präventiver Opposition oder des Schutzes, der schon eher beginnt, als der Angriff, den er abwehren soll, unternommen wird. Der Vortheil, den der Anzug 1. e2—e4 vor 1. d2—d4 voraus zu haben schien, verschwindet hiermit und geht, wenn Weiss es an Aufmerksamkeit etwas fehlen lässt, zuweilen sogar bald auf Schwarz über. Wenn dennoch in der Praxis häufiger 1. e2—e4 gewählt wird, so geschieht dies hauptsächlich in der Erwartung, dass 1. e7—e5 erfolgen und zu lebhaften Combinationen führen werde.

Bei den Eröffnungen 1. e2—e4, e7—e6 und 1. e2—e4, c7—c5 oder selbst bei 1. e2—e4, b7—b6 wird der Königslaufer auf beiden Seiten längere Zeit unthätig bleiben und desshalb das Aufziehen und Abtauschen des c-Bauern gegen den Damenbauern nöthig werden. Diese Spiele gleichen hierin den Anfängen 1. d2—d4, d7—d5 oder 1. d2—d4, e7—e6 und f7—f5. Daher bezeichnen wir sie auch als Eröffnungen auf der Seite der Dame. Zu denselben rechnen wir ferner die analogen Anfänge 1. e2—e3, d7—d5; 2. d2—d4 etc.; 1. c2—c4, c7—c5 etc., bei denen immer das Vorrücken der Bauern c2 und c7 den Charakter des Spieles bedingt. Diese Kategorie ist in ihren Combinationen einfacher als die Eröffnung auf der Königsseite und soll daher der letzteren vorausgehen.

Die erste Abtheilung enthält mithin das Gambit der Dame und die Arten, denselben auszuweichen. Ferner die Eröffnung mit den Läuferbauern, die sogenannte französische Partie (1. e2—e4, e7—e6) und das sicilianische Spiel (1. e2—e4, c7—c5), sowie endlich die unregelmässigen Anfänge 1. e2—e4, d7—d5 und b7—b6 u. s. w.

Der zweite, bedeutend reichere Abschnitt beginnt mit den Zügen 1. e2—e4, e7—e5 und zerfällt in gewöhnliche Spiele und das Gambit des Königs, welches durch 2. f2—f4 bedingt wird. Wir wollen hier nur hervorheben, dass die zweite Abtheilung die interessanten Varianten der Laufer- und Springerpartie umfasst. Dem Königsgambit haben wir die dritte Abtheilung gewidmet. Hierauf folgt die Erörterung der Spiel-Endungen, welche den Schluss des Leitfadens bilden. Die Probleme oder künstlichen Aufgaben ziehen wir nicht in den Kreis unserer Untersuchungen.

ERSTE ABTHEILUNG.

Eröffnungen auf der Seite der Dame.

Erstes Spiel.

Zunächst bietet sich der Anfang

1. d2—d4 d7—d5

dar, aus welchem durch

2. c2—c4

das sogenannte Damengambit entsteht. Dieses ist ein für den Anziehenden sicheres Spiel, welchem die Absicht zu Grunde liegt, den Bauern d5 aus der Mitte zu entfernen und nach c4, einem Felde zu bringen, auf welchem er nicht genügend vertheidigt und von Weiss mit einem kleinen Positionsvortheil zurückgewonnen werden könnte. Desshalb ist es für Schwarz wohl am besten, den angebotenen Bauern c4 nicht zu nehmen, sondern 2. e7—e6 zu thun.

2. . . . . d5—c4:

Nach der über das Centrum allgemein aufgestellten Regel sollte auf die Annahme des Gambits 3. e2—e4 folgen, jedoch ist nicht immer derjenige Zug, welcher den eigenen Steinen die beste Entwickelung verspricht, darum auch der nachhaltigste. Hier dürfte 3. Sb1—c3 oder 3. e2—e3, welche ebenfalls auf den baldigen Wiedergewinn von c4 berechnet sind, den Vorzug verdienen, weil Schwarz diesen Zügen mit 3. e7—e5 minder wirksam, als in Erwiderung auf 3. e2—e4, begegnen kann. Am stärksten wäre aber für Weiss 3. Sg1—f3, um dem Aufrücken des feindlichen Königsbauern vorzubeugen. Aus der Leichtigkeit, mit welcher in den folgenden Varianten der Bauer c4 zurück erobert wird, kann man entnehmen, dass der Wiedergewinn auch dann noch ausführbar ist, wenn nicht gleich der nächste Zug darauf unmittelbar ausgeht.

Erster Angriff.

1. (d2—d4) (d7—d5)
2. (c2—c4) (d5—c4:)

3. e2—e3. Dieser Zug schliesst zwar den Laufer c1 ein, indess kann Schwarz, ohne eigenen Nachtheil, diesen Umstand nicht zu benutzen suchen. Spielte er 3. f7-f5, so müsste er ebenfalls später mit e7—e6 seinen Damenlaufer einsperren, und es würde noch dazu die ungünstige Stellung des zurückgehaltenen Königsbauern seinem abgeschlossenen Spiele eine entschiedene Schwäche geben. Die Deckung des Bauern c4 mit b7-b5 ist unrichtig, weil Weiss durch a2—a4 die Kette trennt und Dd1—f3 zu ziehen droht. Ebenso genügt die Deckung 3. Lc8—e6, wegen Sg1-f3 und später Sf3-e5, nicht, den Bauern c4 zu halten, ganz abgesehen davon, dass sich Schwarz auf diese Weise den Königsbauern verstellt und so die Entwickelung erschwert. Es geschieht desshalb 3. e7—e5. Dieser Bauer kann nur mit Gleichstellung des Spiels genommen werden, indem die Partie bei 4. d4-e5: der zweiten Vertheidigung des zweiten Angriffs [vgl. Diagr. auf S. 29 Spalte 2] ähnlich würde.

3. . . . . e7—e5!
4. Lf1—c4:! e5—d4:
5. e3—d4: Lf8—d6

Gegenwärtig ist die Stellung, welche zu einer Figurenpartie führt, auf beiden Seiten ungefähr gleich gut, indess hat Weiss den Zug voraus, und der isolirte Bauer gereicht ihm hier zum Vortheil. Ueberhaupt ist der vereinzelte Damenbauer selten der Gefahr ausgesetzt, verloren zu gehen. Auf d4 schützt ihn die Dame, auch sind Lc1—e3 oder 0—0—0 für ihn neue natürliche Deckungen. Greift c7—c5 ihn an, so wird er zum Freibauern, bleibt auf d5 von der Dame oder dem Thurme vertheidigt und findet an dem Angriffslaufer und dem Springer b1—c3 abermals zwei Stützen. Erst das fernere Vorrücken ist bedenklich.

6. Sg1—f3. Weiss konnte auch die Freiheit, welche seine Dame durch das Aufziehen des c-Bauern erlangt hat, benutzen und 6. Dd1-b3 spielen.

6. . . . . Sg8—f6
7. 0—0 0—0
8. Lc1—g5 h7—h6

9. Lg5—h4. Weiss lässt den Springer gefesselt, wodurch der Gegner etwas behindert wird.

9. . . . . g7—g5?

Das Vorrücken dieses Bauern nach der kurzen Rochade pflegt, wenn noch viele Figuren vorhanden sind und nicht die Mitte des Spieles versperrt ist, bedenklich zu sein. Oft kann sogar, wie spätere Beispiele zeigen werden, der

Springer f3 für die Bauern g5 und h6 mit Vortheil geopfert werden.

10. Lh4—g3 Lc8—g4

Weiss konnte die Sperrung seines Springers vermeiden, wenn er früher h2-h3 gethan hätte. Ueber diesen Zug werden wir bei ähnlichen Positionen, in der zweiten Abtheilung, noch wichtige Bemerkungen machen. Hier würde er zwar die Rochade verzögert haben, Schw. konnte aber davon keinen Nutzen ziehen, z. B. 6. Sb1—c3, Sg8—f6; 7. h2—h3, 0—0; 8, Sg1—f3, Tf8—e8†; 9. Lc1—e3, Ld6—f4; 10. 0—0, Lf4—e3:; 11. f2—e3:, Te8—e3:; 12. Sf3—e5, Lc8—e6; 13. Lc4—e6:, f7—e6:; 14. Kg1—f2 etc.

11. Sb1—c3 Sb8—c6

12. Dd1—d3 Kg8—g7.

Hier zeigen sich bereits die Folgen des Zuges g7—g5, indem das Schach auf g6 abgewehrt werden muss.

13. Sf3—e5 Ld6—e5:

14. d4—e5:. Der Bauer, welcher dem Springer soeben zum Stützpunkt diente, wird jetzt mit den Bauern auf der Königsseite vortheilhaft verbunden.

14. . . . . Sf6—h5

15. Sc3—d5 Sh5—g3:

16. Dd3—g3: Lg4—h5

17. f2—f4 Sc6—a5

18. b2—b3

Stand nach dem 18. Zuge von Weiss.

Schwarz.

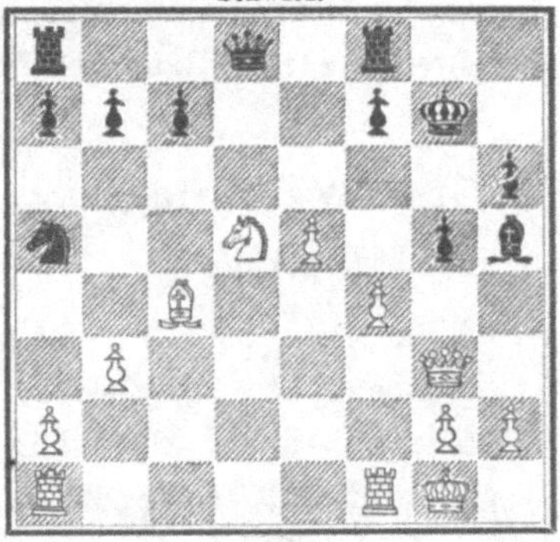

Weiss.

18. . . . . Sa5—c4:

Das Aufziehen des Bauern b7—b5 würde in der vorstehenden Stellung, wegen 18. Sd5—f6, nicht zur Eroberung einer Figur geführt haben.

19. b3—c4: c7—c6

20. Sd5—f6 Dd8—d4†

21. Kg1—h1 Lh5—g6

22. Ta1—d1 Dd4—c4:

23. f4—f5 Lg6—h7

24. Sf6—d7 Tf8—d8

25. e5—e6 f7—f6

26. Dg3—c7 Td8—c8

27. Dc7—b7: Dc4—b5

28. Sd7—b6† Kg7—h8

29. Dc7—e7 a7—b6:

30. De7—f6‡ Kh8—g8

31. Df6—h6: und gewinnt leicht mit seinen Freibauern.

Zweiter Angriff.

1. (d2—d4) (d7—d5)

2. (c2—c4) (d5—c4:)

3. e2—e4. Jetzt kann

Schwarz die Deckung des Gambitbauern versuchen oder die Spielart der zweiten Vertheidigung wählen.

Erste Vertheidigung.

(2. Angriff.)

3.	. . . .	b7—b5
4.	a2—a4	c7—c6
5.	a4—b5:	c6—b5:
6.	b2—b3.	

Auf 6. Sb1—c3 würde Lc8—d7 folgen.

6.	. . . .	e7—e5
7.	d4—d5(od.A.)	a7—a5
8.	b3—c4:	b5—b4

und wir lassen dahingestellt, welche Partei sich im Vortheil befindet.

A. Zur ersten Vertheidigung.

(2. Angriff.)

7. d4—e5:. Dieser Zug, statt 7. d4—d5, würde gezwungen sein, wenn man 5. b2—b3 vor dem Abtausch des Thurmbauern gethan, und Schwarz darauf 5. e7—e5 geantwortet hätte.

7.	. . . .	Lf8—b4†
8.	Ke1—e2	Dd8—d1‡
9.	Ke2—d1:	Lc8—b7
10.	b3—c4:	b5—c4:
11.	Lf1—c4:	Lb7—e4:
12.	f2—f3	Le4—c6
13.	Lc1—b2	Sg8—e7

Auch hier wagen wir nicht zu entscheiden, ob Weiss besser steht. Die Vereinzelung des Bauern auf der offenen Thurmlinie pflegt diesen bedenklichen Angriffen auszusetzen, hier scheint derselbe aber wirksam vordringen zu können.

Zweite Vertheidigung.

(2. Angriff.)

1.	(d2—d4)	(d7—d5)
2.	(c2—c4)	(d5—c4:)
3.	(e2—e4)	e7—e5
4.	d4—d5	

oder wie in der Veränderung d4—e5:

4.	. . . .	f7—f5.

Diese Oeffnung auf der Königsseite ist höchst wichtig; sie beeinträchtigt das Centrum und schwächt den Angriff. Ueberhaupt ist es rathsam, den Lauferbauern gegen e4 abzutauschen, namentlich damit bei der Rochade der Thurm sogleich wirksam wird.

5.	Lf1—c4:(od.B.)	Sg8—f6
6.	Sg1—f3	Lf8—d6
7.	e4—f5:	Lc8—f5:
8.	0—0	0—0
9.	Sb1—c3	Sb8—d7

Das Spiel hat als Folge der Züge e2—e4 und f7—f5 einen ganz andern Charakter angenommen, als in dem ersten Angriffe bei e2—e3. Es ist jetzt auf beiden Seiten frei geworden. Der Bauer d5 gewährt hier keinen Vortheil, weil Schwarz dafür einen ebenso günstig gestellten Königsbauern besitzt.

B. Zur zweiten Vertheidigung.

(2. Angriff.)

Schwarz.

Weiss.

Es ist für Weiss nicht nothwendig, auf c4 sogleich zu nehmen.

5. Sb1—c3 Sg8—f6

6. f2—f3

Einfacher und ebenso gut wäre e4—f5: und nachher Lf1—c4: Mit dem Vorrücken des f-Bauern einen Schritt muss man in den Anfängen vorsichtig sein, da der Zug den König vor und nach der Rochade bloss stellt, ohne selbst anzugreifen, hier ist er aber zulässig.

6. . . . . Lf8—c5

7. Lf1—c4:? Dieses ist nicht rathsam, es sollte Lc1—g5 geschehen, um den Springer zu fesseln und dem Angriffe auf der Königsseite vorzubeugen.

7. . . . . f5—e4:

8. Dd1—e2, worauf Schwarz mit Vortheil rochirt. 8. f3—e4: wäre, wegen 8. Sf6—g4, noch schlimmer für Weiss.

Veränderung.

(2. Angriff. 2. Vertheidigung,)

Schwarz.

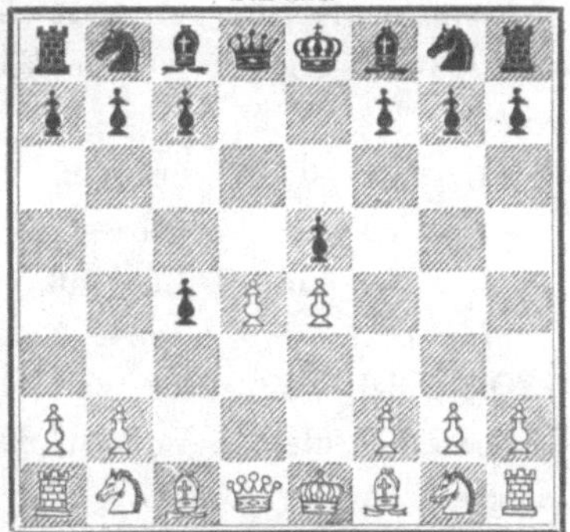

Weiss.

4.	d4—e5:	Dd8—d1†
5.	Ke1—d1:	Lc8—e6
6.	f2—f4	g7—g6
7.	Sb1—d2	Sb8—d7!

Die Deckung des Bauern c4 würde nicht gelingen, daher ist es besser ihn gegen Erlangung eines Angriffs aufzugeben.

8.	Lf1—c4:	Le6—c4:
9.	Sd2—c4:	0—0—0
10.	Kd1—c2	Sd7—c5

und Schwarz hat eine vortheilhafte Stellung. Er konnte auch noch anders spielen, z. B. 5. Sb8—c6; 6. f2—f4, Lc8—g4†; 7. Lf1—e2, 0-0-0†; 8. Lc1—d2, Lg4—e2†; 9. Sg1—e2:, Lf8-b4; 10. Sb1-c3, Sg8—e7 und die Spiele stehen gleich.

Dritter Angriff.

1. (d2—d4) (d7—d5)
2. (c2—c4) (d5—c4:)
3. Sb1—c3 c7—c5

Zog Schwarz hier e7—e5, so reducirte sich das Spiel durch 4. d4-e5: oder 4. d4—d5 auf frühere Varianten.

4. d4—d5 e7—e6
5. e2—e4 e6—d5:
6. e4—d5: Lf8—d6
7. Lf1—c4: Sg8—e7

Die Spiele sind gleich, nur hat Weiss einen kleinen Vortheil des Angriffs bewahrt.

Wir haben oben bemerkt, dass sich Schwarz die Vertheidigung erleichtert, wenn er das Gambit nicht annimmt. Er kann dies auf drei Arten, mit 2. e7—e6, c7—c6 und c7—c5 thun, jedoch verdient das erstere Spiel, e7—e6, den Vorzug.

2. c7—c5? ist desshalb nicht vollkommen gut, weil 4. c4—d5:, Dd8—d5:; 4. e2—e3, c5—d4:; 5. Sb1—c3, Dd5—d8; 6. e3—d4:, e7—e6 folgt und Schwarz um einige Züge im Rückstand bleibt.

Der Zug 2. c7—c6 geschieht in der Absicht, den Bauern d5, wenn er genommen wird, zu ersetzen und zugleich die c-Linie zu öffnen. Weiss wird aber, ohne weitere Veranlassung, nicht nehmen, und dann ist der Springer b8 vorläufig behindert, was indess hier kein wesentlicher Nachtheil sein mag.

1. (d2—d4) (d7—d5)
2. (c2—c4) (c7—c6)
3. Sb1—c3 Sg8—f6
4. e2—e3 Lc8—f5

Wenn statt des Laufers e7—e6 gezogen wird, so folgt 5. f2—f3, dann Sg1—h3—f2, Dd1—b3, und Weiss wird mit den Bauern im Centrum vorgehen. Schwarz konnte sich diesem Plane vielleicht wirksam widersetzen, wenn er 3. f7—f5 that. Doch hätte dieser Zug die Rückständigkeit des Be7 herbeigeführt und den Damenlaufer in seiner Wirksamkeit beschränkt.

5. c4—d5: c6—d5:
6. Dd1—b3 Dd8—d7
7. Sg1—f3 e7—e6
8. Sf3—e5 Dd7—c7
9. Lc1—d2. Weiss hat den Angriff, er würde ihn aber verloren haben, wenn er auf den Gewinn des Bauern b7 mit Lf1—b5 und Db3—a4 gespielt hätte.

Bei der Nichtannahme des Gambits ist 2. e7—e6 gut, obgleich dies den Laufer c8 für den Augenblick einschliesst. Der Bauer c7 ist hier zum Gegengambit bestimmt, welches Weiss ebenfalls zu dem Zuge e2—e3 veranlassen wird. Die Folge wäre etwa:

1. (d2—d4) (d7—d5)

2. (c2—c4) (e7—e6)
3. Sb1—c3 c7—c5

Uebrigens könnte hier allenfalls auch 3. f7-f5 geschehen.

4. e2—e3. Bei der Annahme des von Schwarz gebotenen Gambits würde ebenfalls kein Vortheil zu erlangen sein.

4. . . . . Sg8—f6.

Dies geschah nicht im vorigen Zuge, weil der Springer gefesselt und dadurch das Vorrücken des Bauern c7—c5 verzögert worden wäre. Auch hätte Weiss auf 3. Sg8—f6 mit 4. Lc1—f4 antworten können.

5. Sg1—f3 Sb8—c6

Das Spiel steht ganz gleich und wird sich, bei richtiger Fortsetzung, im Centrum auflösen.

6. a2—a3 b7—b6

Bequemer wäre zunächst a7—a6.

7. c4—d5: e6—d5:
8. Lf1—b5 Lc8—b7?

Auf diesen Zug geht ein Bauer verloren, welcher durch Lc8—d7; 9. Sf3—e5, Ta8—c8 noch gehalten werden konnte.

9. Sf3—e5 Ta8—c8
10. Dd1—a4 Dd8—c7
11. Da4—a7: Lf8—e7
12. Lb5—c6† Lb7—c6:
13. Da7—c7: Tc8—c7:

Weiss thut, da er um einen Bauern stärker ist, wohl daran, abzutauschen. Uebrigens stand seine Dame auch auf a7 ungünstig. Im Verlauf der Partie wird man bemerken, dass Schwarz sich möglichst im Angriff zu erhalten sucht, Weiss hingegen, wie dies leicht geschieht, im Zutrauen auf sein erlangtes Uebergewicht einige schwache Züge macht.

14. Se5—c6: Tc7—c6:
15. 0—0? Ke8—d7

Die Rochade entfernt den weissen König, welcher in der dargestellten Position besser nach der Mitte gebracht würde. Nach dem Abtausch der Damen ist es gewöhnlich gut, den König thätig zu verwenden.

Schwarz.

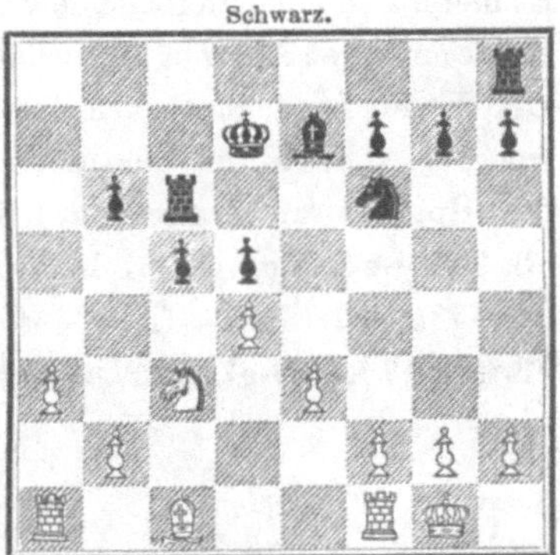

Weiss.

16. Tf1—d1 c5—c4
17. f2—f3 Th8—d8
18. Lc1—d2 h7—h6

W. hätte 18. e3—e4 thun können

19. Sc3—a2 g7—g5
20. Ld2—b4 Tc6—e6
21. Lb4—e7: Te6—e7:
22. Kg1—f2 g5—g4
23. Sa2—c3 h6—h5
24. Td1—e1 Td8—e8
25. Te1—e2 h5—h4

26. Ta1—e1 Te8—g8
27. e3—e4 g4—g3†
28. Kf2—g1 d5—e4:
29. Sc3—e4: Sf6—e4:
30. f3—e4: Im Allgemeinen ist die Vereinigung der Bauern zu empfehlen, jetzt kommt aber auch Te2—e4: in Betracht, da hierbei noch eine Figur getauscht würde. Uebrigens wäre dann, obgleich noch vier Thürme auf dem Brete sind, schon auf das Spiel der möglicher Weise allein übrig bleibenden Bauern Rücksicht zu nehmen. Es bietet sich nämlich folgende Variante mit ihren Abzweigungen dar. Der Leser mag daran ermessen, wie weit sich oft die Voraussicht des Spielers zu erstrecken hat. 30. Te2—e4:, Tg8-e8; 31. h2-g3:, h4—g3:; 32. Kg1—f1, f7—f5; 33. Te4-e7†, Te8-e7:; 34. Te1-e7†, Kd7—e7:; 35. Kf1—e2, Ke7-d6; 36. a3—a4 oder f3—f4, mit allen daraus sich ergebenden Folgen.

30. . . . . Tg8—g4
31. h2—g3: h4—g3:
32. Te2—e3 b6—b5
33. Te1—e2 Te7—e8
34. Kg1—f1 Kd7—d6
35. Kf1—e1 Tg4—f4
36. Ke1—d2 f7—f5
37. Te3—g3: Te8—e4:
38. Te2—e4: Tf4—e4:
39. Kd2—c3 Kd6—d5
40. Tg3—f3 f5—f4
41. Tf3—h3. Wir werden im Abschnitt XVI der Endspiele zeigen, dass durch 41. g2—g3 die Partie verloren geht.

41. . . . . Te4—e3†
42. Kc3—d2! Kd5—d4:
43. Th3—e3: und gewinnt.

Zweites Spiel.

Bisher haben wir die Folgen des angenommenen und abgelehnten Damengambits betrachtet, man kann aber auch suchen, dem Gambit ganz auszuweichen, indem man nicht 1. d7—d5 auf 1. d2—d4 erwidert. Es bieten sich dann namentlich drei Züge: 1. e7—e6, 1. c7—c5? und 1. f7—f5 dar.

Erste Vertheidigung.

1. d2—d4 e7—e6
scheint nicht die grösstmöglichste Entwickelung herbeizuführen, in der Erwägung aber, dass es die Angriffslinie von c4 nach f7 unterbricht, also die Wirksamkeit des Laufers f1 für manche Varianten

beschränkt und dem Bauern d7 als Stütze zum baldigen Vorrücken dient, darf man es nicht verwerfen. Der Gambitzug c2—c4 kann nun geschehen, worauf entweder f7-f5 folgt, oder d7—d5 das Spiel auf eine bereits entwickelte Variante zurückführt. Am gewöhnlichsten wird gezogen:

2. e2—e4 d7—d5,

womit man zur sogenannten französischen Partie gelangt. Man vergleiche das vierte Spiel.

Weniger gut wäre 2. c7—c5, da 3. d4-d5 darauf folgen und Schw. wegen des zurückbleibenden Königsbauern etwas beschränkt werden könnte.

Erste Fortsetzung.

(1. Vertheidigung.)

3. e4—e5? In der Absicht, das Spiel des Gegners einzuengen und für die eigenen Operationen mehr Platz zu gewinnen. Die angegriffenen Punkte sind aber in der gegenwärtigen Stellung nicht die einzigen, welche Schw. betreten muss, um seine Steine ohne Zeitverlust in Thätigkeit zu setzen. Wir werden daher sehen, dass die vorgerückten Bauern dem Anziehenden nicht allein keinen Vortheil gewähren, sondern wegen des Schutzes, den sie hier dauernd erfordern, sogar die Rolle des Vertheidigenden auf ihn übertragen. Desshalb ist es besser, 3. e4—d5: oder 3. Sb1—c3 zu thun.

3. .... c7—c5!

Ein Zug, welcher der Dame den wichtigen Ausgang nach b6 gestattet, das feindliche Centrum sogleich bedroht und zu einer Deckung nöthigt oder dem Laufer f8 freies Spiel verschafft.

4. c2—c3. Hier konnte Lf1-b5† geschehen, worauf Schw. aber Gelegenheit fände, seinen eingeschlossenen Damenlaufer zum Abtausch zu bringen. Er hätte übrigens auch 4. Sb8—c6 zwischensetzen können, denn wenn dieser Springer genommen würde, gewänne der Laufer den Ausgang nach a6 und der Thurm die offene b-Linie, was stets wichtig ist. Der Doppelbauer c6 und c7, der sich dem Centrum anschliesst, wäre ferner ein Vortheil, da er, ohne Angriffen ausgesetzt zu sein, gegen d4 abgetauscht werden kann und d5 dadurch frei macht. Der bei dieser Spielart isolirte Bauer a7 kann auch kein Bedenken erregen, da die Linie a für den weissen Thurm nicht offen ist und sich daher wenig Gelegenheit zu Angriffen auf dieser Seite darbietet.

4. .... Sb8—c6
5. Sg1—f3 Dd8—b6!
6. Lf1—d3 Lc8—d7
7. Ld3—c2 Ta8—c8

und man sieht, wie die Steine auf der Seite der Dame gut entwickelt sind.

8.	0—0	f7—f6
9.	b2—b3	c5—d4:
10.	c3—d4:	f6—e5:
11.	d4—e5:	Lf8—c5

Weiss befindet sich offenbar in einer übelen Lage. Er kann zwar einen Angriff mit 12. Sf3-g5 versuchen, jedoch wird er damit nicht durchdringen. Es scheint, als sei die Verlegenheit nur desshalb entstanden, weil e5 nicht hinreichend gedeckt war, ein Uebelstand, dem mit dem Zuge f2—f4 hätte abgeholfen werden können. Indess genügt dies ebensowenig und bereitet dem Königs neue Schwierigkeiten für die Rochade, nämlich:

5.	f2—f4	Dd8—b6
6.	Sg1—f3	Lc8—d7
7.	b2—b3	Sg8—h6
8.	Lc1—e3	c5—d4:
9.	Le3—d4:	Lf8—c5

und Schwarz hat immer das bessere Spiel, welches auch bei 7. Lf1—e2, statt b2—b3, der Fall sein würde:

7.	Lf1—e2	Sg8—h6

Ein Feld, welches der schw. Springer in dieser Partie oft betritt.

8.	0—0?	c5—d4:
9.	c3—d4:	Sc6—d4:
10.	Sf3—d4:	Sh6—f5

und Schwarz gewinnt den Officier zurück.

Zweite Fortsetzung.

(1. Vertheidigung.)

1.	•(d2—d4)	(e7—e6)
2.	(e2—e4)	(d7—d5)
3.	e4—d5:	e6—d5:
4.	Sg1—f3	Sg8—f6

Es konnte auch 4. c2—c4, Sg8-f6; (Lf8—b4†; Sb1—c3, Sg8—e7 6. a2—a3 etc.); Sb1—c3, Lf8—e7; 6. Sg1—f3, 0—0; 7. Lf1—e2 mit gleichem Spiel geschehen.

5.	Lf1—d3	c7—c5

Auf 5. Lc1—e3 wäre Lc8-e6 und beiderseits die Rochade gefolgt.

6.	0—0	c5—d4:
7.	Ld3—b5†	Sb8—c6
8.	Sf3—d4:	Lc8—d7
9.	Tf1—e1†	Lf8—e7

Die Spiele sind gleich.

Dritte Fortsetzung.

(1. Vertheidigung.)

1.	(d2—d4)	(e7—e6)
2.	(e2—e4)	(d7—d5)
3.	Sb1—c3	Sg8—f6 od. A.
4.	Lc1—g5	Lf8—e7
5.	e4—e5	

Jetzt kann dieser Zug ohne den Nachtheil wie in der ersten Fortsetzung geschehen, da er den Sf6 angreift und auf ein ungünstiges Feld treibt. Weiss muss aber trotzdem grosse Aufmerksamkeit darauf verwenden, die Bauern d4 und e5 gedeckt zu halten und den feindlichen Angriff auf der Damenseite zu pariren.

5. . . . . Sf6—d7
6. Lg5—e7: Dd8—e7:
7. Dd1—d2

Weiss thut diesen Zug, um den Sc3 wegziehen zu können, ohne sich dem Damenschach auf b4 auszusetzen. Schwarz kann noch nicht c7—c5 thun, weil 8. Sc3-b5 folgen würde.

7. . . . . a7—a6
8. Sc3—d1

Der Springer kann auch nach e2 gehen.

8.	. . . .	c7—c5
9.	c2—c3	Sb8—c6
10.	f2—f4	b7—b5
11.	Sg1—f3	f7—f5

Schwarz hat die Wahl, ob er hierdurch die Mitte schliessen oder sie mit f7—f6 zu öffnen trachten will.

12.	Sd1—e3	Sd7—b6
13.	Lf1—d3	Ta8—b8
14.	0—0	Sb6—c4
15.	Ld3—c4:	b5—c4:
16.	Tf1—f2	c5—d4:
17.	Sf3—d4:	Sc6—d4:
18.	Dd2—d4:	Tb8—b5
19.	Ta1—d1	0—0
20.	g2—g3	De7—b7
21.	Td1—d2	Tf8—f7

Das Spiel (welches von Winawer gegen Blackburne geführt wurde) steht gleich.

A. Zur dritten Fortsetzung.

(1. Vertheidigung.)

3. . . . . Lf8—b4

Dieser Zug ist nicht so gut, als man früher glaubte.

4.	e4—d5:!	e6—d5:
5.	Lf1—d3	Sg8—f6
6.	Lc1—g5	Lc8—e6
7.	Sg1—f3	0—0
8.	0—0	

Die Praxis hat nun bewiesen, dass es für Schw. nicht günstig ist, den Sc3 zu nehmen, weil Weiss den b-Bauern nach der Mitte bringt und eine offene Linie für den Damenthurm erhält. Schw. muss demnach früher oder später den Laufer von b4 nach d6 oder e7 zurückziehen und hat einen Zug verloren. Wollte Weiss dagegen im vierten Zuge statt e4—d5: den Laufer gleich nach d3 spielen, so wird Schwarz mit c7—c5! die Partie ausgleichen.

Zweite Vertheidigung.

1. d2—d4 c7—c5?

Dieser Zug ist anscheinend gut, weil Schwarz, wenn der Bauer genommen wird, 2. e7—e6 thut und denselben zurück gewinnt. Weiss könnte 2. e2-e4 ziehen und Combinationen veranlassen, die wir im vierten Spiele näher betrachten werden; hier nehmen wir aber an, es geschähe 2. d4—d5 da dieses den Vortheil der Position gewährt.

2. d4—d5! e7—e5
3. e2—e4 d7—d6
4. f2—f4

Weiss wird nur dadurch die bessere Stellung erlangen, dass er entweder seinen Bauern d5 frei macht, oder e5 entfernt, um auf d6 seine Angriffe richten zu können. Wenn hierbei e4 rückständig wird, so steht dieser Bauer, welcher dann nöthigenfalls vorrücken kann, doch weniger ungünstig als der Bauer d6, welcher den Laufer f8 behindert.

4. .... f7—f5
5. Lf1—d3 f5—e4:
6. Ld3—e4: Sg8—f6
7. Sb1—c3 Lf8—e7
8. Sg1—f3 0—0
9. f4—e5: d6—e5:
10. 0—0 und hat den Vortheil, dass der vorgerückte freie Bauer d5 durch c2 unterstützt werden kann, während e5 vereinzelt dasteht.

Dritte Vertheidigung.

Auch der Lauferbauer des Königs kann als Gegenzug auf 1. d2-d4 gewählt werden. Er veranlasst ein sicheres und in vielen Fällen geschlossenes Spiel, jedoch ist die Vertheidigung nicht ganz einfach. Man nennt diese Eröffnung die holländische Partie.

2. d2—d4 f7—f5

ist überwiegend abwehrend und zunächst weniger darauf gerichtet, die eigenen Bauern auf der Mitte zu vereinigen, indem e7 leicht im Rückstand bleibt. Letzteres würde ein Nachtheil sein, wenn das Spiel offen und der Königsbauer den feindlichen Angriffen ausgesetzt wäre. Bei der geschlossenen Position und dem vorgeschobenen Bauern f5, welcher die Königsseite deckt und nach der kurzen Rochade dem Thurme mehr Freiheit, als gewöhnlich gestattet, ist aber keine Gefahr vorhanden.

2. c2—c4 oder s. die Veränderung.

2. .... Sg8—f6
3. Sb1—c3 e7—e6
4. e2—e3. Gewöhnlich geschieht 4. a2—a3, um den Laufer f8 von dem Felde b4 fern zu halten, es könnte aber auch folgende Fortsetzung eintreten: 4. Lc1-g5, Lf8-e7; 5. e2-e3, 0-0; 6. Lf1-d3, b7—b6; 7. Sg1—e2, Lc8-b7 etc.

4. .... d7—d5
5. Sg1—f3 c7—c6
6. Lf1—e2 Lf8—e7
7. 0—0 0—0

Der Bauer e6 ist allerdings zurück geblieben, aber er dient dem Bauern d5 als Deckung und kann nicht bedroht werden. Eine Schwierigkeit scheint noch in der Entwickelung des Springers b8 zu liegen. Dieser Springer wird aber über d7 nach f6 geführt, während Springer f6 nach e4 geht. Die Vertheidigung ist dann vollständig. Dieselbe ist übrigens nicht ausschliesslich an die hier aufgestellten Züge gebunden. Man kann auch den Plan ausführen, den Bauern e7, unterstützt durch d7-d6, nach e5 vorzubringen.

Veränderung.

(3. Vertheidigung.)

1.	(d2—d4)	(f7—f5)
2.	e2—e4	f5—e4:
3.	Sb1—c3	Sg8—f6
4.	Lc1—g5	c7—c6 od. A.
5.	Lg5—f6:	e7—f6:
6.	Sc3—e4:	d7—d5

Hier könnte auch für Schwarz Dd8—b6 in Betracht kommen, oder, jedoch wohl minder gut, der Damentausch durch Dd8—e7; 7. Dd1—e2, d7—d5; 8. Se4—d6†, Ke8—d7; 9. Sd6—c8:, Kd7—c8:; 10. 0—0—0, De7—e2: herbeigeführt werden.

7.	Se4—g3	Dd8—b6

Dieser Zug ist besser als die ebenfalls zulässige Fortsetzung Lf8-d6; 8. Lf1—d3, 0—0; Sg1-e2 oder Dd1—d2.

8.	Dd1—e2†	Ke8—f7
9.	0—0—0	Sb8—a6
10.	De2—f3	g7—g6

Die Stellung ist eigenthümlich. Schwarz geht bald auf beiden Flügeln mit Bauern zum Angriff vor und hindert dadurch Weiss in seiner Entwickelung.

11.	Lf1—d3	Sa6—b4
12.	Kc1—b1	h7—h5
13.	h2—h3	h5—h4
14.	Sg3—e2	Sb4—d3:
15.	Td1—d3:	Lc8—f5
16.	Td3—b3	Db6—c7
17.	Se2—f4	Lf8—d6
18.	Sg1—e2	a7—a5
19.	Th1—g1	a5—a4
20.	Tb3—e3	Ta8—e8
21.	g2—g3	Lf5—e4
22.	Df3—g4	Le4—f5

Ginge jetzt Weiss mit der Dame nach f3 zurück und Schwarz thäte wieder Lf5-e4, so könnte durch immerwährende Wiederholung derselben Züge ein frühzeitiges Remis herbeigeführt werden.

23.	Te3—e8:	Th8—e8:
24.	Dg4—f3	Dc7—a5
25.	Kb1—c1	Da5—a6
26.	Se2—c3	b7—b5

Gegenwärtig befinden sich im Spiele zwei Läufer auf der einen und beide Springer auf der andern Seite. In solchen Fällen pflegt der Vortheil auf Seiten der Partei der Läufer zu sein, hier gelingt den Springern aber eine genügende Vertheidigung, ungeachtet die Stellung der Weissen bereits minder bequem ist.

27.	g3—g4	Lf5—c8
28.	Sc3—d1	b5—b4

29.	Sd1—e3	b4—b3
30.	a2—a3	b3—c2:
31.	g4—g5	f6—f5
32.	Se3—c2:	Da6—c4
33.	Sf4—g2	Te8—e2
34.	Sg2—e1	f5—f4
35.	Kc1—d1	Te2—e4
36.	Se1—g2	Dc4—b3
37.	Df3—c3	Db3—c3:
38.	b2—c3:	Lc8—h3:
39.	f2—f3	Te4—e8
40.	Sg2—h4:	Te8—h8
41.	Sh4—g2	Th8—h5
42.	Sg2—e1	Lh3—f5

Schwarz.

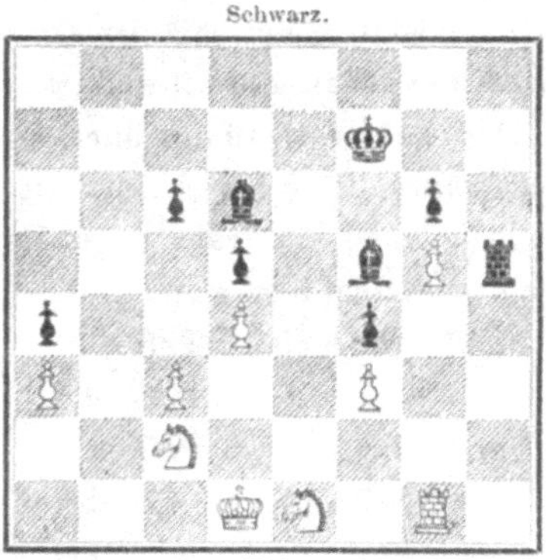

Weiss.

43.	Sc2—b4	Lf5—d7
44.	Tg1—g2	Kf7—e6
45.	Se1—d3	Ke6—f5
46.	Sd3—b2	Th5—h1†
47.	Kd1—c2	Th1—a1
48.	Sb2—a4:	Ta1—a3:
49.	Sa4—c5	Ld6—c5:
50.	d4—c5:	d5—d4
51.	c3—d4:	Ta3—f3:
52.	d4—d5	Tf3—g3
53.	Tg2—f2	f4—f3
54.	d5—c6:	Ld7—e6
55.	Kc2—d2	Kf5—e4
56.	Tf2—f1	Tg3—g2†
57.	Kd2—c3	Tg2—e2
58.	c6—c7	Te2—e3†
59.	Kc3—d2	Te3—e2†
60.	Kd2—d1	Le6—b3†
61.	Kd1—c1	Lb3—e6
62.	Sb4—c2	Le6—c8
63.	Kc1—d1	Lc8—g4
64.	c5—c6	Ke4—f4
65.	Sc2—d4	Te2—e8
66.	Kd1—d2	Te8—c8
67.	Kd2—d3	Kf4—g3

Hätte Schwarz hier Tc8—c7: gethan, so führte 68. Tf1—f3†, Lg4—f3:; 69. Sd4—e6† zum Remis.

68.	Tf1—g1†	Kg3—f4
69.	Tg1—f1	Tc8—e8
70.	Kd3—c4	Kf4—g3?
71.	Sd4—f3:	Lg4—f3:

Bis zu diesem Punkte sind die Züge einer Partie zwischen G. R. Neumann und W. Steinitz entlehnt.

72. Kc4—c5! Lf3—e4.

Ginge der Laufer nach g2 oder g4, oder bliebe er auf f3 stehen, so würde er gegen den weissen Thurm getauscht.

73.	Tf1—f7	Le4—f5
74.	Tf7—d7	Te8—c8
75.	Kc5—b6 und gewinnt.	

A. Zur Veränderung.

(3. Vertheidigung.)

4. .... e7—e6
5. Lg5—f6: Dd8—f6:
6. Sc3—e4: Df6—g6

Die Dame geht besser nach h6, wo sie nicht sogleich angegriffen wird.

7. Lf1—d3 Dg6—g2:

Hierauf ist für Weiss eine schöne Opfercombination möglich. Der Anfänger wage immer erst nach sorgfältiger Prüfung ein solches Einschlagen, welches die eigene Dame aus dem Spiele entfernt.

8. Dd1—h5† g7—g6
9. Dh5—e5! Dg2—h1:
10. De5—h8: Dh1—g1‡
11. Ke1—d2! Dg1—a1:
12. Se4—f6† Ke8—f7
13. Dh8—g8† Kf7—f6

Nun ist Schw. verloren; mit Ke7 konnte Remis erzielt werden.

14. Dg8—f8‡ Kf6—g5
15. f2—f4† Kg5—g4
16. Ld3—e2† Kg4—h3
17. Df8—h6† Kh3—g2
18. Dh6—g5† Kg2—h2:
19. Le2—f3! Da1—f1

Weiss setzt in drei Zügen mat. Diese Partie gewann Dr. Göring gegen J. Minckwitz.

Drittes Spiel.

Ausser dem Bauern d2 und dem später zu betrachtenden 1. e2-e4, können im ersten Zuge auch die anderen Bauern, z. B. 1. b2—b3 oder 1. g2—g3, bewegt werden; besondere Aufmerksamkeit verdienen aber nur 1. c2—c4 und 1. f2—f4, obgleich auch die hieraus entstehenden Partien, wegen der häufigen Verschränkung der Bauern, wenig zu glänzenden Combinationen Gelegenheit bieten und daher der Mehrzahl der Spieler minder interessant erscheinen, als die Eröffnung mit den beiderseitigen Königsbauern. Auf 1. c2-c4 folgt 1. f7—f5 oder 1. c7-c5 und sperrt das Spiel ab; hingegen wäre die Erwiderung e7—e5 weniger empfehlenswerth, da Weiss bei der Fortsetzung 2. a2—a3 oder 2. e2—e3 die Rolle des zweiten Spielers in der später zu betrachtenden sicilianischen Partie übernähme, sich dabei aber um ein Tempo, wegen seines Anzuges, im Vortheil befände.

1. f2—f4 könnte als nicht hierher gehörig betrachtet werden, da dieser Zug das Spiel nicht unmit-

telbar auf der Seite der Dame beginnt, die gewöhnlichste Fortsetzung d7-d5; nebst nachfolgendem c7-c5, erinnert aber doch an den Anfang 1. d2—d4, f7—f5; 2. c2—c4, e7—e6 und führt die Eröffnung auf der Damenseite im Nachzuge herbei. Uebrigens zielt f2—f4 nicht unmittelbar auf die geordnete Aufstellung der eigenen Mittelbauern hin, sondern sucht mehr die Entwickelung des Gegners zunächst auf der Königsseite und dann, wenn d2—d4 und c2—c4 geschieht, auch auf der andern Seite zu hindern. Ausserdem ist aber ein hiervon abweichender Plan, den die folgende Partie veranschaulicht, für Weiss möglich, und endlich kann Schwarz dem Spiele, wie der Zusatz zeigt, durch ein Opfer den Charakter einer offenen Partie geben.

1.	f2—f4	d7—d5
2.	Sg1—f3	c7—c5
3.	e2—e3	Sb8—c6
4.	Lf1—b5	a7—a6

Der letzte Zug war nutzlos, er geschah aber, um den Laufer zum Nehmen zu veranlassen und den Bauern b7 der Mitte näher zu bringen. Welcher Uebelstand sich indess hier aus der Verdoppelung des Bauern ergiebt, zeigt der siebente Zug, der einen freistehenden dreifachen Bauern möglich macht.

5.	Lb5—c6†	b7—c6:
6.	0—0	e7—e6
7.	c2—c4	Sg8—h6
8.	Dd1—e2	Lf8—d6
9.	Sb1—c3	Dd8—e7
10.	b2—b3	f7—f6
11.	d2—d3	0—0
12.	e3—e4	d5—e4:
13.	d3—e4:	e6—e5.

Der Bauer rückt, damit nicht e4-e5 geschehe, selbst vor, obgleich dabei ein neuer Doppelbauer auf h6 entstehen könnte.

14. f4—f5. Weiss will lieber den Angriff auf die Rochade unternehmen. Es ist häufig besser, wenn der Gegner bereits rochirt hat, den Bauern f4 weiter zu rücken, als ihn gegen e5 umzutauschen.

14.	....	Sh6—f7
15.	Sf3—h4	Lc8—d7

16 Tf1—f3. Die dargestellte Position eignet sich zur Ausführung des Angriffs hauptsächlich mit den Officieren. Wir werden später Gelegenheit finden, auch das Vorrücken aller Bauern eines Flügels, bei denen sich dann gewöhnlich der eigene König nicht befindet, gegen die feindliche Rochade zu zeigen.

[S. das nächste Diagramm.]

16.	....	Tf8—d8
17.	Lc1—e3	Ld7—e8
18.	Ta1—f1	Sf7—g5
19.	Tf3—g3	h7—h6
20.	De2—g4	Td8—d7

Stellung nach dem 16. Zuge von Weiss.

Schwarz.

Weiss.

21. Sh4—f3 Kg8—f8
22. Sf3—g5: h6—g5:
23. h2—h4 g5—h4:
24. Dg4—h4: De7—f7
25. Le3—h6 und gewinnt die Dame für Thurm und Laufer.

Zusatz zum dritten Spiele.

1. f2—f4 e7—e5
2. f4—e5: d7—d6
3. e5—d6: Lf8—d6:

Dieser Anfang (From's Gambit) ist überraschend; Schwarz verzichtet auf ein Centrum und giebt sogar einen Bauern hin, um zum Angriff zu gelangen, der sich hier gegen den Punkt g3 richtet.

4. Sg1—f3 Sg8—h6

Am natürlichsten scheint jetzt die Fortsetzung 5. e2—e4, Sh6--g4; 5. Dd1—e2, Sb8—c6; 7. d2—d4, Sg4—h2:; 8. Sf3—h2:, wobei aber Schwarz mit Dd8—h4† das bessere Spiel erlangt. Auch 5. e2—e3, Sh6—g4; 6. g2—g3, Sg4-h2:; 7. Th1-h2:, Ld6-g3‡; 8. Th2-f2, Lc8—g4; 9. Lf1—e2, Sb8—c6 führt zu einer Stellung, in der es zweifelhaft bleibt, ob der Angriff nicht das materielle Uebergewicht, das auf der andern Seite vorhanden ist, aufwiegt. Dasselbe gilt von der Variante 5. g2—g3, Sh6—g4; 6. d2—d3, Sg4—h2: 7. Sf3—h2:, Ld6—g3‡: 8. Ke1—d2, Sb8—c6 oder 7. Th1—h2:, Ld6—g3‡; 8. Th2—f2, bei welcher Schwarz einen Thurm und einen Bauern gegen zwei kleine Officiere, aber daneben auch starke Freibauern behält.

5. d2—d4 Sh6—g4
6. Lc1—g5 f7—f6
7. Lg5—h4 g7—g5
8. Lh4—f2 Sg4—f2:
9. Ke1—f2: g5—g4
10. Sf3—e1 Ld6—h2:
11. g2—g3 Lh2—g3:
12. Kf2—g3: Dd8—d6†
13. Kg3—g2 h7—h5

Schwarz.

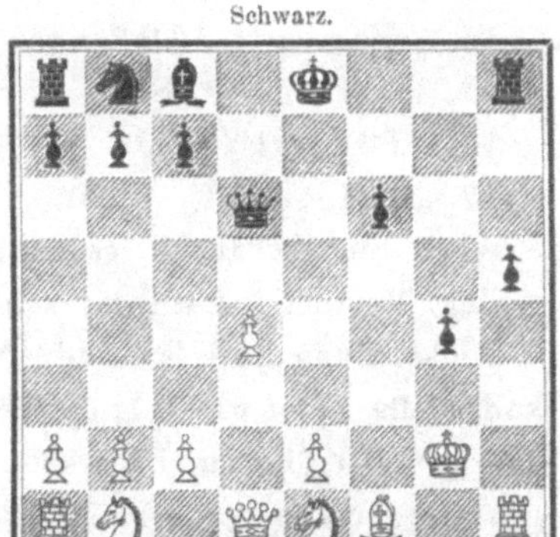

Weiss.

Schwarz hat nur einen Bauern für den verlorenen Springer, dagegen ist aber auch die Stellung des weissen Königs sehr ungünstig.

Im fünften Zuge könnte endlich (vielleicht am besten!) d2—d3 versucht werden:

5. d2—d3 Sh6—g4
6. Lc1—g5 . . . .

Weiss will die Damenlinie d8—h4 unterbrechen.

Auf 6. c2—c3 (in der Absicht, nach dem Opfer Sg4—h2: ein Damenschach auf a4 zu geben und so die schwarze Dame von h4 abzuhalten) folgt Sb8-c6; 7. Dd1-a4, 0-0; 8. Lc1-g5, f7-f6; 9. Lg5-d2, Tf8—e8 und Schwarz steht gut.

6. . . . . f7—f6
7. Lg5—c1 c7—c6
8. g2—g3 Dd8—c7
9. Lf1—h3 Sg4—h2:
10. Th1—h2: Ld6—g3†
11. Ke1—f1 Lg3—h2:
12. Lh3—c8: Dc7—c8:
13. Sf3—h2: Dc8—h3†
14. Kf1—g1 Dh3—g3†
15. Kg1—h1 Sb8—d7
16. Dd1—g1 Dg3—h4
17. Lc1—e3. . . . .

Auch hier behält Weiss materiellen Vortheil, doch ist seine Königsstellung schlecht. Er dürfte keinesfalls 17. Dg1—g7: spielen, da 0—0—0 folgt und die offene g-Linie für ihn verderblich wird.

Wir wollen noch einen ungewöhnlichen Anfang, 1. a2—a3, erwähnen, den wir aber so fortsetzen, als wäre 1. c2-c4 geschehen. Das Spiel wird durch 1. a2—a3 zu einer Vertheidigungspartie, indem Weiss damit so gut wie auf den Anzug verzichtet. Indess bleibt nach 1. . . . e7—e5 (resp. 1. c2—c4, e7—e5 2. a2—a3), wie man sehen wird, der geschehene Zug doch nicht ganz ohne Bedeutung.

1. a2—a3 e7—e5

Nach 1. . . . d7—d5! erweist sich dagegen a2—a3 als ganz zwecklos.

2. c2—c4 Sg8—f6
3. Sb1—c3 d7—d5

Das Verständniss der ersten Züge wird sich dem Leser aus der zweiten Vertheidigung des vierten Spieles (1. e2-e4, c7-c5) ergeben.

4. c4—d5: Sf6—d5:
5. e2—e3 Lc8—e6.

Hier könnte, wenn a2—a3 nicht geschehen wäre, 5. Sd5—b4 erfolgen. Das Aufziehen des Thurmbauern äussert also eine beschränkende Wirkung.

6. Sg1—f3 Lf8—d6

Wir machen auf die Stellung der schwarzen Läufer aufmerksam, welche Weiss nicht füglich nachahmen kann. Namentlich die Entwickelung des Damenlaufers ist für ihn schwer, er wird dieses Stück aber doch vortheilhaft auf b2 zu verwenden suchen.

7.	Lf1—e2	0—0
8.	d2—d4	Sd5—c3:
9.	b2—c3:	e5—e4
10.	Sf3—d2	f7—f5

Die Entwickelung des schwarzen Spieles scheint sehr gut, aber es wird sich bald zeigen, dass die Gelegenheit zu fernerer Benutzung der Officiere und auch des vorgerückten Königsbauern fehlt.

11.	f2—f4	g7—g5
12.	Le2—c4	Le6—c4:
13.	Sd2—c4:	g5—f4:
14.	e3—f4:	Dd8—e8
15.	0—0	De8—c6
16.	Dd1—b3	Dc6—d5
17.	Ta1—b1	b7—b6

18. Db3—a2, um dem Thurm b1 das Feld b5 zugänglich zu machen.

18.	....	c7—c6
19.	Da2—e2	Sb8—d7
20.	Sc4—e3	Dd5—e6
21.	c3—c4	Sd7—f6
22.	Tb1—b3	Kg8—f7.

Schwarz sieht voraus, dass Lc1-b2 und ein Angriff mit dem Thurm b3 auf der Königsseite vorbereitet wird. Es zeigen sich hier die für Schwarz unbequemen Folgen des im elften Zuge geschehenen Aufrückens von g7—g5.

23.	Lc1—b2	Ta8—c8
24.	Kg1—h1	Tf8—g8
25.	d4—d5	c6—d5:

26. c4—d5:. Wir stellen die verwickelte Position im folgenden Diagramm bildlich dar.

Schwarz.

Weiss.

26.		De6—d7.

Nehmen durfte Schw. den Bauern d5 nicht, da ein bedenkliches Schach auf h5 drohte. Weiss hat den Vortheil, dass sein König in Sicherheit steht.

27.	Se3—c4	Kf7—e7
28.	Lb2—f6†	Ke7—f6:
29.	De2—b2†	Kf6—f7
30.	Tb3—h3	Tg8—g7
31.	Db2—d4	Kf7—g8
32.	Th3—h6	Ld6—f8
33.	d5—d6	Tg7—f7
34.	Th6—h3	Dd7—a4.

Die Dame wäre nach b5 gegangen, wenn W. soeben 34. Sc4—e5 that.

35.	Tf1—c1	Tc8—c5
36.	Th3—g3†	Lf8—g7
37.	h2—h3	Kg8—h8

38. Dd4—d2. Als die hier gegebene Partie zwischen An-

derssen und Morphy gespielt wurde, geschah weniger gut 38. Tg3—g7:

38. . . . . Lg7—h6

39. Sc4—e5 und Weiss gewinnt, was auch bei 38. Tc5-c4:; 39. Tc1—c4:, Da4—c4:; 40. d6—d7 der Fall wäre.

Viertes Spiel.

Gegenstand der Untersuchung werden jetzt die Erwiderungen auf 1. e2—e4 sein, insofern sie die Eröffnung des Spiels auf der Damenseite herbeiführen. Die Antwort 1. e7—e5 nämlich, welche die natürlichste ist, wird erst zu den Combinationen des nächsten Abschnittes den reichhaltigen Stoff liefern. Wenn man allein von dem Gesichtspunkte ausgeht, möglichst vielen Hauptstücken mit dem ersten Zuge den Ausgang zu öffnen, so verdient 1. e2—e4 vor allen andern Zügen empfohlen zu werden. Der Dame werden die Felder e2, f3, h5 zugänglich und dem Laufer steht c4 offen. Der schwache Punkt f7 wird also sehr bald bedroht werden. Diese Vorzüge kann aber ein Oppositionssystem des zweiten Spielers vorweg vereiteln. Wir wollen nun zunächst die Gegenzüge betrachten, welche darauf ausgehen, den erwähnten Angriffen vorzubeugen und welche, wenn sie stichhaltig sind, die einfachste Vertheidigung gewähren müssen. Es kommen dabei 1. e7—e6 und 1. c7—c5 in Frage, die zur französischen und zur sicilianischen Partie führen und anscheinend gleich gut sind, da viele Varianten des einen Spiels auf das andere übergehen. Bei näherer Betrachtung steht aber doch 1. e7—e5 etwas zurück, sodass nur das französische Gegenspiel allen Anforderungen genügt und die sicherste Vertheidigung bildet, welche überhaupt gegen 1. e2—e4 möglich ist.

Erste Vertheidigung.

1. e2—e4 e7—e6

Was bei Gelegenheit des zweiten Spieles, dessen Combinationen sich jetzt zum Theil wiederholen, über diesen Zug bemerkt wurde, muss hier bestätigt werden. Weiss thut am besten: 2. d2—d4!, d7—d5; 3. e4—d5:, e6—d5: oder 3. Sb1-c3, Sg8—f6 etc., es kann aber auch 2. c2—c4, c7—c5; 3. d2-d4, c5—d4:; 4. Dd1—d4:, Sb8—c6; 5. Dd4—d3, Lf8—c5; Sb1—c3,

Sg8—e7 etc. folgen. Weiss suchte bei diesem Spiele den Bauern d7 am Vorrücken nach d5 zu hindern, wir glauben aber nicht, dass sich dieser Plan zum Nachtheil für Schwarz durchführen lässt.

Häufig geschieht auch 2. f2-f4, die Spielart ist aber, wie wir gleich darthun wollen, weniger gut.

2. f2—f4? d7—d5

3. e4—e5? Dieser Zug entspricht zwar den allgemeinen Regeln über das Centrum, denn man weicht dem Tausch aus, gewinnt Terrain und scheint hinreichend gedeckt. Dennoch geräth Weiss dabei, analog wie bei der ersten Fortsetzung des zweiten Spiels, in Verlegenheit. Es ist daher rathsam, eine der oben bezeichneten anderen Wendungen des Spieles zu wählen.

3. .... c7—c5

4. Sg1—f3 Sb8—c6

5. c2—c3 f7—f6.

Dieser Bauer könnte zwei Schritte thun, er würde dann Schwarz auf der Königsseite sehr gut schützen, aber auch den Punkt e5 ausser Gefahr setzen. Indem der Bauer nur einen Schritt gezogen wird, behält Schwarz das Mittel, der Partie den Charakter des gesperrten Spieles nach Umständen durch f6—e5: zu nehmen.

6. Sb1—a3. Der Springer wird in der Absicht gezogen, ihn nach c2 zur Deckung des Punktes d4 zu bringen.

6. .... Sg8—h6

Die Felder am Rande sind nicht die vortheilhaftesten Plätze, hier ist der Springer aber nicht schlecht postirt, weil er beliebig nach f5, zur nochmaligen Bedrohung von d4, oder nach f7, zur Verstärkung des Angriffs gegen e5, gezogen werden kann.

7. Sa3—c2 Dd8—b6.

Der Zug der Dame ist in der französischen Partie äusserst wichtig. Er bedroht den Punkt b2 und erschwert bei manchen Combinationen die kurze Rochade des Gegners.

8. d2—d4 Lc8—d7

9. Sc2—e3 c5—d4:

10. c3—d4: Lf8—b4†

11. Ke1—f2. Es fällt auf, dass Weiss die Rochade aufgiebt, er thut dies jedoch in der Voraussetzung, dass der König nach g3 gehen und dort, da sich die meisten schwarzen Officiere nach der Damenseite gewendet haben, sicher stehen wird. Wir halten den Plan aber nicht für gut und fügen desshalb in der Veränderung, die schon beim neunten Zuge beginnt, die Spielart bei, welche die correcteste sein dürfte.

11. .... 0—0

12. Kf2—g3 Ta8—c8

13. h2—h4 f6—e5:

14. f4—e5: Tf8—f3‡
15. g2—f3: Sc6—d4:

Im Allgemeinen ist ein leichter Officier mit nur einem Bauern noch keine genügende Entschädigung für den Verlust eines Thurmes. Der hinzukommende Vortheil des Angriffes kann aber den Unterschied ausgleichen, und in der gegenwärtigen, hier dargestellten Position ist die Entwickelung des weissen Spieles bedeutend erschwert.

Schwarz.

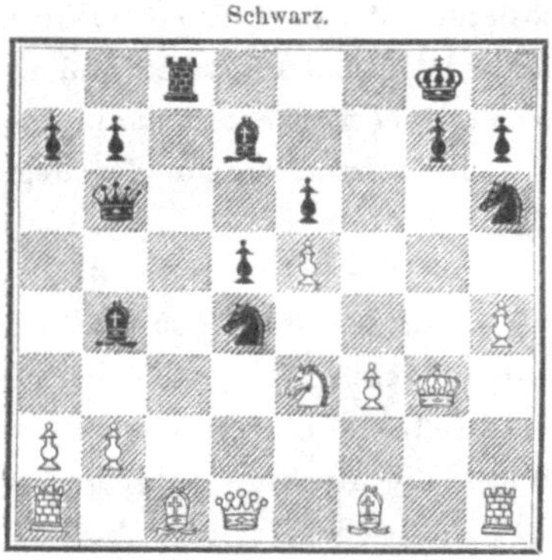

Weiss.

16. Lf1—d3 Tc8—f8
17. f3—f4 Lb4—c5
18. Th1—f1 Ld7—b5
19. Ld3—b5: Db6—b5:
20. Kg3—h3 Sd4—e2
21. Se3—g2 Sh6—f5
22. Kh3—h2 Se2—g3
23. Tf1—f3 Sg3—e4
24. Dd1—f1 Db5—e8
25. b2—b4 Lc5—d4
26. Ta1—b1 De8—h5
27. Tb1—b3 Tf8—c8
28. Lc1—e3 Tc8—c2
29. Kh2—g1 Sf5—e3:
30. Tf3—e3: Se4—d2
31. Df1—d3 Tc2—c1†
32. Kg1—h2 Sd2—f1†

und gewinnt.

Veränderung zum 9. Zuge
(1. Vertheidigung.)

Schwarz.

Weiss.

9. b2—b3 Ta8—c8.

Dieser Thurm steht auf der Linie c sehr gut.

10. Lf1—d3 Sh6—f7
11. Lc1—e3 c5—d4:
12. c3—d4: Sc6—b4
13. Sc2—b4: Lf8—b4‡
14. Le3—d2 f6—e5:

Wenn sich Schwarz keinen Vortheil von der Oeffnung verspricht, kann er rochiren oder f6-f5 thun. Im letzteren Falle hätte er aber besser den Spr. auf h6 gelassen.

15. f4—e5: 0—0 und die Spiele scheinen ausgeglichen.

Zweite Vertheidigung.

1. e2—e4 c7—c5

Wir haben schon vorher angedeutet, dass diese Vertheidigung nicht ganz so gut, wie 1. e7—e6 ist. Es stellt sich nämlich bei ihr für den Nachziehenden eine gewisse Schwäche dadurch heraus, dass der Bauer d7 entweder rückständig bleibt, oder auf d5 vereinzelt wird und so für Schwarz die Mängel eines andauernden Vertheidigungszustandes mit sich bringt. Man wird dies am deutlichsten im Zusatz zum zweiten Gegenspiele des 2. Angriffs erkennen.

Der Anziehende kann das sicilianische Spiel auf verschiedene Art fortführen. Am meisten empfiehlt sich 2. Sg1—f3 oder d2—d4, auch geschieht nicht selten 2. Sb1—c3, e7—e6; 3. Lf1—c4, a7—a6; 4. a2—a4, Sb8—a6; 5. d2—d3, Sc6—b4; 6. Dd1—c2, Lf8—e7; 7. e4—e5, d7—d5; 8. e5—d6:, Le7—d6:; 9. Sc3—e4, Sg8—f6; 10. Lc1—g5, Ld6—e7; 11. Lg5—f6, g7—f6: mit gleichem Spiel. Der Zug 2. f2—f4, mit dem wir unsere Analyse beginnen, ist minder gut und führt übrigens leicht auf Varianten der vorigen Vertheidigung zurück.

Erste Fortsetzung.
(2. Vertheidigung.)

2. f2—f4 Sb8—c6
3. Sg1—f3 e7—e6
4. Lf1—e2! Der Laufer hat keinen besseren Platz, und es ist doch rathsam, ihn zu ziehen, um die Rochade vorzubereiten und die Dame zu decken, weil man auf 4. d7—d5 am besten den angegriffenen Königsbauern mit 5. d2—d3 schützt.

4. .... d7—d5

5. d2—d3. Man könnte e4—e5 vorrücken und nachher mit dem Königsthurm rochiren, Schwarz würde aber durch d5-d4 eine analoge Bauernstellung auf der Damenseite erlangen und durch f7—f6 und Sg8—h6—f7 die Behauptung des Bauern auf e5 sehr schwierig machen.

5.	....	d5—e4:
6.	d3—e4:	Dd8—d1†
7.	Le2—d1:	Sg8—f6
8.	Sb1—c3	Lc8—d7
9.	Lc1—e3	0—0—0
10.	Ld1—e2	Ld7—e8.

Dieser Zug hat nur den Zweck, die Weissen an der Rochade nach der langen Seite zu hindern, was jedoch in der gegenwärtigen Stellung von keinem Gewicht ist. Es folgt 11. h2—h3 und die Positionen müssen als gleich betrachtet werden.

Zweite Fortsetzung.
(2. Vertheidigung.)

1. (e2—e4) (c7—c5)
2. Sg1—f3.

Erstes Gegenspiel.

2. .... Sb8—c6.

Wir werden im zweiten Gegenspiel 2. e7—e6 betrachten, welches einigen für Schwarz weniger bequemen Varianten vorbeugt.

3. Sb1—c3. Statt dieses Zuges kann wohl noch besser 3. d2-d4 geschehen, wie wir in der Veränderung entwickeln.

3. .... e7—e6

4. Lf1—c4 a7—a6.

Dieser Zug hat den doppelten Zweck, dem Springer c3 den Zutritt nach b5 zu wehren, und den Angriff b7—b5 gegen den Laufer vorzubereiten. Letzterer ist auf c4, wie die Fortsetzung der Partie zeigen wird, nicht besonders wirksam. Er bleibt bis zum Schluss durch den Bauern auf e6 behindert. Wäre der Laufer aber sogleich nach b5 gegangen, so geschah dagegen 5. a7—a6, Sg8—e7 oder Dd8—b6.

5. a2—a4 Sg8—e7

6. Dd1—e2, um das Vorrücken des Bauern d7 zu hindern. Schwarz entwickelt aber hier sein Spiel ausnahmsweise auch ohne den Damenbauern zu ziehen.

6. .... Se7—g6

7. d2—d3. Es wäre besser gewesen, diesen Bauern schon früher zwei Schritte vorzurücken.

7. .... Lf8—e7

8. Lc1—e3 0—0

9. 0—0 f7—f5!

10. e4—f5: Tf8—f5:

Der Durchbruch des Thurmes zur Erlangung des Angriffes bildet eine Eigenthümlichkeit der sicilianischen Vertheidigung.

11. Sc3—b1 b7—b6

12. c2—c3 Lc8—b7

13. Sb1—d2 Dd8—c7

14. d3—d4 Sg6—f4

15. De2—d1 Ta8—f8

16. d4—c5: b6—c5:

17. Le3—f4: Dc7—f4:

18. Tf1—e1 Sc6—e5

19. Lc4—e2 Tf5—g5

20 Kg1—f1 Se5—g4

21. h2—h4

Schwarz.

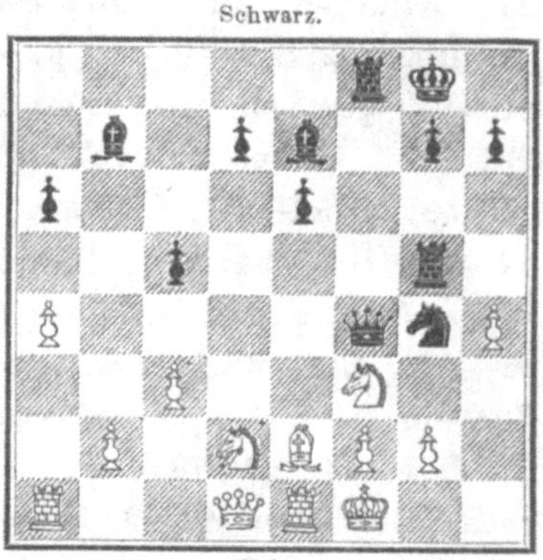

Weiss.

21. .... Df4—h2

Ein sehr eleganter Zug, der aber nicht am schnellsten die Entscheidung in der beigefügten Stellung herbeiführt.

22. Le2—c4 Dh2—h1†

23. Kf1—e2 Dh1—g2:

24.	Sf3—g5:	Le7—g5:
25.	h4—g5:	Dg2—f2‡
26.	Ke2—d3	Df2—f5†
27.	Kd3—e2	Df5—e5†
28.	Ke2—d3	Sg4—f2†
29.	Kd3—c2	De5—f5†
30.	Kc2—b3	Sf2—d1:
31.	Ta1—d1:	Df5—g5:
32.	Lc4—d3	Tf8—f2
33.	Sd2—e4	c5—c4†
34.	Kb3—a2	Lb7—e4:
35.	Ld3—e4:	Dg5—a5
36.	Td1—a1	Da5—c3:

Schwarz gewinnt.

Veränderung der 2. Fortsetzung.
(2. Vertheidigung.)

1.	(e2—e4)	(c7—c5)
2.	(Sg1—f3)	(Sb8—c6)
3.	d2—d4	c5—d4:
4.	Sf3—d4:	e7—e6

Die Stellung, welche durch e7-e5 herbeigeführt würde, betrachten wir im dritten Angriff.

5.	Sd4—b5	a7—a6

Dies ist hier so gut, wie ein verlorener Zug, denn derselbe hat keine andere Absicht, als den Springer zu dem Schach auf d6 zu veranlassen, welches dieser ohnehin geben will. Es giebt indess keinen besseren Zug als 5. a7-a6, wenn man nicht die Spielart 5. d7—d6; 6. Lc1—f4, e6—e5; 7. Lf4—e3, Lc8—e6 wählen will, bei der das Spiel zwar gleichsteht, der Bauer d6 aber zurückgehalten bleibt. Der Zug 2. e7-e6 umgeht diese kleinen Schwierigkeiten.

6.	Sb5—d6†	Lf8—d6:
7.	Dd1—d6:	Dd8—e7
(8.	e4—e5	f7—f6)
8.	Dd6—g3	f7—f5
9.	e4—e5	De7—c5

Geschieht jetzt 10. Lc1—f4, so folgt Sg8—e7; 11. Dg3—g7:, Se7-g6 und Schwarz erobert seinen Bauern zurück. Bei 10. f2-f4 kann die Fortsetzung hingegen Ke8—f7; 11. Sb1—c3, Sc6—b4; 12. Lf1—d3, d7—d5; 13. e5—d6:, Sg8—f6 sein.

10.	Dg3—g7:	Dc5—e5‡
11.	Dg7—e5:	Sc6—e5:
12.	b2—b3	Sg8—f6
13.	Lc1—b2	d7—d6
14.	f2—f4	Se5—d7
15.	Sb1—d2	Th8—g8

und das Spiel gleicht sich aus.

Zweites Gegenspiel.
(2. Fortsetzung, 2. Verth.)

1.	(e2—e4)	(c7—c5)
2	(Sg1—f3)	e7—e6
3.	d2—d4	c5—d4:

Hier würde d7—d5; 4. e4—d5:, e6—d5:; 5. Lf1—b5†, wegen der früheren Rochade der weissen Partei für Schwarz nicht bequem sein; am besten aber hätte Weiss das Vorrücken des Damenbauern noch aufgeschoben und zunächst 3. Sb1-c3, wie im Zusatz, gethan.

4.	Sf3—d4:	Sg8—f6!

5. Lf1—d3. Bei 5. Sb1—c3, Lf8—b4; 6. Lc1—g5, Lb4—c3†; 7. b2—c3:; Dd8—a5 hätte Schw. Vortheil.

5. . . . . Sb8—c6
6. Lc1—e3 d7—d5
7. e4—d5: e6—d5:
8. 0—0 Lf8—d6
9. h2—h3 h7—h6

10. Dd1—f3. Hier könnte Sb1—c3 mit ganz gleichem Spiel geschehen. Df3 verbessert die Stellung nicht.

10. . . . . . 0—0
11. Sb1—c3 Sc6—e5
12. Df3—e2 a7—a6
13. Ta1—d1 Tf8—e8
14. Ld3—f5 Lc8—d7
15. Lf5—d7: Dd8—d7:

16. Sd4—f3. Die gegenwärtige Partie (zwischen Kolisch und Anderssen) gewährt ein Beispiel, wie der vereinzelte Damenbauer sich mit Erfolg behauptet.

16. . . . . Ta8—d8
17. Kg1—h1 Ld6—b8
18. Sf3—e5: Te8—e5:
19. f2—f4 Te5—e8
20. De2—d3 Dd7—d6.

Auf Sf6—h5 geschähe 21. Le3-b6.

21. Le3—d4 Sf6—e4, um, wenn genommen wird, den Damenbauern um ein Feld weiter und in Verbindung mit f7 zu bringen.

22. Sc3—e4: d5—e4:
23. Dd3—g3 Dd6—f8
24. Dg3—e3 f7—f5
25. Tf1—g1 Td8—d7

26. Td1—f1. Eine Vorbereitung für den Angriff g2—g4.

26. . . . . Td7—f7
27. g2—g4 f5—g4:
28. Tg1—g4: g7—g5

Schwarz.

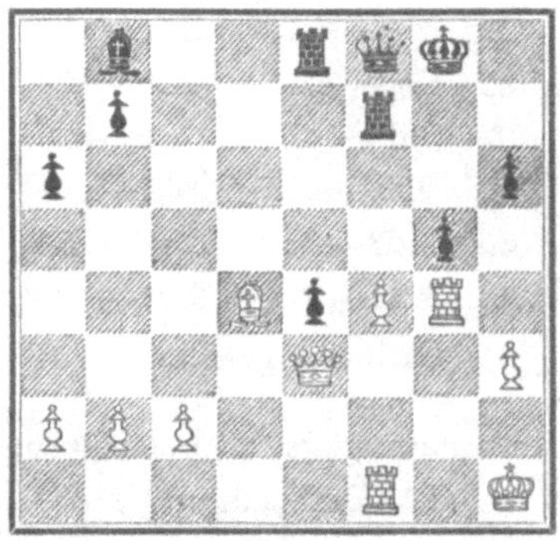

Weiss.

29. f4—f5 Kg8—h7, denn nähme Schwarz den Bauern f5, so gäbe Weiss mit Vortheil ein Damenschach auf b3.

30. f5—f6. Den Zug Tg4-e4: durfte Weiss nicht thun, da Df8—d6; 21. Tf1—f2, Te8-e4:, 22. De3—e4:, Tf7—e7 zu seinem Nachtheil gefolgt wäre.

30. . . . . Df8—d6
31. Tf1—f2 Dd6—d5
32. h3—h4 Lb8—f4
33. De3—b3 Dd5—d7
34. h4—g5: Lf4—g5:
35. Tf2—h2 Te8—g8

36. Tg4—e4: Tf7—f6:, da Weiss diesen Thurm nicht nehmen darf, indem Dd7—d1† verderblich für ihn wäre.

37. Db3—d3 Tf6—g6
38. Th2—g2 Dd7—c6
39. Te4—g4 Tg8—e8
40. Kh1—g1 Te8—e1†
41. Kg1—f2 Te1—h1
42. Dd3—e4 Dc6—e4:
43. Tg4—e4: Lg5—h4†
und gewinnt.

Zusatz zum zweiten Gegenspiel.

(2. Angriff, 2. Vertheidigung.)

1. (e2—e4) (c7—c5)
2. (Sg1—f3) (e7—e6)
3. Sb1—c3 Sb8—c6
4. d2—d4. Statt dessen wird auch 4. Lf1—b5 empfohlen.
4. .... c5—d4:
5. Sf3—d4: Sg8—f6

Auf 5. Lf8—b4 würde 6. Sd4-b5, d7—d6 folgen und bei 5. d7—d5 ergäbe sich 6. e4—d5:, e6—d5:; 7. Lf1—e2 und das Spiel gestaltet sich analog dem im Texte gegebenen.

6. Lf1—e2.

Auf Sb5 oder Lb5 folgt Lf8—b4. Der Zug im Texte ist der beste und verdient auch vor 6. a2—a3 den Vorzug. Ueberhaupt haben wir in dieser Variante den stärksten Angriff gegen die sicilianische Partie zu suchen.

6. .... d7—d5
7. e4—d5: e6—d5:
8. Lc1—g5 Lf8—e7
9. 0—0 0—0
10. Le2—f3

Weiss eröffnet sogleich den Angriff auf den vereinzelten d-Bauern.

10. .... Lc8—e6
11. Tf1—e1 Dd8—d7
12. Dd1—d2 Ta8—d8

Wenn Schwarz statt des Thurmzuges versucht, mit Sf6—e4 die Spiele aufzulösen, so verliert er einen Bauern.

13. Ta1—d1 Tf8—e8
14. Sd4—e6: f7—e6:
15. Dd2—e2 und Schwarz wird Nachtheil schwerlich abwenden können.

Schwarz.

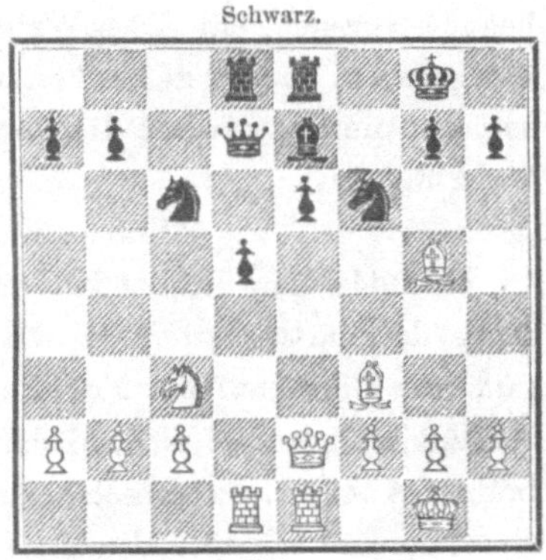

Weiss.

Wollte er den angegriffenen Bauern z. B. durch Le7—c5 decken, so geschieht weiter

16. Lg5—f6: g7—f6:
17. Lf3—h5 Te8—e7
18. Sc3—e4 Lc5—d4
19. Td1—d4: Sc6—d4:
20. Se4—f6† Kg8—h8
21. De2—e5 und Weiss gewinnt.

Dritte Fortsetzung.
(2. Vertheidigung.)

1. (e2—e4) (c7—c5)

2. d2—d4 c5—d4:

3. Dd1—d4: Es kann zweifelhaft erscheinen, ob die hier gewählte Spielart correct ist, indem Weiss nicht allein einen Mittelbauern gegen c5 umtauscht, sondern sich auch durch das frühe Vordringen mit der Dame dem Verluste eines Zuges aussetzt. Die Eröffnung der Damenlinie gewährt aber einigen Vortheil, so dass die Entwickelung der Weissen doch bequem vor sich geht. Dass Weiss übrigens den Bauern d4 am besten sogleich nimmt, beweist die Veränderung.

3. .... Sb8—c6

4. Dd4—d1. Es ist im Anfange der Partie besonders rathsam, die Dame auf ein Feld zurückzuziehen, wo sie nicht wiederholten Angriffen ausgesetzt ist. Ihr eigenes Feld oder die Plätze a4 und h4 sind dazu gewöhnlich die passendsten. Sie wird jetzt von d1 aus, in Verbindung mit den anderen Officieren, das Vorrücken des Bauern d7 nach d5 möglichst zu hindern suchen. Im ersten Gegenspiel soll die Art erwähnt werden, diesen Bauern dennoch bald in Thätigkeit zu setzen. Betrachten wir aber zunächst den Zug

4. .... e7—e5

5. Sg1—f3. Zu dieser Stellung kann man auch durch 2. Sg1-f3, Sb8—c6; 3. d2—d4, c5—d4:; 4. Sf3—d4:, e7—e5; 5. Sd4—f3 gelangen, wobei wir bemerken, dass auf 5. Sd4-c6: folgen könnte: 5. b7—c6:; 6. Lf1—c4, Sg8-f6; 7. 0—0, Sf6—e4:; 8. Tf1—e1, d7—d5; 9. Te1—e4:, d5—e4:; 10. Lc4—f7† u. s. w.

5. .... Sg8—f6

6. Lf1—c4 Lf8—c5

7. 0—0 0—0

8. Sb1—c3 h7—h6

9. a2—a3 d7—d6

Wir wollen nicht entscheiden, ob der rückständige Damenbauer hier ein in Betracht kommender Positionsfehler sei.

Erstes Gegenspiel.
(3. Fortsetzung, 2. Verth.)

Schwarz.

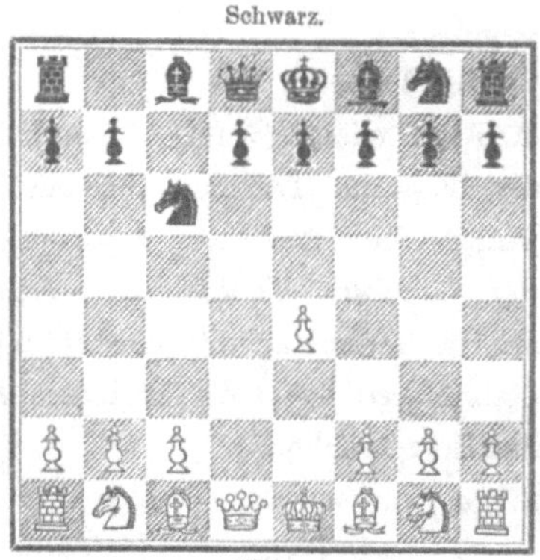

Weiss.

4. .... Sg8—f6

5. Sb1—c3 e7—e6

6. Lc1—g5 Lf8—b4
7. Dd1—f3 Lb4—c3†
8. Df3—c3: Sf6—e4:
9. Dc3—g7: Dd8—g5:
10. Dg7—h8† Ke8—e7
11. Sg1—f3 Dg5—c5
12. 0—0—0 Se4—f2:
13. Lf1—d3 Sc6—b4
14. Ld3—h7: Sf2—h1:
15. Td1—h1: Sb4—a2†
16. Kc1—b1 Sa2—b4

Er hat zwar einen Bauern gewonnen, der Punkt d7 dürfte aber gefährlich bedroht werden, und ausserdem besitzt Schw. wenig Mittel, den Bauern h2 aufzuhalten, wesshalb der Ausgang der Partie mindestens zweifelhaft ist. Wir rathen daher zu der einfacheren Vertheidigung 6. Lf8—e7 statt Lf8—b4. Es wird hierauf das Vorrücken des Bauern d7 möglich und Schw. hat ein sicheres Spiel.

Zweites Gegenspiel.
(3. Fortsetzung, 2. Verth.)

[S. das vorige Diagr.]

4. . . . . f7—f5
5. e4—f5: Dd8—a5†
6. Sb1—c3 d7—d6
7. g2—g4. Weiss thäte besser, sich nicht auf die Deckung einzulassen.

7. . . . . h7—h5
8. f2—f3 h5—g4:
9. f3—g4: g7—g6
10. f5—g6: Da5—e5†
11. Dd1—e2 Lc8—g4:
12. De2—e5: Sc6—e5:
13. Sc3—d5 0—0—0
14. Sd5—f4 Lf8—h6
15. Lf1—h3 Sg8—f6

Schw. hat den Vortheil, dass der Bauer e7 frei und mit d6 in Verbindung ist. Der Bauer g6 ist unhaltbar.

Veränderung der 3. Fortsetzung.
(2. Vertheidigung.)

1. (e2—e4) (c7—c5)
2. (d2—d4) (c5—d4:)
3. Lf1—c4. Da Schw. jetzt, sowie auf 3. Sg1—f3, mit e7—e5 decken kann, wird Weiss den Bauern d4 nur beim Austausch gegen c2 bekommen. Hiernach kann d7 allerdings vielfachen Angriffen ausgesetzt werden, indess steht Schwarz, da er den Bauern mehr hat, doch im Vortheil. Diese Spiele, welche Positionen der zweiten Klasse enthalten, in denen die Bewegungen der Figuren die Hauptsache bilden, pflegen sehr interessante Combinationen herbeizuführen, verlangen aber viel Umsicht für die Vertheidigung.

3. . . . . Sb8—c6
4. Sg1—f3 Sg8—f6

oder e7—e5 und nachher d7—d6 und Lf8—e7. Wollte sich Schw. aber den, namentlich bei der letzteren Spielart, drohenden Angriffen entziehen, so könnte er seine Stellung mit 4. e7—e6; 5. Sf3—d4:, d7—d5 verbessern. Manche Spieler ziehen es nämlich vor, von dem Gewinne eines Bauern, der eine mühsame Vertheidigung nöthig machen würde, abzusehen und, ohne Vortheil mit gleicher Stellung zu spielen. Warnen wollen wir dabei jedoch vor der Spielart: 5. Sf3—d4:, Dd8-h4?; 6. Dd1-d3, mit der Fortsetzung Sc6—e5; 7. Dd3—e2 (Se5—c4:; 8. g2-g3, Dh4—h3; 9. De2—c4:, Dh3-g2; 10. Th1-f1, Dg2-e4†; 11. Lc1-e3 und steht besser), Lf8—c5; 8. Lc1—e3, Dh4—e4:; 9. Sb1—d2, De4—g2:, 10. 0—0—0, denn hier behält Schwarz keine günstige Position, er mag zwei oder nur einen Bauern erobern. Will er aber auf den Angriff eingehen, so thut er besser e7—e5 vor dem Zuge des Springers nach c6, um nämlich die c-Linie noch offen zu behalten und die Dame nach c7 zur Deckung für e5 und zugleich zum Angriff gegen den Laufer c4 zu bringen, z. B.:

3.	Sg1—f3	e7—e5
4.	Lf1—c4	Dd8—c7!
5.	Lc4—b3.	Wohl am besten

obgleich dadurch das Feld besetzt wird, welches später vielleicht die Dame mit Vortheil hätte einnehmen können. Geschah 5. Dd1-e2 zur Deckung des Laufers, so gab Weiss auch die Möglichkeit auf, mit der Dame nach b3 zu ziehen und entfernte einen Angriff von d4. Schwarz hat durch den Zug der Dame nach c7, für den Fall, dass der Punkt f7, wie es leicht geschehen kann, öfters bedroht wird, die Gelegenheit einer neuen Deckung durch d7-d6 gewonnen. Er wird übrigens wegen seiner Stellung der Dame darauf sehen, die c-Linie nicht für den Gegner frei werden zu lassen und desshalb wo möglich den Springer b1 auf c3 gegen Laufer f8 zu tauschen und den Bauern b2 nach c3 zu bringen suchen. Leicht ist aber die Führung des schwarzen Spieles hier doch nicht.

Schliesslich erwähnen wir noch, dass Weiss ausser dem Gambit d2—d4 ein anderes, aber minder starkes, mit 2. b2—b4 versuchen konnte. Es folgt dann c5—b4:, 3. d2—d4, d7—d5; 4. e4—e5 e7—e6; 5. a2—a3, Sb8-c6 u. s. w.

Fünftes Spiel.

Unter den noch nicht erwähnten Gegenzügen auf e2—e4 verdienen 1. d7—d5, b7—b6 und Sb8—c6 besonders hervorgehoben zu werden. Die erste Spielart, welche in der Absicht geschehen kann, durch Abtausch des Königsbauern der Bildung eines Centrums gleich beim Beginn zuvorzukommen, hat den Fehler, dass Weiss, indem er Sb1—c3 gegen die Dame auf d5 thut, ein Tempo gewinnt. Letztere geht nach d8 zurück oder nach a5. Auch der Versuch von Schwarz den Bauern d5 nicht sogleich wiederzunehmen, sondern 2. .... Sg8—f6 zu thun, und eventuell einen Bauern gegen Angriff preiszugeben, dürfte sich schliesslich als ungenügend erweisen. Nur hat der Anziehende in diesem Falle mehr Klippen zu meiden, als bei dem einfachen Spiele 2. e4—d5: Dd8—d5:. Wir werden dies sogleich sehen.

1. e2—e4 d7—d5
2. e4—d5: Sg8—f6

Weiss hat die Wahl, ob er mit c2—c4 oder Lf1—b5† auf Erhaltung seines materiellen Vortheils, oder mit d2—d4 auf Angriff spielen will.

3. c2—c4

Nicht gut, wie die Folge lehrt.

3. .... c7—c6
4. d5—c6: Sb8—c6:
5. Sg1—f3 e7—e5

Weiss hat offenbar eine schlechte Entwicklung, während Schwarz für alle Steine die besten Plätze wählen kann. Der Angriff wird demnach überwiegen.

Oder:

3. Lf1—b5†

Ein besserer Zug, welcher bei sorgsamer Fortsetzung den Vortheil wahren wird.

3. .... Lc8—d7
4. Lb5—d7‡

Auch Lb5—c4 kommt in Betracht.

4. .... Dd8—d7:
5. d2—d4

Nach c2—c4 würde sich Schw. wiederum mit c7-c6 günstig stellen. Auf letzterem Zuge beruht hier immer die Chance des Nachziehenden; will Weiss nicht das Wiedernehmen c6—d5: gestatten (wonach jeder Vortheil für ihn entfiele), so muss er selbst d5—c6: schlagen und den feindlichen Damenspringer nach c6 bringen. Schwarz entwickelt sich dann schnell.

5. c7—c6

Geschieht Sf6-d5:, so thut Weiss 6. Sg1—f3, sodann c2—c4 nebst Sb1—c3 und erlangt eine viel bessere Stellung. Schwarz spielt also mit Recht auf Angriff.

6.	d5—c6:	Sb8—c6:
7.	Sg1—f3	0—0—0
8.	Lc1—e3	e7—e5
9.	c2—c3	e5—e4

Auf Lf8—c5 würde 10. Dd1-c2! geschehen.

10.	Sf3—d2	Lf8—d6
11.	Dd1—c2	Td8—c8

Schwarz.

Weiss.

Schwarz zieht den Damenthurm, weil er auf der d-Linie für jetzt doch nicht wirkt, und weil der Königsthurm in Bereitschaft bleiben soll, für den Fall, dass Weiss kurz rochirt.

Weiss wird in dieser Stellung noch manche Entwicklungs-Schwierigkeit haben, den Bauern aber wohl behaupten.

Oder:

3. d2—d4

Auch ein guter Zug; kommt Sf6—d5: so bleibt Weiss wie vorhin mit Sf3, c2—c4 und Sc3 in Vortheil. Schwarz hat indess noch die Gelegenheit, mit

3. . . . . Lc8—g4

den Angriff festzuhalten.

Weiss spielt darauf am besten

4.	f2—f3	Lg4—f5
5.	c2—c4	

Dies ist jetzt unbedenklich, weil auf c7—c6 6. d5—c6:, Sb8-c6:, 7. d4—d5! geschieht.

Natürlicher als 4. f2—f3, welcher Zug doch dem Springer und der Dame ein wichtiges Ausgangsfeld sperrt und den König entblösst, sieht 4. Sf3 oder 4. Le2 aus.

Allein auf beide Züge behielte Schw. einen guten Angriff. — Z. B. 4. Sg1—f3, Dd8—d5: 5. Sb1-c3, Dd5—h5; 6. Lf1—e2, Sb8—c6; 7. Lc1—e3, 0—0—0 u. s. w. oder 4. Lf1—e2, Lg4-e2:; 5. Sg1-e2: (auf De2: gleicht Schwarz das Spiel aus) Dd8—d5:; 6. 0—0, Sb8—c6; 7. Sb1—c3, Dd5—h5; 8. Lc1—e3, 0—0—0; 9. Se2-g3, Dh5—g6; 10. Sc3—e2, e7—e5; 11. c2—c3, h7—h5 etc.

Ein anderes Gambit 1. e2—e4, f7—f5 bedarf kaum der Erwähnung, indem Weiss den Bauern gewinnt und ohne Mühe behauptet.

Der angeführte zweite Gegenzug 1. b7—b6, welcher dem Damenlaufer einen Posten zum Angriff auf die Königsseite des Gegners verschafft und dem analog noch g7—g6 folgen könnte, ist nicht empfehlenswerth. Er kann indess ohne Nachtheil gethan werden, nur muss man nicht verabsäumen, zur rechten Zeit e7—e6 und nachher c7—c5 zu spielen.

Rücksichtlich des letzten Vertheidigungszuges 1. Sb8—c6 bemerken wir endlich, dass derselbe vom Nachziehenden häufig geschieht, wenn der Bauer f7 vorgegeben ist und desshalb e7—e5 nicht ungedeckt vorrücken darf. In den Spielen ohne Vorgabe ist der Zug aber nicht zu loben, indem 2. d2—d4, e7—e5; 3. d4-e5: oder 2. d7—d5; 3. e4—d5:, Dd8-d5:, 4. Lc1—e3, e7—e6; 5 c2-c4, Dd5—a5†; 6. Sb1—c3 folgt. Bei der letzteren Spielart würde 3. e4—e5 zu einer geschlossenen und für beide Theile ziemlich gleichen Position geführt haben.

Man könnte hier, falls man von den Varianten der Eröffnung 1. e2—e4, e7—e5 absehen wollte, die Erörterung über die Spielanfänge schliessen. Der eben beendete Abschnitt, welchen man passend den der Vertheidigung nennen möchte, enthält die besten Gegenzüge, welche am einfachsten die Positionen ausgleichen. Bei der Eröffnung durch beide Königsbauern schwindet der Vortheil des Anzuges minder rasch, diese Partien sind aber zu interessant und wichtig, um nicht ausführlich behandelt zu werden und pflegen übrigens im praktischen Spiel am häufigsten vorzukommen. Mehrere der dahin gehörigen Spielarten tragen die Namen Derer, die sie eingeführt haben oder die man sonst damit in Verbindung gebracht hat, und lassen schon hierdurch erkennen, dass grosses Gewicht auf die Spiele gelegt worden ist. Systematisch ist man übrigens bei den Benennungen durchaus nicht verfahren, auch haben manche Spiele bei verschiedenen Autoren oder in andern Ländern abweichende Namen.

ZWEITE ABTHEILUNG.

Eröffnungen auf der Seite des Königs.

Gewöhnliche Spiele auf der Königsseite.

Indem der Nachziehende auf 1. e2—e4 ebenfalls den Königsbauern zwei Schritte spielt, giebt er zu dem Angriff gegen diesen Bauern Gelegenheit und kann demnächst zu einem Vertheidigungszuge veranlasst werden. Ferner ist das Feld f7 dem baldigen Angriffe des Laufers f1 ausgesetzt, und Weiss wird in vielen Spielarten zuerst den feindlichen Königsbauern durch f2—f4 oder d2—d4, und zwar oft unterstützt durch c2—c3, aus der Mitte entfernen, dem eigenen Bauern e4 aber das Vorrücken möglich machen. Dabei fehlt dem Schwarzen die Freiheit, wie in den früheren Spielen, mit c7—c5 die Stellung des Gegners zu schwächen, denn es ist nicht rathsam, diesen Bauern neben e7—e5 auf das 4te Feld vorzurücken. Zur Abwehr der möglichen Angriffe auf f7 wird gewöhnlich die Rochade nach g8 nöthig. Desshalb muss der Königslaufer früh und am besten nach c5 gezogen werden, obgleich ihm dort der feindliche Damenbauer entgegen zu kommen droht.

In diesen Punkten ist für die Eröffnungen auf der Königsseite die Schwierigkeit einer vollkommenen Vertheidigung, welche aber dennoch möglich bleibt, angedeutet.

Positionen mit verschränkten Bauern in der Mitte kommen hier nur ausnahmsweise vor, auch sind die Beispiele gänzlich aufgelöster Spiele nicht häufig. Es pflegen sich aber, namentlich bei kleinen Verstössen des Nachziehenden, abgeschlossene Bauernspiele und am gewöhnlichsten offene Figurenpartieen auszubilden, die dann nicht selten zum Vortheil für Weiss ausfallen.

Der Plan des Angreifenden wird vorzüglich darauf gerichtet werden, die Bauern in der Mitte zu vereinigen, oder wenigstens den Königsbauern frei zu machen. Der Gambitzug, welcher sich hierzu, analog wie beim Damengambit, zu eignen scheint, gilt aber für minder sicher, obgleich er dies im Laufergambit allen bisherigen Erfahrungen nach nicht ist. Wir werden ihn, im Gegensatz zu den gewöhnlichen Spielen, erst in der dritten Abtheilung erörtern. Die Vorbereitung 2. c2—c3 für 3. d2—d4 und sogleich 2. d2—d4 gewähren in manchen Varianten keinen nachhaltigen Angriff. Die meisten Schwierigkeiten bieten aber für den Vertheidigenden die Laufer- und vorzüglich die Springerpartieen dar. Wir betrachten nun diese Spiele einzeln in der soeben angedeuteten Folge.

Erstes Spiel.

1. e2—e4 e7—e5
2. c2—c3 d7—d5!

Ohne diesen Zug würde Weiss mit Vortheil d2—d4 haben thun können. Auf 2. Sg8—f6 könnte auch f2—f4 folgen.

3. e4—d5: In der Veränderung wird die Spielart 3. Sg1-f3 ausgeführt.

3. .... Dd8—d5:

Hier nimmt die Dame unbedenklich, weil Weiss seinem Springer das Feld c3 gesperrt hat.

4. d2—d4 Sb8—c6

4. ...., e5-d4: 5. c3-d4:, c7—c5 6. Lc1—e3, c5—d4: u. s. w. ergiebt ein sehr einfaches, für beide Theile sicheres Spiel. Der Zug im Texte führt zu schwierigeren Combinationen.

5. Lc1—e3 Lc8—f5
6. Sg1—f3 0—0—0
7. Lf1—e2 e5—d4:
8. c3—d4: Lf5—b1:

Wenn Weiss den Bauern d4 auf eine andere Art genommen hätte, würde Schwarz doch das freiere Spiel behalten. Wäre hingegen im fünften Zuge Sg1—f3! geschehen, so konnte das Spiel folgende Wendung nehmen, bei der sich Weiss für das Opfer eines Bauern einen sehr starken Angriff sichert:

5. Sg1—f3 Lc8—g4
6. Lf1—e2 e5—d4:
7. c3—d4: 0—0—0
8. Sb1—c3 Dd5—a5
9. Lc1—e3 Lf8—b4

Bei 9. Sf3—e5, Sc6—e5:! 10. Le2—g4†, Se5—g4: 11. Dd1—g4†, f7—f5 steht Schw. gut.

10. 0—0 Lb4—c3:

11. b2—c3: Da5—c3:
12. Ta1—c1 etc.

Man vergl. Neunzehntes Spiel, Dritte Abtheilung.

Weiss konnte übrigens auch 10. Dd1—b3, [Lg4—f3:; 11. Le2-f3:, Sc6—d4:; 12. Le3—d4:, Td8—d4:; 13. 0—0] thun.

Veränderung.

1. (e2—e4) (e7—e5)
2. (c2—c3) (d7—d5)
3. Sg1—f3 d5—e4:

Wegen 3. Sg8-f6 s. den Zusatz.

Man hat als Grundsatz ausgesprochen, die Officiere sollten nicht vor die Bauern gestellt werden, damit die letzteren nicht unthätig zurückbleiben. So richtig das zum Grunde liegende Princip ist, sind doch die Fälle nicht zahlreich, in denen es volle Anwendung findet. Namentlich der f-Bauer darf selten im Anfange gezogen werden. Hinsichtlich des Königsspringers, der seinen Platz sogleich auf f3 findet, wird also die Ausnahme zur Regel. Uebrigens muss man namentlich bei der Vertheidigung mit ihrer Anwendung vorsichtig sein.

4. Dd1—a4† c7—c6
5. Da4—e4: Lf8—d6
6. Lf1—c4. Hätte Weiss hier d2—d4 gezogen, so würde Schwarz sehr gut f7—f5 und darauf e5—e4 vorgerückt haben. Sf3—e5: durfte natürlich nicht geschehen, weil Schw. mit 6. . . ., Dd8—e7 7. d2—d4 oder f2—f4 8. f7—f6 einen Officier gewonnen hätte.

6. . . . . Sg8—f6
7. De4—e2 e5—e4
8. d2—d3 0—0
9. d3—e4: Sf6—e4:
10. Lc1—e3 Lc8—g4
11. Sb1—d2 Se4—d2:
12. De2—d2: Lg4—f3:
13. g2—f3: Es wurde bereits bemerkt, dass vereinzelte Doppelbauern gewöhnlich schädlich sind, es verdient aber auch angeführt zu werden, dass eine Oeffnung, welche den Thürmen den Angriff gegen die feindliche Rochade gestattet, Vortheil gewährt. Die Partie scheint desshalb auf beiden Seiten gleich gut zu stehen. Uebrigens empfehlen wir noch folgende einfachere Spielart, bei welcher die Dame nicht so früh hervorrückt: 4. Sf3-e5:, Lf8-d6; 5. Se5—c4, Sg8—f6; 6. d2—d4.

Zusatz zur Veränderung.

1. (e2—e4) (e7—e5)
2 (c2—c3) (d7—d5)
3. (Sg1—f3). Die Partie würde eine andere Wendung nehmen, wenn

3. . . . . Sg8—f6

geschähe.

4. Sf3—e5: Lf8—d6
5. d2—d4 Sf6—e4:
6. Lc1—e3 0—0

Beide Spiele, die wir in einer ähnlichen Lage beim Springerspiel wieder finden werden, stehen gleich. Hinsichtlich der Springer, welche hier leicht noch von den f-Bauern gedeckt werden können, machen wir darauf aufmerksam, dass sie in einer solchen Stellung besonders stark sind, da sie der Gegner, ohne die ihm feindlichen Bauern zu vereinigen, nicht tauschen kann. Ein Laufer ist im ähnlichen Falle etwas minder günstig gestellt, da ihm die deckenden Bauern den Rückzug versperren.

Aus den angeführten Varianten erhellt, dass 2. c2—c3 zwar ohne Bedenken geschehen kann, dass es dem Schw. aber dabei schnell gelingt, den Vortheil des Anzuges zu vernichten. Ehe wir indess dieses Spiel verlassen, wollen wir noch auf den schon erwähnten Zug 2. Sg8—f6 zurück kommen und dagegen d2—d4 ausführen.

1. e2—e4 e7—e5
2. c2—c3 Sg8—f6
3. d2—d4 Sf6—e4:
4. d4—e5: Lf8—c5

Hier könnte Schwarz d7—d5 gezogen haben, wir wählen aber die obige Spielart, da sie einen lehrreichen Angriff darbietet, welcher auch bei anderen Eröffnungen in ähnlicher Weise nachgeahmt werden kann.

5. Dd1—g4!

Erstes Gegenspiel.

5. .... Lc5—f2†
6. Ke1—e2 Dd8—h4
7. Dg4—g7: Th8—f8
8. Sg1—f3 Dh4—h5
9. Lc1—h6 Lf2—c5
10. g2—g4 und gewinnt.

Zweites Gegenspiel.

5. .... d7—d5
6. Dg4—g7: Th8—f8
7. Lc1—e3 d5—d4
8. c3—d4: Lc5—d4:
9. Sb1—d2 Se4—d2:
10. Ta1—d1 Ld4—b2:
11. Le3—d2: Dd8—e7
12. Sg1—f3 Lc8—f5
13. Dg7—g5 und bleibt wohl etwas im Vortheil.

Zweites Spiel.

1. e2—e4 e7—e5
2. Sb1—c3. Dieser in Wien in Aufnahme gekommene Zug (daher der Name Wiener Partie) wird seit einiger Zeit häufig angewendet. Er hindert das Vor-

rücken des Bauern d7—d5, beraubt aber zunächst Weiss der Möglichkeit, im geeigneten Moment mit c2—c3 und d2—d4 vorzugehen, wohingegen die Aussicht bleibt, gelegentlich f2—f4 zu spielen. Auf Seiten der Schwarzen wäre das Gambit 2. f7—f5 fehlerhaft. Weiss würde sich im Fall der Annahme wegen Sb1—c3 gegen die gewöhnliche Gambitvertheidigung um einen Zug im Vortheil befinden. Die Partie 2. Sb1—c3 kann mit Lf8—c5; 3. f2—f4, (nicht 3. Sc3—a4 wegen Lc5—f2‡, nebst Dd8—h4† mit tödtlichem Angriff) d7—d6, durch Reduction auf das abgelehnte Königsgambit ausgeglichen werden, oder es kann folgen:

2.	....	Sg8—f6
3.	Lf1—c4	Lf8—c5

Weiss konnte auch ohne Nachtheil 3. f2—f4 thun, man sehe desshalb die erste Veränderung. In der zweiten wird 3. Sg1—f3 berücksichtigt. Als Antwort auf 3. Lf1—c4 durfte Schwarz nicht 3. Sf6—e4: in der Absicht nehmen, nachher d7-d5 gegen Springer und Laufer vorzuziehen: 4. Lc4—f7‡, Ke8—f7:; 5. Sc3—e4:, Sb8—c6; (nach d7—d5; 6. Dd1-h5†, g7—g6; 7. Dh5—e5:, Lf8-g7; 8. Se4—g5†, Kf7-g8; 9. De5-g3, Dd8—e7†; 10. Sg1—e2 hat Schwarz keinen genügenden Angriff für den geopferten Bauern) 6. d2—d4, Sc6—d4:; 7. Sg1—f3, mit vortheilhafter Entwickelung des weissen Spiels. Diese Combinationen können sich auch aus dem Lauferspiele ergeben.

4.	Sg1—f3	d7—d6

Indem wir das Spiel als unentschieden hier abbrechen, machen wir darauf aufmerksam, dass es gewöhnlich besser ist, den Königsbauern mit d7-d6, wenn dadurch nicht der Laufer f8 behindert wird, zu decken, als mit dem Spr. Der Laufer c8 wird frei, und man behält noch die Wahl, nachher Sb8-c6 zu ziehen, oder mit c7-c6 die schwachen Punkte d5 und b5 gegen den feindlichen Damenspringer zu schützen.

Uebrigens konnte Weiss im letzten Zuge 4. f2—f4 versuchen. Schwarz rochirte dann mit der Absicht, gelegentlich Sf6—e4: zu thun, oder spielte noch stärker 4. Lc5—g1:; 5. Th1-g1:, Sf6-e4:; 6. Lc4—f7‡, Ke8—f7:; 7. Sc3-e4:, Th8—e8 u. s. w.

Erste Veränderung.

1.	(e2—e4)	(e7—e5)
2.	(Sb1—c3)	(Sg8—f6)
3.	f2—f4	d7—d5
4.	e4—d5:	Sf6—d5:

Bei 4. f4—e5: wäre die Fortsetzung Sf6—e4:; 5. Sg1—f3:

Lf8—b4 oder L—c5 und dann 6. d2—d4, Lc5-b4 gewesen. Am besten hätte Weiss wohl 4. d2-d3 gethan, worauf d5—e4:; 5. f4—e5:, Sf6—g4; 6. d3—d4 (oder 6. Sc3—e4:, Sg4—e5: 7. d3—d4, Se5—g6), e4—e3; 7. Lf1—c4, Sg4—e5:; 8. Lc4—b3, Lc8—g4; 9. Sc3—e2, Se5—g6 mit ungefähr gleichem Spiele folgen konnte.

5. Sc3—d5: Dd8—d5:
6. f4—e5: Sb8—c6
7. Sg1—f3 Lc8—g4
8. Lf1—e2 Sc6—e5:

mit gleichem Spiel.

Zweite Veränderung.

1. (e2—e4) (e7—e5)
2. (Sb1—c3) (Sg8—f6)
3. Sg1—f3 Sb8—c6

Hiermit gelangt man zum sogenannten Vierspringerspiel, welches sich auch aus der Laufer- und Königsspringer-Partie entwickeln kann.

4. Lf1—c4

Den stärksten Zug, Lf1—b5 erörtern wir in Varianten des vierzehnten Spieles.

4. .... Lf8—b4
5. 0—0 0—0
6. d2—d3 d7—d6
7. Lc1—g5 Lb4—c3:
8. b2—c3: Lc8—e6.

Die Entgegenstellung des Laufers ist hier besser als Lc8—g4.

9. Lc4—b3 a7—a5

Nicht selten ist es gut, den angegriffenen Laufer c4 nach b3 zurückzuziehen, um, wenn er dort genommen wird, die Bauern zu vereinigen.

10. a2—a4 Le6—b3:
11. c2—b3: h7—h6
12. Lg5—h4 Dd8—e7
13. Sf3—e1 g7—g5!

Das Vorrücken dieses Bauern ist oft bedenklich, aber in der gegenwärtigen Lage gut. Weiss hätte besser gethan, das Spiel durch 12. Lg5—f6:, Dd8—f6: auszugleichen.

14. Lh4—g3 Ta8—d8
15. h2—h4 d6—d5
16. h4—g5: h6—g5:

Die offene Thurmlinie giebt zu gegenseitigen Angriffen Raum, während die Bauern in der Mitte das Spiel abschliessen.

17. Dd1—f3 d5—d4
18. c3—c4 Kg8—g7
19. Df3—f5 Sf6—h5
20. Se1—f3 f7—f6
21. Df5—g4 Tf8—h8
22. Sf3—h4 Kg7—f7
23. Sh4—f5 De7—e6
24. Lg3—h2 Td8—g8
25. Dg4—d1 Sh5—f4
26. g2—g3 Sf4—h3†

Der Springer konnte auch auf f4 noch stehen bleiben, denn bei Th8—h7; 27. g3—f4:, g5—f4† 28. Lh2—g3, Sc6—e7 hätte Schw.

Vortheil. Wir geben die Stellung als Bild.

Schwarz.

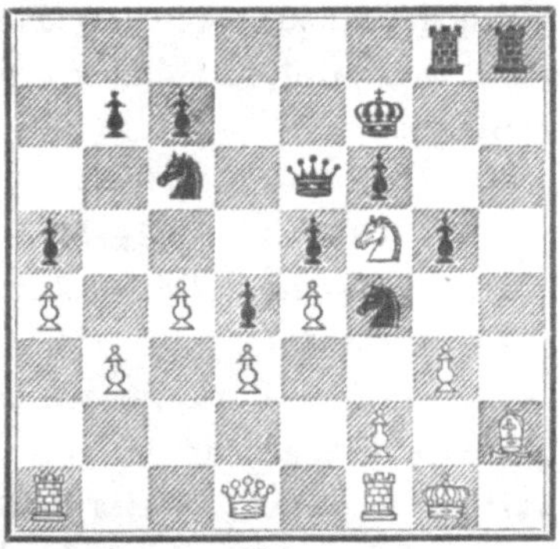

Weiss.

33.	Kg2—f3	Sh3—f4
34.	Lh2—f4:	Th7—h1:
35.	Ta1—h1:	Th8—h1:
36.	Lf4—d2	Sg6—f4
37.	Ld2—f4:	g5—f4:
38.	Kf3—g2	Th1—h7
39.	b3—b4	a5—b4:
40.	Dc2—b3†	Db6—e6
41.	Db3—b4:	Kf7—g6
42.	Db4—b7:	Kg6—g5

43. a4—a5. Hier kommt f2—f3, De6—a2† und folgende Combination in Betracht: 43. Kg2-f3, Th7—h3†; 44. Kf3—g2, Kg5—g4:; 45. f2—f3†, Th3—f3:; 46. Sf5—h6†, Kg4—h5; 47. Kg2—f3:, De6—h3†; 48. Kf3—f2 oder e2, f4—f3 und gewinnt.

43.	....	Kg5—g4:
44.	a5—a6	f4—f3†
45.	Kg2—g1	De6—a2
46.	Sf5—e3†	d4—e3:
47.	Db7—c8†	Kg4—h4

und Schwarz gewinnt.

Zusatz zum 2ten Spiel.

1.	(e2—e4)	(e7—e5)
2.	(Sb1—c3)	Sb8—c6
3.	f2—f4	

Mit 3. Sg1—f3 könnte man abermals zum Vierspringerspiel gelangen. Schwarz dürfte nämlich nicht 3. ...., Lf8—c5 antworten, weil Weiss dann mit 4. Sf3—e5:!, Lc5—f2‡; 5. Ke1—f2:, Sc6—e5:; 6. d2—d4, Se5—g6; 7. Lf1—c4, oder 4. ...., Sc6—e5:; 5. d2—d4, Se5—g6; 7. Lf1—c4 oder 4. ...., Sc6—e5:; 5. d2—d4, Lc5—d6; 6. d4—e5:, Ld6—e5:; 7. f2—f4, (oder auch Lc4) Le5—c3‡; 8. b2—c3: eine bessere Stellung hätte.

3.	....	e5—f4:
4.	d2—d4	Dd8—h4†
5.	Ke1—e2	

Schwarz.

Weiss.

Das Spiel, welches nach seinem Urheber „Gambit Steinitz“ heisst, ist unregelmässig, scheint sich aber doch durchführen zu lassen. Wollte Schwarz mit dem heftigen Angriffe 5. d7—d5; 6. e4—d5:, Lc8—g4†; 7. Sg1—f3, 0—0—0 fortfahren, so könnte 8. d5—c6:, Lf8—c5; 9. c6—b7†. Kc8—b8; 10. Sc3—b5, Sg8—f6; 11. Ke2—d3, Dh4—h5 folgen, und Weiss den Officier behaupten, wenn nicht 10. ...., Lg4—f3†; 11. g2—f3:, Sg8—f6; 12. c2—c3, Th8—e8† für Schwarz rathsamer ist.

5. b7—b6
6. Sc3—b5 Lc8—a6
7. a2—a4 g7—g5

Bei 7. Dh4—h5†; 8. Sg1—f3, La6—b5†; 9. a4—b5:, Dh5—b5†; 10. Ke2—f2, Db5—h5; 11. Lc1—f4:, Sg8—f6; 12. e4—e5, Sf6—d5 behält Schwarz zwar einen Bauern mehr, hat dagegen aber auch das weniger entwickelte Spiel.

8. Sg1—f3 Dh4—h5
9. Ke2—d2 Ke8—d8
10. c2—c3 g5—g4
11. Sf3—e1 Lf8—h6
12. Kd2—c2 Sg8—f6

Auch hier hat Schwarz vorläufig noch den Bauern behalten.

Drittes Spiel.

1. e2—e4 e7—e5

Der folgende Zug giebt zum Opfer eines Bauern Gelegenheit und führt bei der Hingabe eines zweiten Bauern zu sehr heftigen Angriffen. Schwarz kann indess, wenn er keinen materiellen Vortheil behaupten will, sein Spiel ohne Schwierigkeit sicher stellen.

2. d2—d4 e5—d4:
3. Dd1—d4: Sb8—c6
4. Dd4—e3 Lf8—b4†
5. Lc1—d2 Dd8—e7

und gleicht die Spiele rasch aus. Den Vortheil der Position und des Angriffs in italienischer Weise hätte Weiss in diesem Mittelgambit länger behaupten können, wenn er den geschlagenen Damenbauern nicht sogleich zurücknahm, sondern 3. Sg1—f3 oder 3. Lf1—c4 zog. Das Spiel verspricht dann lebhafter zu werden, lässt dem Nachziehenden aber in einigen Varianten die Möglichkeit, den gewonnenen Bauern zu behaupten, z. B. 3. Sg1—f3, Lf8—b4†!; 4. c2—c3, d4—c3: (oder 4. Lc1—d2, Lb4—c5); 5. b2—c3:, Lb4—c5; 6. Lf1—c4, d7—d6 mit gutem

Spiel. Bei 3. Sg1—f3, Sb8—c6 gelangt man zum schottischen Gambit. Wir gehen nun zu der Spielart 3. Lf1—c4 über, die sich ebenfalls häufig auf die schottische oder die italienische Partie reducirt und behalten übrigens das stärkste Spiel, 3. c2—c3, noch für den zweiten Angriff vor.

Erster Angriff.

1. (e2—e4) (e7—e5)
2. (d2—d4) (e5—d4:)
3. Lf1—c4

Erste Vertheidigung.

Das Beschwerliche der natürlich scheinenden Deckung c7—c5 wird die zweite Vertheidigung darlegen. 3. Sg8—f6! erläutern wir später. Uebrigens kämen hier noch 3. Sb8—c6 und Dd8—h4 in Betracht.

3. . . . . Lf8—b4†
4. c2—c3 d4—c3:
5. b2—c3: Dd8—f6

Der Rückzug des Laufers nach f8 oder d6 würde der Entwickelung des schwarzen Spiels sehr hinderlich sein, auf Le7 aber würde 6. Dd1—d5 das Spiel entscheiden, und auf Lc5 kann Lf7† folgen.

6. Dd1—b3 Lb4—c5

Der Zug 6. Lc4—f7† wäre für Weiss nicht gut. In der ersten Veränderung wollen wir diese Combination betrachten. Die 2te Veränderung erläutert die stärkere Spielart 6. c3—b4:

7. Sg1—f3 d7—d6
8. 0—0 Sb8—c6
9. Sb1—a3 Lc5—b6

Wir sind der Ansicht, dass die fernere Vertheidigung des Bauern Schwarz in nicht zu grosse Schwierigkeiten verwickeln wird. Da jedoch manchen Spielern die offenbar günstigere Disposition der weissen Steine und die möglichen Angriffe auf die schwarze Dame Bedenken erregen könnten, so fügen wir in der vierten Vertheidigung ein einfaches Gegenspiel bei. In demselben wird der Bauer gegen eine bequeme Stellung aufgegeben.

Erste Veränderung.

(1. Vertheidigung.)

Schwarz.

Weiss.

6. Lc4—f7‡? Df6—f7:
7. c3—b4: Df7—f6

Mittelst des Zuges Df7—e7! würde Schwarz den Bauern bei guter Position zurückgewonnen haben, wir führen aber den andern Plan aus um an einem Beispiele zu zeigen, wie gefährlich zuweilen der Dame das Schlagen eines Eckthurmes wird. Man vergl. übrigens Variante A zur Veränderung des zweiten Spieles, wo zwar die Dame selbst nicht abgefangen wird, ihre Entfernung vom eigenen Spiel aber dem Gegner einen entschiedenen Angriff erlaubt.

8. Sg1—e2 Df6—a1:?
9. Se2—c3 d7—d5
10. e4—d5: Lc8—f5
11. Dd1—e2† Sg8—e7
12. Lc1—b2 Da1—b1‡
13. Sc3—b1: Lf5—b1:
14. 0—0 Lb1—g6
15. Tf1—e1 und muss gew.

Zweite Veränderung.

(1. Vertheidigung.)

[S. das vorige Diagramm.]

6. c3—b4: Df6—a1:
7. Dd1—b3 d7—d5!

Der Rückzug der Dame nach f6 wäre minder gut, indem 8. Lc1—b2, Df6—g6: 9. Sg1—e2, Sg8—h6; 10. Sb1—c3 einen starken Angriff bilden würde.

8. Lc4—d5: Lc8—e6
9. Ld5—e6: f7—e6:
10. Db3—e6‡ Sg8—e7
11. De6—b3 Sb8—c6
12. Sg1—e2 0—0—0
13. 0—0 Sc6—d4
14. Se2—d4: Da1—d4:
15. Sb1—c3

Schwarz.

Weiss.

Es ist fraglich, welche Partei sich im Vortheil befindet.

Zweite Vertheidigung.

1. (e2—e4) (e7—e5)
2. (d2—d4) (e5—d4:)
3. (Lf1—c4) c7—c5?
4. c2—c3 Sb8—c6
5. Sg1—f3 d4—c3:

Das Gegengambit f7—f5 unterbleibt wegen des Zuges der Dame nach b3.

6. Sb1—c3: d7—d6
7. Dd1—b3 Dd8—d7
8. Lc4—d5 Sg8—f6
9. 0—0. Die Streitkräfte der Weissen sind vortheilhafter entwickelt und können nament-

lich gegen den schwachen Punkt d6 ihre Angriffe richten, womit wir jedoch nicht behaupten wollen, dass Schwarz nothwendig das Spiel verlieren muss.

Dritte Vertheidigung.

Eine genügende Vertheidigung gewährt der Deckungszug 3. Sb8—c6, nur muss man nicht den Bauern zu behaupten streben, sondern auf sichere Varianten des sogenannten „Schottischen Gambits" und der „Italienischen Partie" einlenken, von denen später die Rede sein wird.

1.	(e2—e4)	(e7—e5)
2.	(d2—d4)	(e5—d4:)
3.	(Lf1—c4)	Sb8—c6
4.	Sg1—f3	

Erstes Gegenspiel. (3. Vertheidigung.)

4.	....	Sg8—f6
5.	Sf3—d4:?	Sf6—e4:

Auf 5. e4—e5 oder 5. Sf3—g5 würde Schwarz mit d7—d5 antworten; letztere Variante betrachten wir eingehend im sechzehnten Spiele. Die Rochade wird Gegenstand der Veränderung sein.

6.	Lc4—f7‡	Ke8—f7:
7.	Dd1—h5†	g7—g6
8.	Dh5—d5†	Kf7—g7
9.	Sd4—c6:	b7—c6:
10.	Dd5—e4:	Dd8—e8
11.	De4—e8:	Lf8—b4†

mit etwas besserem Spiele.

Veränderung des ersten Gegenspiels. (3. Vertheidigung.)

Schwarz.

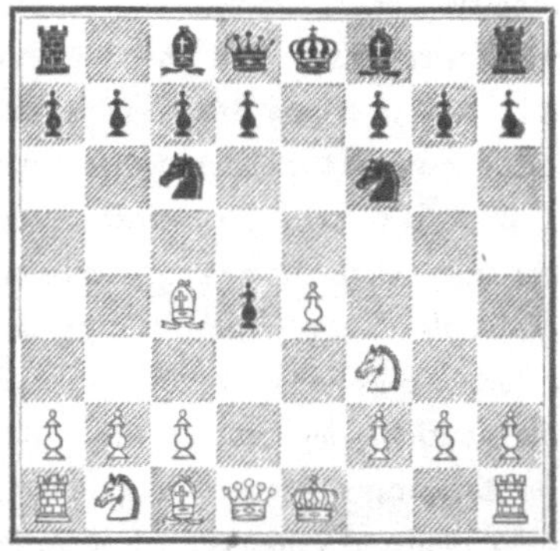

Weiss.

5.	0—0!	Sf6—e4:
6.	Tf1—e1	d7—d5

7. Lc4—d5: Die Antwort auf 7. Sf3—d4: würde Lf8—c5 und 8. Lc4—d5:, 0—0! sein. Man sehe desshalb den Zusatz.

7.	....	Dd8—d5:
8.	Sb1—c3	Dd5—h5
9.	Sc3—e4:	Lc8—e6

Nun würde 10. Sf3—d4: den Damentausch herbeiführen und das Spiel ausgleichen. Die folgende Spielart, welche die Rochade der Schwarzen zu hindern sucht, ist aber weniger gut.

10.	Lc1—g5	h7—h6
11.	Lg5—f6	Dh5—a5
12.	Lf6—d4:	0—0—0
13.	c2—c3	Le6—g4,

wodurch Schwarz im Vortheile ist.

Zusatz zur Veränderung.
(1. Gegenspiel. 3. Vertheidigung.)

Schwarz.

Weiss.

Die Stellung gewährt ein Beispiel einer sehr verwickelten Figurencombination. Bei 9. Te1—e4: geschieht Lc5—d4:, auf 9. Ld5—e4: folgt hingegen Dd8—d4:; 10. Lc1—e3, Dd4—d1:; 11. Te1—d1:, Lc5—e3:; 12. f2—e3:, Sc6—e5 mit gleichem Spiel, oder 10. Dd1—d4:, Sc6—d4:; 11. Lc1—e3, Lc8—g4 mit ebenfalls gleichem Spiel.

Der Springer c6 durfte anfangs nicht mit 9. Ld5—c6: genommen werden, da Se4—f2: gefolgt wäre.

Es bleibt noch das nachstehende Spiel zu erwähnen:

9. Sd4—c6: Lc5—f2†

Bei Se4—f2: wäre hier mit Vortheil 10. Ld5—f7† geschehen.

10. Kg1—h1! b7—c6:!

11. Ld5—c6: Lf2—e1:

12. Dd1—e1: Lc8—f5

13. Lc6—a8: Dd8—a8:

und ist besser entwickelt.

Zweites Gegenspiel.
(3. Vertheidigung.)

Schwarz.

Weiss.

4. .... Lf8—c5

Die Gefahren des Schachs auf b4 werden wir später beim „Schottischen Gambit“ kennen lernen.

5. c2—c3 Dd8—e7?

Den Bauern c3 nahm er wegen Lc4—f7† nicht. Der hier gewählte Zug führt zu einer misslichen Stellung, giebt uns aber Gelegenheit, die Stärke eines offenen Spieles an einigen Varianten zu zeigen. Die einfachste Vertheidigung würde man durch 5. Sg8—f6! erlangt haben.

6. 0—0. Es ist im Allgemeinen gut, den König früh in Sicherheit zu bringen.

Erste Spielart.

(2. Gegenspiel. 3. Vertheidigung.)

6. .... Sc6—e5

7. Sf3—e5: De7—e5:

8. f2—f4. Die Angriffe sind mannichfaltig, es könnte hier z. B. geschehen; 8. b2—b4, Lc5—b6; 9. Lc1—b2, d4—c3:; 10. Sb1—c3: u. s. w.

8. .... d4—c3†

9 Kg1—h1 De5—d4

Minder gut würde Schwarz die Dame opfern, wie der Zusatz lehrt.

10. Dd1—b3 Sg8—h6

11. Sb1—c3: c7—c6

12. Tf1—d1 Dd4—f6

Ginge die Dame nach f2, so würde der Königsbauer vorrücken.

13. Sc3—a4 Df6—e7

14. Sa4—c5: De7—c5:

15. Db3—c3 und hat ein gutes Spiel.

Zusatz zur ersten Spielart.
(2. Gegenspiel. 3. Vertheidigung.)

Schwarz.

Weiss.

9. .... c3—b2:

10. f4—e5: b2—a1:D

11. Dd1—d5 Lc5—e7

12. Dd5—f7† Ke8—d8

13. Df7—g7: und Weiss wird gewinnen.

Zweite Spielart.

(2. Gegenspiel. 3. Vertheidigung.)

Schwarz.

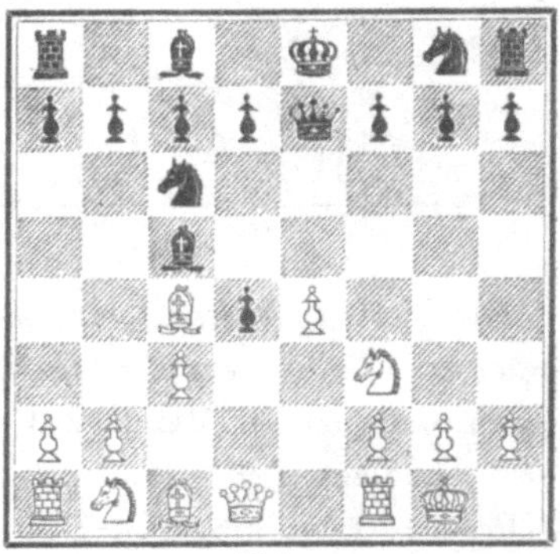

Weiss.

6. .... d4—c3:?

7. Sb1—c3: d7—d6

8. Sc3—d5 De7—d8

Gegenstand einer Veränderung wird der in der jetzigen Lage bessere Zug der Dame nach d7 sein.

9. b2—b4 Lc5—b4:

10. Sd5—b4: Sc6—b4:

11. Dd1—b3 Sb4—c6

12. Lc1—b2 Sg8—f6

Wäre der andere Springer nach e5 gegangen, so wurde er vom Sf3 genommen, worauf nach d6—e5: Lc4—f7† erfolgte. Zieht nun der König nach e7, so: 15. Lb2—a3†, welches die Dame zwingt, nach d6 zu gehen. Geschah aber Kf8, so folgte 15. Ta1—d1 und, je nachdem er 15. Lc8—d7 oder Dd8—g5 zog, 16. Lf7—g8: oder Lb2—a3†.

13. Lc4—f7‡ Ke8—f8

14. e4—e5 Sf6—g8

Schwarz zieht nicht 14. d6—e5:, weil 15. Lb2—a3†, Sc6—e7; 16. Ta1—d1, Lc8—d7; 17. Sf3—e5: gewinnt. Auf 14. Sc6—e5: folgt 15. Sf3—e5:, Dd8—e7; 16. Lf7—c4.

15. e5—d6: c7—d6:

16. Tf1—e1 Lc8—d7

Spielt Schwarz 16. Sc6—e7, so folgt 17. Lf7—g8:, nimmt nun der Thurm, so ist Schwarz in wenigen Zügen (Sf3—g5) mat, nimmt aber der Springer, so geschieht 18. Ta1—d1.

17. Lf7—g8: Th8—g8:

18. Sf3—e5 d6—e5:

Die Folge von Sc6—e5: wäre 19. Te1—e5:, Tg8—h8 nebst Schach von der Dame auf f3, d5, d6.

19. Lb2—a3† Sc6—e7

20. Te1—e5:

und Schwarz verliert.

Veränderung zur 2. Spielart.
(2. Gegenspiel. 3. Vertheidigung.)
[Siehe das nächste Diagramm.]

8. .... De7—d7

9. b2—b4. Dies zweite

Stellung vor dem 8. Zuge von Schwarz.

Schwarz.

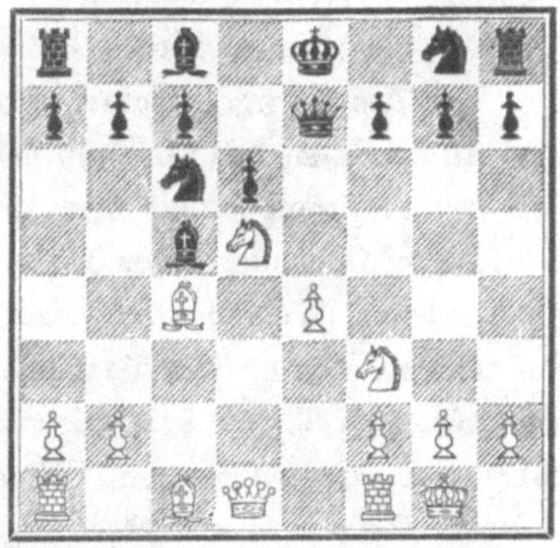

Weiss.

Opfer erweitert das Feld für den Angriff.

9. .... Sc6—b4:

Schwarz konnte mit dem Laufer nehmen, es folgte dann: 10. Lc1—b2, Ke8—f8; 11. Sd5—b4:, Sc6—b4:; 12. Sf3—g5, Sg8—h6; 13. Dd1—d4, f7—f6; 14. Sg5—e6†, Kf8—e8; 15. Dd4—d2, Dd7—e7; 16. Se6—c7‡, De7—c7:; 17. Dd2—b4: und Weiss ist im Vortheil. Wollte Schwarz überhaupt nicht den Bauern b4 nehmen, so bliebe sein Spiel doch sehr schwach; z. B. 9. Lc5—b6; 10. Lc1—b2, f7—f6; 11. Dd1—b3, Sg8—e7; 12. Lb2—f6:, Se7—d5:, 13. e4—d5:, g7—f6:; 14. Lc4—b5, a7—a6; 15. Lb5—a4, Lb6—a7; 16. Db3—c3, b7—b5; 17. d5—c6: etc.

10. Sd5—b4: Lc5—b4:

11. Sf3—g5 Sg8—h6

12. Lc1—b2. Die Richtung

der beiden Laufer nach der Königsseite ist sehr gefährlich.

12. . . . . Ke8—f8

Der Zug des Königs geschieht im Angriff zuweilen mit Vortheil, bei der Vertheidigung pflegt aber der Verlust der Rochade, wegen der beschränkteren Wahl der Züge und der mithin erhöhten Schwierigkeit, den beengten Thurm ins Spiel zu führen, empfindlich zu sein. Hier war der Zug indess nothwendig, weil, wenn zur Deckung für g7 12. f7—f6 geschah, der Bauer vom Laufer genommen wurde, auf 12. 0—0 dagegen durch 13. Dd1—d4 das Mat auf g7 nicht zu vermeiden wäre.

13. Dd1—b3 Dd7—e7

Mit diesem Zuge verliert Schwarz einen Bauern, er tauscht aber dabei den lästigen Springer g5 und erlangt etwas mehr Freiheit. Den Rückzug des Laufers werden wir im Anhange betrachten.

14. Sg5—f7: Sh6—f7:
15. Db3—b4: Sf7—e5

16. f2—f4. Das Vorrücken dieses Bauern ist häufig entscheidend, indem zugleich der Thurm in Wirksamkeit tritt. Man muss daher, falls der Königsspringer, wie gewöhnlich, im Anfang vor diesen Bauern gestellt worden ist, eine Combination herbeizuführen suchen, welche dem Springer gestattet, sich, wenn auch nur für einen Zug, zu entfernen, um das Vorrücken des Gambitbauern möglich zu machen.

16. . . . . Se5—c4:
17. Db4—c4: De7—f7

Es ist eine allgemeine Regel für die Partei, welche ein numerisches Uebergewicht hat, oder welche einem starken Angriffe ausgesetzt ist, die Officiere und namentlich die Dame zu tauschen. Hier ist der Vortheil eines Bauern, bei der schlechten Stellung des Königs, zwar unerheblich, Schwarz stellt aber die Dame zum Tausch, um den König zu befreien.

18. Dc4—c3 Lc8—e6
19. f4—f5 Le6—c4
20. Tf1—f4 b7—b5
21. e4—e5 d6—e5:
22. Dc3—e5: h7—h6
23. Ta1—e1 Th8—h7
24. f5—f6 g7—g5
25. Tf4—f5 a7—a5
26. De5—c5† Kf8—g8
27. Te1—e7 Df7—h5
28. f6—f7† Th7—f7:
29. Dc5—d4 Kg8—f8
30. Te7—e1 und gewinnt, was auch eingetreten wäre, wenn Schwarz im 28. Zuge den Bauern f7 mit seinem Laufer genommen hätte.

Uebrigens konnte im 26. Zuge auch mit Vortheil Lb2—d4 geschehen. Wir bleiben aber bei dem Spiele 26. De5—c5† stehen und bemerken noch, dass Schwarz in der folgenden Stellung 27. Df7—g6 auf 27. Te1—e7 versuchen könnte.

Schwarz.

Weiss.

27. Te1—e7 Df7—g6

28. Dc5—c7: Th7—e7:

Bei Dg6—f5: verlöre Schwarz schnell, und auf Ta8—e8 folgte 29. Dc7—e5, Lc4—f7; 30. De5—b5: mit entschieden besserem Spiel.

29. f6—e7: Ta8—e8

30. Dc7—e5 Dg6—h7

31. De5—f6 Lc4—f7

32. h2—h3 und Weiss hat ein bedeutendes Uebergewicht.

Anhang zur Veränderung.

(2. Spielart. 2. Gegensp. 3. Verth.)

[S. das nächste Diagramm.]

13. . . . . Lb4—c5

Geht der Laufer nach a5, so setzt Weiss den Angriff durch f2—f4 oder Ta1—d1 fort.

(Stellung nach dem 13. Zuge von Weiss).

Schwarz.

Weiss.

14. Db3—c3 f7—f6

15. Sg5—e6† Kf8—e8

16. Dc3—g3 und ist im Vortheile.

Vierte Vertheidigung.

Wir haben soeben gesehen, welche schwierigen, aber geistreichen Combinationen aus dem Angriff gegen 3. Sb8—c6 entspringen können. Dabei zeigte sich indess auch, dass Sg8—f6, im vierten und fünften Zuge gethan, die Vertheidigung erleichterte. Dieser Gegenzug, dessen Wirksamkeit wir noch häufig wahrnehmen werden, konnte jedoch mit Vortheil schon früher geschehen.

1. (e2—e4) (e7—e5)

2. (d2—d4) (e5—d4:)

3. (Lf1—c4) Sg8—f6!

Dies ist, wenn man nicht versuchen will, den Bauern zu halten, die stärkere Spielart; dieselbe kommt auch im Lauferspiel vor. Weiss kann nun 4. Dd1—d4: thun, worauf Sb8—c6; 5. Dd4—e3, Lf8—b4†; 6. Lc1—d2, 0—0 oder 6. c2—c3, Lb4—a5 folgt. In beiden Fällen steht Schwarz etwas besser. Auch konnte 5. Dd4—d1, Lf8—c5; 6. Sg1—f3, 0—0! geschehen. Rochirt jetzt Weiss, so nimmt Schwarz ohne Gefahr Sf6—e4: und behauptet den so gewonnenen Bauern.

Setzen wir jedoch den Angriff auf den Springer voraus:

4. e4—e5. Bei 4. Lc1—g5 geschähe Sb8—c6 oder Lf8—e7 5. e4—e5, Sf6—g8.

4. .... d7—d5

5. Lc4—b5†. Den Rückzug des Laufers nach b3 betrachtet die Veränderung. 5. e5—f6:; d5—c4:; 6. f6—g7:, Lf8—g7: wäre für Schwarz günstig.

5. .... c7—c6

6. Dd1—d4: Dd8—a5†

7. Lc1—d2 Da5—b5:

8. e5—f6: g7—g6

mit der Aussicht, später f6 noch zu erobern.

[S. das nächste Diagramm.]

Veränderung der vierten Vertheidigung.

5. Lc4—b3 Sf6—e4

6. Sg1—e2 Lf8—c5

7. f2—f3 Se4—g5

(Stellung nach dem 4. Zuge von Schwarz.)

Schwarz.

Weiss.

8. Se2—d4: Sg5—e6

oder 8. . . ., Sb8—c6 und wir ziehen das schwarze Spiel vor.

Zweiter Angriff.

1. (e2—e4) (e7—e5)

2. (d2—d4) (e5—d4:)

3. c2—c3 d4—c3:

Viele Spieler ziehen es vor, auf das Gambit nicht einzugehen und 3. d7—d5; 4. e4—d5:, Dd8—d5:; 5. c3—d4:, c7—c5 zu thun. Uebrigens konnte auch gut 3. Dd8—e7; 4. Dd1—d4:, f7—f5 oder 4. Lf1—d3, d7—d5 geschehen.

4. Lf1—c4 c3—b2:

Hiermit ist ein zweiter Bauer gewonnen, aber auch die Vertheidigung wegen der schnellen Entwickelung der weissen Streitkräfte beträchtlich schwieriger gemacht. Die Partie führt den Namen des dänischen oder nordischen Gambits.

5. Lc1—b2: Lf8—b4†

5. . . . . Sg8—h6, 5. . . . . Dd8—e7 und 5. . . . . Dd8—g5 sind ungenügende Vertheidigungen.

6. Sb1—c3 Sb8—c6

7. Sg1—f3. Man könnte diesen Springer auch nach e2 setzen, und für den Zug f2—f4 Platz lassen. In diesem Falle hätte Weiss die Absicht, nach g1 zu rochiren.

7. . . . . Sg8—f6.

Dieser und die kurz vorher gegangenen Züge können auch in anderer Ordnung geschehen.

8. Dd1—c2 d7—d6

9. 0—0—0 0—0

Schwarz spielt wohl etwas stärker 9. . . . . Lb4—c3:

10. e4—e5 Sf6—g4

11. h2—h4, um dem Springer f3 als Stützpunkt zu dienen bei der Combination 11. Sc6—e5:; 12. Sf3—g5, g7—g6 (Se5—g6 13. Sg5—h7:, Kg8—h7:; 14. h4—h5 u. s. w.); 13. Sc3—e4, Lc8—f5; 14. Dc2—b3 und Schwarz steht nicht gut.

11. . . . . h7—h6

12. Kc1—b1 Tf8—e8

Auf 12. Sc6—e5: könnte sich folgendes Spiel ergeben: 13. Sf3—g5, h6—g5:; 14. h4—g5:, g7—g6; 15. Sc3—e4, Lc8—f5; 16. f2—f4 Sg4—e3; 17. f4—e5:, Se3—c2:; 18. e5—d6: und Schwarz kann das Mat nicht abwenden.

13. Sc3—d5 Lc8—e6

14. Sf3—g5 h6—g5:

14. h4—g5: Le6—d5:

16. Dc2—h7† Kg8—f8

17. e4—d6:. Im Augenblick hat Weiss beide Springer geopfert, er kann aber einen Officier zurückgewinnen und behält übrigens eine ausnehmend gute Stellung.

Schwarz.

Weiss.

Nimmt Schwarz 17. Dd8—d6:, so folgt 18. Dh7—g7‡, Kf8—e7; 19. Td1—d5:, Dd6—g6†; 20. Dg7—g6:, f7—g6:; 21. Th1—h7†, Ke7—f8 (Ke7—e6; 22. Td5—d3†, Ke6—f5; 23. Th7—f7† u. s. w.); 22. Th7—f7†, Kf8—g8!; Td5—d7, Sc6—e5; 24. Tf7—h7† und gewinnt. Auf 17. Lb4—d6:; 18. Dh7—g7‡, Kf8—e7 geschieht hingegen 19. Lc4—d5:, Ke7—d7 (Sc6—e5; 20. Th1—e1); 20. Dg7—f7‡, Kd7—c8; 21. Ld5—

e6†, Te8—e6:; 22. Df7—e6‡, Dd8—d7; 23. Th1—h8†, Sc6—d8; 24. De6—d7‡, Kc8—d7:; 25. g5—g6 und gewinnt ebenfalls.

17. .... c7—d6:

18. Dh7—g7‡ Kf8—e7

19. Td1—d5: Dd8—c8

20. Th1—e1† Lb4—e1:

21. Lb2—f6† Ke7—d7

22. Dg7—f7‡ Te8—e7

23. Lf6—e7: Sg4—e5

24. Df7—f6 Se5—c4:

25. Le7—d6: Sc4—d6:

26. Df6—d6‡ Kd7—e8

27. Dd6—g6† und gewinnt.

Diese interessante Partie wurde durch Correspondenz zwischen G. und V. Nielsen in Kopenhagen einerseits und Dr. van der Linde in Arnheim andererseits gespielt.

Das Lauferspiel.

Der gegenwärtige Abschnitt wird uns häufig Gelegenheit bieten, die Vortheile anschaulich zu machen, welche die Vereinigung der Bauern auf der Mitte des Bretes gewährt. Der Zug des Laufers 2. Lf1—c4, welcher nach dem beiderseitigen Vorrücken der Königsbauern geschieht, giebt den Spielen ihren Namen. Er ist weniger angreifend als Sg1—f3 und lässt als stärkste Vertheidigung die Antwort 2. Sg8—f6 zu, führt aber auch zu den regelmässigsten Partien. Setzen wir zunächst voraus, Schwarz folge dem Beispiele des Anziehenden und bewege ebenfalls seinen Laufer (Lf8—c5), so fragt es sich, nach welchem Plane Weiss das Spiel fortzusetzen habe. Er könnte sogleich den Angriff gegen f7 mit Dd1—h5 unternehmen; derselbe würde aber, wie das fünfte Spiel darthun soll, durchaus nicht nachhaltig sein. Richten wir daher zuvörderst unser Augenmerk darauf, den Bauern d4 gedeckt gegen den feindlichen Laufer vorzubringen.

Viertes Spiel.

1. e2—e4 e7—e5

2. Lf1—c4 Lf8—c5

3. c2—c3. Es bedarf keiner Erörterung, dass es vortheilhaft ist, den Bauern d2 nach d4 vorzurücken, gegen e5 zu wechseln und den Laufer c5 zum Rückzuge zu nöthigen. Wollte Schwarz

die Züge des Gegners ferner nachahmen und 3. c7—c6; 4. d2—d4, d7—d5 ziehen, so würde Weiss Vortheil erlangen: 5. d4—c5:, d5—c4:; 6. Dd1—d8†, Ke8—d8:; 7. Sb1—a3, Lc8—e6; 8. Sg1—f3, Sb8—d7; 9. Lc1—e3, h7—h6; 10. Sf3—d2, Sg8—f6; 11. f2—f3 etc. Schwarz muss also dem angedeuteten Plane entgegenwirken. Er kann dies auf verschiedene Art versuchen, indem er am besten seine Dame nach e7 oder g5 bringt, indem er selbst seinen Damenbauern opfert, oder den Bauern e4, was wir zunächst betrachten wollen, mit dem Springer angreift.

Erste Vertheidigung.

3. .... Sg8—f6?

4. d2—d4 e5—d4:

5. c3—d4:? Das richtige Gegenspiel würde jetzt 5. Lc5-b4† und, wenn der Laufer c1—b2 zwischensetzt, 6. Lb4—d2† sein. Weiss nimmt zwar mit dem Springer wieder und deckt dadurch e4, Schwarz kann aber diesen Bauern dessenungeachtet sogleich schlagen oder durch Vorrücken des Damenbauern die feindlichen Mittelbauern trennen und das Spiel ausgleichen. Wir wollen jedoch, um zu einer geschlossenen Bauernposition zu gelangen, eine minder gute Spielart 5. Lc5—b6 voraussetzen. Uebrigens verweisen wir auch wegen eines bessern Angriffs auf die Veränderung.

5. .... Lc5—b6?

6. Sb1—c3 0—0

7. Sg1—e2 c7—c6?

Dieser Zug ist incorrect, denn selbst jetzt hätte Schwarz 7. Sf6—e4: zur Sprengung des Centrums thun müssen. Wir benutzen die gegenwärtige Stellung aber, um das Spiel der Bauern für die in der Praxis sich mitunter darbietenden Fälle zu zeigen und damit zugleich zu beweisen, dass der Vertheidigende nicht gut spielt, wenn er die Vereinigung der Bauern ruhig bestehen lässt.

8. Lc4—d3. Der Laufer zieht sich zurück, weil Schwarz mit d7—d5 droht und es Regel ist, die Mittelbauern dem Tausch wo möglich nicht auszusetzen. Uebrigens ist die Linie von c2 und d3 nach h7 für den Laufer im Verlaufe der Partie kaum minder wichtig, als die Richtung auf f7.

8. .... d7—d5

9. e4—e5 Sf6—e8

10. Lc1—e3 f7—f6

11. Dd1—d2. Es würde nicht gut sein, f6 zu nehmen, denn man verlöre, abgesehen von der Entblössung des Centrums, ein Tempo, da der Bauer e5, welcher schon zwei Züge gemacht hat, um diesen Platz zu erreichen,

verschwände, und zwar im Austausch gegen einen andern Bauern, f6, der nur einen Zug gethan hat. Aus der Möglichkeit eines solchen Tausches erklärt sich auch, warum die Mittelbauern nicht ohne erhebliche Veranlassung über ihre vierten Felder hinausgerückt werden sollen.

11. .... f6—e5:

12. d4—e5: Lc8—e6

13. Se2—f4. Die Läufer sind diejenigen Steine, welche das Vordringen der Bauern am wirksamsten hindern; Weiss sucht sie daher, da die Stärke seines Spieles in der richtigen Benutzung des Bauern e5 liegt, zu tauschen.

13. .... Dd8—e7

14. Le3—b6: a7—b6:

Die Verdoppelung des Bauern ist nicht schädlich, da er in Verbindung mit den andern bleibt. Uebrigens ist es vortheilhaft, die Linien der Thürme zu öffnen, und man nimmt desshalb auch häufig, wenn der Laufer der Dame auf dem dritten Felde des Königs dem feindlichen Angriffslaufer zum Tausch entgegengesetzt und dort geschlagen wird, mit dem Lauferbauern wieder, obgleich man dadurch den Königsbauern verdoppelt. Bei der Rochade findet nämlich dann der Thurm eine offene Linie.

15. 0—0 Sb8—d7

16. Sf4—e6: De7—e6:

17. f2—f4 Se8—c7

18. Ta1—e1 g7—g6

19. h2—h3, um das Vorgehen der Bauern, welches der letzte Zug des Gegners hindern wollte, dennoch möglich zu machen.

19. .... d5—d4

Dieser Zug gestattet zwar dem weissen Springer vorzudringen, eröffnet aber zugleich dem eigenen Springer c7 den Weg über d5 nach e3.

20. Sc3—e4 h7—h6

21. b2—b3 b6—b5

22. g2—g4 Sc7—d5

23. Se4—g3 Sd5—e3

Ein Springer, der gedeckt im feindlichen Spiele steht, ist sehr stark. Hier schneidet er sogar dem Bauern e5 die Deckung ab, wesshalb sich Weiss veranlasst sieht, den Thurm e1 hinzugeben. Wir fügen ein Diagramm zu diesem Opfer bei.

Schwarz.

Weiss.

24. Te1—e3: d4—e3:
24. Dd2—e3: Ta8—a2:
26. Tf1—e1 De6—b3:
27. De3—e4 Db3—e6
28. f4—f5 g6—f5:
29. g4—f5: De6—d5

In Betracht könnte hier wohl auch die Variante 29. De6—e5:; 30. De4—e5:, Sd7—e5:; 31. Te1—e5:, Tf8—d8 kommen.

30. De4—d5‡ c6—d5:
31. Ld3—b5: Sd7—b6
32. f5—f6 Ta2—b2
33. Lb5—d3 Kg8—f7

34. Ld3—f5. Der Lauferzug bezweckt nicht allein, das Feld e6 zu beherrschen, sondern auch Lf5—g4 für den Fall zu ermöglichen, dass Schwarz Tf8—g8 thäte. Uebrigens machen wir auch noch darauf aufmerksam, dass, wenn sich der Laufer auf einem schwarzen Felde befände, der feindliche König sich mit Vortheil zwischen die beiden Bauern stellen könnte, welche jetzt die Stärke des weissen Spieles ausmachen. Es war mithin wichtig, diese Bauern nicht auf Feldern von der Farbe des Laufers zu lassen. Umgekehrt würde man die Bauern mit dem Laufer auf dieselbe Farbe zur wechselseitigen Unterstützung stellen, wenn man sich in der Vertheidigung befände.

34. .... Sb6—c4
35. Sg3—h5 Tf8—g8†

36. Kg1—h1 und gewinnt wegen der vorrückenden Bauern, was auch immer Schwarz jetzt versuchen mag.

Wirft man einen Blick auf den Gang der Partie zurück, so bemerkt man, dass Schwarz dieselbe Anzahl von Bauern auf der Damenseite vereinigt hatte, mit welcher Weiss gegen die Seite des Königs vorrückte. Der Unterschied beider Spiele lag aber darin, dass die schwarzen Bauern nicht so wirksam von den Officieren unterstützt wurden und zum Theil nutzlos blieben.

Veränderung. (1. Verth.)

1. (e2—e4) (e7—e5)
2. (Lf1—c4) (Lf8—c5)
3. (c2—c3) (Sg8—f6)
4. (d2—d4) (e5—d4:)
5. e4—e5! d7—d5!

Dies ist der beste Zug, der geschehen konnte; wich nämlich der Spr. f6—e4 aus, so kam Schwarz in Verlegenheit durch: 6. De1—e2, Se4—g5; 7. f2—f4, Sg5—e6; 8. f4—f5, Se6—f8; 9. Sg1—f3, d4—c3:; 10. Sf3—g5. Eine andere Spielart 5. Dd8—e7 wollen wir im Anhange betrachten.

6. Lc4—b3. Wir sind der Ansicht, dass Lc4—b5† minder gut wäre, weil nach dem Abtausch dieses Laufers und nach der Ro-

chade, c7—c5 vorrücken dürfte, ohne dass die sich dabei ergebende Vereinzelung des Damenbauern von Weiss benutzt werden könnte: Lc4—b5†, Lc8—d7; 7. Lb5—d7‡, Sf6—d7:; 8. c3—d4:, Lc5—b4†; 9. Sb1—c3, 0—0; 10. Sg1—e2, c7—c5; 11. d4—c5:, Sd7—c5: etc. Noch weniger kann 6. e5—f6: empfohlen werden, denn dies gleicht die Partie bestimmt aus, nämlich 6. e5—f6:, d5—c4:; 7. Dd1—h5, 0—0; 8. Dh5—c5:, Tf8—e8†; 9. Sg1—e2, d4—d3; 10. Lc1—e3, d3—e2:; 11. Sb1—d2, Sb8—a6; 12. Dc5—c4:, Dd8—f6:; 13. Dc4—e2: etc.

6. .... Sf6—e4

7. c3—d4: Die natürlichste Spielart für Schwarz ist nun 7. Lc5—b4† und dann 8. Lc1—d2, Se4—d2:; 9. Sb1—d2:, Sb8—c6; 10. Sg1—e2, 0—0; er bleibt aber, wegen der feindlichen Mittelbauern, hierbei etwas im Nachtheil. Dass die Partie desshalb verloren gehen müsse, wollen wir jedoch nicht behaupten. Der folgende Gegenangriff ist unzeitig.

7.	....	Dd8—h4?
8.	Lc1—e3	Lc5—b4†
9.	Ke1—f1!	c7—c6
10.	g2—g3	Lc8—h3†
11.	Sg1—h3:	Dh4—h3‡
12.	Kf1—g1	h7—h6

13. Lb3—c2 und steht besser, da er nach dem Tausch des Springers mit der Dame nach b3 ziehen kann.

Anhang zur Veränderung.

(1. Vertheidigung.)

Schwarz.

Weiss.

5.	....	Dd8—e7
6.	c3—d4:	Lc5—b4†

7. Ke1—f1! Der Zug des Königs ist nicht leicht zu erklären, zumal die Spielart 7. Sb1—c3, d7—d5 die Mittelbauern sicher gestellt haben würde. Im Allgemeinen ist es, wie schon bemerkt wurde, nicht rathsam, die Rochade aufzugeben, hier erwächst daraus aber der Vortheil, dass der Springer f6 entweder nach g8, worauf 8. Sg1—f3 folgt, oder nach e4 ziehen muss. In beiden Fällen ist Weiss besser entwickelt.

7.	....	Sf6—e4
8.	Dd1—g4	f7—f5
9.	Dg4—h5†	g7—g6

10. Dh5—h6 und hält den

Springer e4 gefangen. Der Versuch, ihn durch 10. Se4—d6 zu retten, würde mit 11. Lc1—g5 beantwortet werden.

Zweite Vertheidigung.

1. (e2—e4) (e7—e5)
2. (Lf1—c4) (Lf8—c5)
3. (c2—c3)

Der Springerzug 3. Sg8—f6 hinderte die Vereinigung der weissen Mittelbauern nicht; es ist daher wünschenswerth, eine vollkommnere Vertheidigung aufzufinden. Der auf den ersten Blick excentrisch scheinende Zug 3. Dd8—g5, welcher die Dame dem feindlichen Laufer c1 gegenüber stellt, und welchen übrigens, wie wir nachher sehen werden, Weiss umgehen kann, möchte hier dem Zwecke entsprechen, da er den Bauern g2 bedroht und mithin 4. d2—d4 für den Augenblick unzulässig macht. Gesetzt, es folgte darauf die Deckung 4. Dd1—f3, so zieht sich die Dame nach einem Platze zurück, wo sie nicht leicht angegriffen werden kann und daher bei manchen, namentlich vertheitigenden Anfängen gut postirt ist: nach g6. Die Fortsetzung könnte dann 5. Sg1—e2, d7—d6; 6. d2—d4, Lc5—b6 sein, wobei sich Schwarz nicht genöthigt sieht, seinen Bauern e5 abzutauschen, und dem Feinde die Mitte einzuräumen. Weiss könnte indess eine andere Spielart wählen, bei welcher g2 geschützt und doch Laufer c1 nicht seiner Deckung beraubt würde. Wenn nämlich 4. Ke1—f1 geht, erhält das Vorrücken von d2—d4 weit mehr Bedeutung, wesshalb wir auf diese Combinationen näher eingehen wollen.

3. .... Dd8—g5
4. Ke1—f1

Erstes Gegenspiel.
(2. Vertheidigung.)

4. .... Dg5—e7

Die schwarze Dame und der Laufer c5 müssen ausweichen, es ist aber gleichgültig, in welcher Ordnung. Der Rückzug der Dame nach e7 möchte wohl ihr bester sein.

5. d2—d4 Lc5—b6
6. d4—e5: De7—e5:
7. Sg1—f3 De5—e4:
8. Lc4—f7† Ke8—f8
9. Lf7—d5 De4—f5
10. Lc1—g5 und wir wollen ebenso wenig untersuchen, wer jetzt etwa besser steht, als ob Schwarz einen Vortheil hätte erlangen können, wenn nicht 7. De5—e4: nahm.

Zweites Gegenspiel.
(2. Vertheidigung.)

[Siehe das nächste Diagramm.]

4 .... Dg5—g6
5. d2—d4 e5—d4:

Statt dieses Zuges hätte der Laufer nach e7 oder b6 zurück gehen können, worauf 6. Sg1—f3 oder auch im ersteren Falle 6. f2—f4 folgte.

Schwarz.

Weiss.

6. c3—d4: Dg6—e4:

7. Sg1—f3 und nachher Sb1—c3, wobei Weiss mindestens den Bauern f7 nebst einer günstigen Stellung erlangt.

Drittes Gegenspiel.
(2. Vertheidigung.)

4. .... Dg5—f6,

um wo möglich das Vorrücken des Damenbauern zu hindern.

5. Sg1—f3 d7—d6

Der Springer nach c6 würde ebenfalls d2—d4 nicht länger zurückhalten, weil auf e5—d4: in diesem Falle zunächst 7. e4—e5 (Sc6—e5:? 8. Dd1—e2!) folgt.

6. d2—d4 Lc5—b6
7. d4—e5: d6—e5:
8. Dd1—d5 Sb8—d7
9. Lc1—g5 Df6—g6
10. Sf3—e5: Dg6—g5:
11. Dd5—f7† Ke8—d8
12. Df7—g8† und gewinnt.

Weiss hat in diesen Varianten seine Bauern auf der Mitte zu vereinigen oder seinen Officieren durch Angriffe auf die feindliche Dame ein freieres Spiel zu verschaffen gesucht. Erreicht er den einen oder anderen Zweck, so ist gegen die verlorene Rochade nichts zu erinnern. Wir können aber schon desshalb kein besonderes Gewicht auf die Vertheidigung 3. Dd8—g5 legen, da dieselbe ganz unzulässig ist, wenn Weiss zuvörderst 3. Sg1—f3 und erst später c2—c3 thut. Das Spiel wird dann auf die folgende Vertheidigung, die wir daher als die hauptsächlichste ansehen, oder auf das später zu betrachtende Giuoco piano reducirt.

Dritte Vertheidigung.

1. (e2—e4) (e7—e5)
2. (Lf1—c4) (Lf8—c5)
3. (c2—c3) Dd8—e7!
4. d2—d3 d7—d6

In der Veränderung wollen wir untersuchen, in wiefern Weiss seinen Plan, die Bauern auf e4 und d4 zu vereinigen, mit 4. Sg1—f3 verfolgen konnte.

5. Dd1—e2 Lc8—e6.

Es ist immer lästig, den Angriff

des feindlichen Königslaufers auf f7 fortdauern zu lassen. Kann man die Richtung durch Bauern nicht unterbrechen, so setzt man gewöhnlich den Damenlaufer entgegen; hier möchten wir indess 5. f7—f5 vorziehen, während Lc8—e6 dann noch nachfolgen kann.

6. Lc4—e6: De7—e6:

Es konnte auch 6. f7—e6: geschehen.

Im Allgemeinen ist es zweckmässig, bei angebotenem Tausch selbst zu nehmen, damit man keinen Zug verliere, bisweilen thut man aber wohl daran, den angegriffenen Stein zu unterstützen. So geschieht namentlich Sb1—d2 oder Sb8—d7 häufig zur Deckung des Königslaufers, wenn man dadurch den Springer leicht ins Spiel führt. Sollte dies aber Anstand finden und dennoch die Wegnahme des entgegengestellten Laufers bedenklich sein, so zieht man den Laufer nach b3 resp. b6 zurück, um beim Tausch den Thurm der Dame frei zu machen. Endlich, jedoch weniger häufig, ist es rathsam, den Angriffslaufer, da er auch von c2 aus gegen die feindliche Rochade auf der Königsseite später sehr wirksam werden kann, selbst mit Zeitverlust, über d3 oder b5 und a4 nach c2 zu bringen.

7. f2—f4 f7—f6

Von beiden Seiten werden die Officiere später als die vor ihnen stehenden Bauern gezogen, aber man sieht, dass jetzt Weiss die bequemere Stellung erlangt hat.

8. Sg1—f3 Sb8—d7
9. d3—d4 Lc5—b6
10. 0—0. Mit der Rochade, dem feindlichen Laufer gegenüber, muss man vorsichtig sein, in vorliegendem Falle besteht aber keine Gefahr.

10. .... Sg8—e7
11. f4—e5: Sd7—e5:

Wir würden hier lieber d6—e5: nehmen.

12. Kg1—h1 Se5—f7
13. Tf1—e1 c7—c6
14. Lc1—f4 0—0
15. Sb1—d2 De6—g4
16. Lf4—g3 Tf8—e8

In Fällen, in denen man die Wahl hat, ist es mitunter schwierig zu beurtheilen, mit welchem Thurme man das Feld des Königs oder der Dame besetzen soll. Die nächsten Züge werden hier zeigen, dass die Verwendung des Damenthurmes rathsamer gewesen wäre.

17. De2—d3 f6—f5
18. e4—e5. Es wäre fehlerhaft gewesen, f5 zu nehmen, denn dadurch hätte man die Gleichheit in der Position der Bauern hergestellt. Jetzt bleiben aber für Weiss

zwei gegen drei Bauern auf der Seite der Könige und vier gegen drei auf der Damenseite. Schwarz ist hierbei, abgesehen davon, ob die Stellung sonst schon einen Mangel enthält, etwas im Nachtheil, weil Weiss einen Bauern im Centrum behält und diesen leichter geltend machen kann, da er nicht durch die Stellung des Königs verhindert wird, alle Bauern dieses Flügels zur Unterstützung zu benutzen.

18. .... f5—f4
19. e5—d6: Se7—g6
20. Lg3—f2 Sf7—d6:
21. Sd2—c4 Sd6—c4:
22. Dd3—c4‡ Kg8—h8
23. Dc4—f7 Te8—b8
24. Te1—e4 Dg4—c8
25. Ta1—e1 Dc8—g8
26. Df7—d7 Sg6—f8
27. Dd7—g4 Sf8—g6
28. h2—h4 Lb6—d8
29. h4—h5

Schwarz.

Weiss.

Weiss könnte aus der dargestellten Position auf eine andere, vielleicht noch vortheilhaftere Art zu dem Gewinn des Bauern f4 gelangen, nämlich: 29. Te4—e8, Sg6—f8; 30. Dg4—f4:, Ld8—c7; 31. Te8—b8:, Lc7—b8: etc.

29. .... Sg6—f8
30. Dg4—f4: Ld8—f6
31. g2—g4 h7—h6
32. b2—b3 Sf8—h7
33. Lf2—g3 Tb8—f8
34. Df4—e3 Dg8—f7
35. Kh1—g2 Sh7—g5
36. Sf3—g5: Lf6—g5:
37. De3—e2 Ta8—d8
38. Te4—e6 Lg5—f6
39. De2—e4 Df7—d7
40. Lg3—d6 Tf8—f7
41. Te1—e2 Lf6—g5
42. c3—c4 Tf7—f6
43. c4—c5 Tf6—e6:
44. De4—e6: Dd7—e6:
45. Te2—e6: Kh8—g8
46. Kg2—f3 Kg8—f7
47. Te6—e4 g7—g6
48. h5—g6‡ Kf7—g6:
49. a2—a4 Td8—d7
50. Kf3—e2 h6—h5
51. g4—h5‡ Kg6—h5:
52. Ke2—d3 Kh5—g6
53. Kd3—c4 Td7—h7
54. Te4—e2 Kg6—f5
55. Ld6—b8 a7—a6
56. Te2—e5† Kf5—f6
57. Lb8—d6 Lg5—f4

Dem Leser bleibt überlassen,

zu erforschen, ob bei den Läufern auf derselben Farbe Schwarz noch Aussicht hat, das Spiel unentschieden zu halten. Vermuthlich nicht.

Veränderung. (3. Verth.)

1.	(e2—e4)	(e7—e5)
2.	(Lf1—c4)	(Lf8—c5)
3.	(c2—c3)	(Dd8—e7)

4. Sg1—f3. Dies ist zunächst der beste Platz für den Springer; man muss aber später einen andern günstigen Posten für ihn aufsuchen und f2—f4 vorrücken. Uebrigens konnte er hier wegen Lc5—f2† nicht nach e2 gezogen werden.

4. .... d7—d6! In einem Anhange werden wir sehen, warum nicht 4. Sg8—f6 geschieht.

Erster Angriff.

(Veränderung. 3. Vertheidigung.)

5.	0—0	Lc8—g4
6.	d2—d4	Lc5—b6
7.	a2—a4	a7—a5
8.	Sb1—a3	Sg8—f6
9.	Tf1—e1	Sb8—d7
10.	Sa3—c2	h7—h6
11.	b2—b3	0—0

12. Lc1—a3. Auf a3 ist der Laufer wegen der Stellung der feindlichen Dame und des Thurmes am wirksamsten.

12.	....	Tf8—e8
13.	Sc2—e3	Lg4—f3:
14.	g2—f3:	g7—g6

und die Spiele stehen gleich. Wollte Weiss zuletzt den Bauern nicht verdoppeln, so konnte er 12. Dd1—d3 thun. Ueberhaupt konnte er die Sperrung seines Springers verhindern, wenn er 5. h2—h3 zog, wogegen dann 5. Lc8—e6 geschehen sein würde. Auch nach der Rochade (5. 0—0) lag es nahe, L—e6 zu ziehen: wir wollen also auch diese Spielart in Erwägung ziehen.

Schwarz.

Weiss.

5.	0—0	Lc8—e6
6.	Lc4—e6:	De7—e6:

Die Folge von 6. f7—e6: würde sein: 7. d2—d4, e5—d4:; 8. c3—d4:, Lc5—b6; 9. Sf3—g5 und nach Umständen Dd1—b3. Weiss zog vor, 6. Lc4—e6: zu nehmen, weil 6. Dd1—b3, Lc5—b6; 7. Lc4—e6:, De7—e6:; 8. Db3—e6†, f7—e6: das Spiel schnell ausgeglichen haben würde.

7.	d2—d4	Lc5—b6
8.	Sf3—g5	De6—e7
9.	f2—f4	Sg8—f6
10.	f4—e5:	d6—e5:
11.	Kg1—h1	Sb8—c6

12. d4—d5. Es ist hier wenig Unterschied, bestimmt aber kein Nachtheil für Weiss vorhanden.

Zweiter Angriff.

(Veränderung. 3. Vertheidigung.)

In den kurz vorhergehenden Varianten wird man auf der Seite des Anziehenden ein geschlossenes Spiel wahrgenommen haben, wie dies die allgemeine Physiognomie der Lauferpartie ist. Der Plan drehte sich darum, die Bauern in der Mitte festzustellen und den Königsbauern der Schwarzen zu verdrängen, welchen diese wiederum zu erhalten bestrebt waren. Es fehlt aber auch hier nicht ganz an italienischen Spielarten, das heisst an Angriffen der Officiere und Bauern, bei denen die Letzteren nur die Mitte einnehmen, um weiter auf den Gegner einzudringen. Dass sie sich darin vereinigt erhalten, kann dennoch vorkommen, ist aber dann durch die Spielart des Gegners veranlasst und nicht die ursprüngliche Absicht gewesen. Dieser Uebergang zu einem offenen Spiele wird aber oft zu theuer erkauft. Der folgende Angriff liefert ein Beispiel dieser Art.

[S. das vorige Diagramm.]

5.	d2—d4	e5—d4:
6.	0—0	d4—c3:

Weiss nimmt nun nicht 7. Sb1—c3:, weil als Antwort c7—c6 geschehen kann; er bietet noch einen Bauern an, der am besten nicht genommen wird.

7. b2—b4

Schwarz.

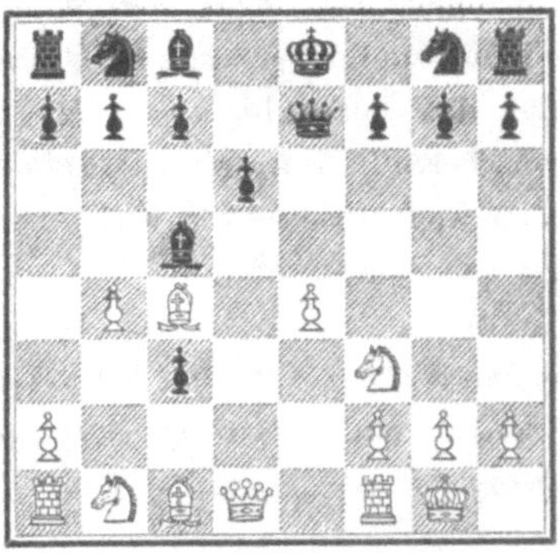

Weiss.

Erstes Gegenspiel.

(2. Angriff. Veränderung. 3. Verth.)

7.	....	Lc5—b4:
8.	Dd1—a4†	Sb8—c6
9.	Lc4—b5	c3—c2
10.	Lb5—c6†	Ke8—f8

Der König geht nicht nach d8 wegen: 11. Da4—b4:, c2—b1:D; 12. Ta1—b1:, b7—c6:; 13. Db4-c3, Sg8—f6; 14. e4—e5 etc.

11.	Lc6—b7:	Lc8—b7:
12.	Da4—b4:	c2—b1:D
13.	Ta1—b1:	Lb7—e4:

14. Tf1—e1 f7—f5
15. Sf3—g5 De7—d7
16. Sg5—e4: f5—e4:
17. Db4—e4: Ta8—c8
18. Lc1—a3 Sg8—f6
19. De4—c4 und wird bei guter Stellung den noch fehlenden Bauern zurückgewinnen.

Zweites Gegenspiel
(desselben Angriffs).
[Siehe das vorige Diagramm.]

7. .... Lc5—b6
8. Sb1—c3: Sg8—f6
9. Sc3—d5 Sf6—d5:
10. e4—d5: 0—0
11. Lc1—b2 Lc8—g4
12. a2—a4 a7—a5
13. Tf1—e1 De7—d8

Schwarz wird den gewonnenen Bauern behalten.

Anhang zur Veränderung.
(3. Vertheidigung.)

Wir wollen jetzt untersuchen, wesshalb als Antwort auf 4. Sg1—f3 nicht Sg8—f6 folgte.

Schwarz.

Weiss.

4. .... Sg8—f6
5. d2—d4. Dieser Zug, der auf 4. d7—d6 gewagt war, führt jetzt zu einem offenen und sichern Spiele. Wird der Bauer d4 genommen, so geht e4—e5 vor oder Weiss richtet sich nach der folgenden Ausführung.

5. .... e5—d4:
6. 0—0 d4—c3:
7. Sb1—c3: d7—d6
8. e4—e5 d6—e5:
9. Sf3—e5: 0—0
10. Tf1—e1 Lc8—e6
11. Lc4—e6: f7—e6:
12. Dd1—b3 Lc5—b6
13. Se5—f3 behält den Angriff und gewinnt den Bauern zurück.

Vierte Vertheidigung.

1. (e2—e4) (e7—e5)
2. (Lf1—c4) (Lf8—c5)
3. (c2—c3) d7—d5

Wie die zweite Vertheidigung 3. Dd8—g5 kann auch der Gegenangriff 3. d7—d5 dadurch umgangen werden, dass der Anziehende 3. Sg1—f3 thut. Wir dürfen uns daher nur kurz bei der gegenwärtigen Vertheidigung aufhalten. Sie ist darauf berechnet, den Laufer c4 zu entfernen und mittelst der geöffneten Damenlinie dahin zu wirken, dass d2 und zugleich die Officiere des weissen Damenflügels zurückgehalten werden. Der vorgeschobene Bauer c2—c3 wird so für Weiss lästig. Es giebt manche Varianten, bei welchen Weiss das Spiel auflösen und ausgleichen kann, will er aber den Gewinn des Bauern behaupten, was nicht unmöglich ist, so muss er dem Nachziehenden ein offenes Figurenspiel gestatten.

4. Lc4—d5: Sg8—f6

5. Dd1—f3. In den Varianten werden wir die Züge 5. Dd1—a4†, 5. Dd1—b3 und 5. Ld5—c4 oder b3 erwähnen, hier machen wir nur noch darauf aufmerksam, dass 5. d2—d4, e5—d4:; 6. c3—d4:, Lc5—b4†; 7. Sb1—c3, Sf6—d5:; 8. e4—d5:, Dd8—d5:; 9. Sg1—f3, Lc8—g4:; 10. Lc1—e3 die Partie gleichgestellt hätte.

5. .... Sf6—d5:

Würde Schwarz rochiren, so geschähe 6. Ld5—c4, um nach 6. Lc8—g4 die Dame auf d3 zum Tausche stellen zu können.

6. e4—d5:

Erste Spielart.

6.	....	0—0
7.	Sg1—e2	f7—f5
8.	d2—d4	e5—d4:
9.	Se2—d4:	Lc5—d4:
10.	c3—d4:	Tf8—e8†
11.	Lc1—e3	g7—g5
12.	0—0	und wird den

Bauern behalten.

Zweite Spielart.

Schwarz.

Weiss.

6.	....	f7—f5
7.	Sg1—e2	e5—e4
8.	Df3—g3	0—0
9.	d2—d4	e4—d3:
10.	Dg3—d3:	c7—c6
11.	c3—c4	b7—b5
12.	c4—b5:	c6—b5:

Auf 12. c6—d5: geschähe 13. Sb1—c3.

13.	0—0	Lc8—a6
14.	Tf1—d1	Dd8—b6
15.	Dd3—f3	Sb8—d7

16. Lc1—f4 mit der Aussicht, den Bauern zu behaupten.

Erste Variante. (4. Verth.)

[S. das nächste Diagramm.]

5.	Dd1—a4†	c7—c6
6.	Ld5—f7‡	Ke8—f8
7.	Da4—b3	Sf6—e4:
8.	Sg1—f3	Se4—f2:
9.	Th1—f1	Sf2—d3†
10.	Ke1—d1	Dd8—f6

und Schwarz steht gut.

(Stellung vor dem 5. Zuge von Weiss.)

Schwarz.

Weiss.

Zweite Variante. (4. Verth.)

[S. das vorige Diagramm.]

5. Dd1—b3 Sf6—d5:

6. e4—d5:. Wenn die Dame 6.Db3—d5:nimmt, folgt Dd8—d5:, 7. e4—d5:, Lc8—f5; 8. Sg1—f3, f7—f6; 9. (damit nicht der Bauer d2 durch Lf5—d3 oder e5—e4 aufgehalten werde) d2—d4, e5—d4:; 10. c3—d4:; Lc5—b6 mit gleichem Spiel.

6. .... Dd8—g5

7. Db3—a4† Lc8—d7

8. Da4—e4 Ld7—f5,

in der Absicht, den König nach d8 zu ziehen, falls e5 genommen würde.

9. De4—f3 e5—e4

10. Df3—g3 Dg5—g3:

11. h2—g3: Sb8—d7

mit bequemer Stellung.

Dritte Variante. (4. Verth.)

[S. das vorige Diagramm.]

5. Ld5—c4 Sf6—e4:

Schwarz hätte auf 5. Ld5—b3 ebenso gespielt. Es konnte dann 6.Dd1—e2, Lc5—f2‡; 7. Ke1—f1, f7—f5 folgen und das Spiel sich etwa gleichstellen.

6. Dd1—a4† Ke8—f8

7. Sg1—f3 Lc5—f2‡

oder wohl einfacher 7. f7—f6 mit gleichem Spiele.

Fünftes Spiel.

Wir wenden uns jetzt zu den anderen Angriffen, welche an der Stelle von 3. c2—c3 vorkommen können. Zunächst bietet sich folgende, schon angedeutete Spielart dar.

Erster Angriff.

1. e2—e4 e7—e5

2. Lf1—c4 Lf8—c5

3. Sg1—f3. Schwarz kann durch 3. Sb8—c6 zu einer Variante des Springerspiels gelangen.

Unrichtig wäre hingegen 3. Sg8-f6, denn die Folge würde sein: 4. Sf3—e5:, Sf6—e4:; 5. Lc4-f7‡, Ke8—f8; 6. Dd1—f3, Lc5-f2‡; 7. Ke1—e2, d7—d6; 8. Df3—e4:, d6—e5:; 9. Th1—f1. Am einfachsten ist:

3. .... d7—d6

Geschieht jetzt 4. c2—c3, so zieht Lc5—b6 oder Dd8—e7, womit die Partie auf die dritte Vertheidigung des vierten Spiels reducirt wird. 4. Sg8—f6 gestattet hingegen die Vereinigung der weissen Bauern auf e4 und d4. Weiss kann indess noch einen andern Angriff versuchen.

4. d2—d4 e5—d4:

5. Sf3—d4: Weiss würde, wie wir glauben, im Nachtheile bleiben, wenn er zu 5. c2—c3, d4—c3:; 6. Sb1—c3:, Sb8—c6; 7. 0—0, Sg8—f6 Veranlassung gäbe.

5. .... Sg8—e7
(oder Dd8—f6)
6. f2—f4 0—0
7. 0—0 Kg8—h8

und Schwarz steht sicher, da ferneres Vorrücken des Bauern f4 wegen d6—d5 nicht gefährlich werden kann.

Zweiter Angriff.

1. (e2—e4) (e7—e5)
2. (Lf1—c4) (Lf8—c5)
3. Dd1—h5 Dd8—f6
4. Sg1—f3 d7—d6
5. Sf3—g5 Df6—f2‡
6. Ke1—d1 g7—g6
7. Lc4—f7‡ Ke8—e7
8. Dh5—e2 Df2—e2‡
9. Kd1—e2: Lc8—g4†
10. Ke2—e1 Sg8—f6

und man überzeugt sich, dass der Angriff der Weissen, namentlich vom 5. Zuge an, übereilt war. Uebrigens konnte Schwarz demselben auf verschiedene Art begegnen, z. B. 3. Dd8—e7 4. Sg1—f3, Sb8—c6 5. Sf3—g5, Lc5—f2‡, 6. Ke1—e2, Sg8—h6 etc. Oder 4. (Sg1—f3) Sg8—f6; 5. Dh5—e5:, Lc5—f2‡; 6. Ke1—e2, De7—e5:; 7. Sf3—e5:, Lf2—b6; 8. Lc4—f7‡, Ke8—e7; 9. Lf7—b3, Sf6—e4: Oder 4. (Sg1—f3), d7—d6; 5. Sf3—g5, Sg8—f6; 6. Lc4—f7‡? Ke8—d8; 7. Dh5—h4, Th8—f8; 8. Lf7—c4, Sf6—g4! 9. 0—0 Tf8—f2:. Man sieht, dass sich Schwarz auf vielerlei Weise mühelos vertheidigt und schliesslich eher etwas im Vortheil als im Nachtheil steht.

Dritter Angriff.

1. (e2—e4) (e7—e5)
2. (Lf1—c4) (Lf8—c5)

3. Dd1—e2. Man wird schon bemerkt haben, dass die Dame im Lauferspiel häufig vor den König gesetzt wird. Sie steht dort überhaupt gut, falls die e-Linie nicht

von Bauern entblösst und den feindlichen Thürmen zugänglich ist. Weiss hat hier die Absicht, den Zug f2—f4 vorzubereiten, welcher, wenn er gleich geschähe, das Spiel schwächen würde, nämlich: 3. f2—f4?, Lc5—g1:!; 4. Dd1—h5, Dd8—e7; 5. Th1—g1:, Sb8—c6; 6. d2—d3, Sg8—f6; 7. Dh5—e2, Sc6—d4 (7. Dh5—d1, e5—f4:; 8. Lc1—f4:, d7—d5); 8. De2—d1, d7—d5; 9. c2—c3, Sf6—g4; 10. g2—g3, d5—c4:; 11. c3—d4:, e5—d4:; 12. h2—h3, Sg4—f6; 13. Dd1—a4†, c7—c6; 14. Da4—c4:, Lc8—h3:; 15. Dc4—d4:, Ta8—d8, wobei Schwarz das bessere Spiel hat.

3. .... d7—d6

4. f2—f4. Diese Spielart hat den Namen „Gambit des Lopez" erhalten, unter welchem auch die Varianten 4. d2—d3 oder 4. c2—c3 mit nachfolgendem Gambitzuge begriffen werden. Schwarz würde nicht gut spielen, wenn er 4. e5—f4: nähme, da sein Laufer bald durch d2—d4 zurückgedrängt würde und die Deckung des Bauern f4 bedenklich wäre.

4. .... Sg8—f6!

Den minder guten Zug 4. Lc5—g1: betrachtet die Veränderung.

5. d2—d3 Lc8—g4

6. Sg1—f3 Dd8—e7

7. f4—e5: d6—e5:

8. Lc1—e3 Sb8—d7

9. Sb1—d2 0—0

10. 0—0. Die Spiele sind gleich.

Veränderung. (3. Angriff.)

Schwarz.

Weiss.

4. .... Lc5—g1:?

Es ist nur in wenigen Fällen vortheilhaft, den schon thätigen Angriffslaufer gegen den noch unbewegten Springer zu tauschen.

5. Th1—g1: e5—f4:

6. d2—d4 Dd8—h4†

Eine andere, aber auch nicht empfehlenswerthe Art, den Bauern zu behalten, wäre 6. g7—g5. Weiss kann verschiedene Angriffe dagegen unternehmen: 7. g2—g3, f4—g3:; 8. Lc4—f7‡, Ke8—f7:; 9. De2—h5†, Kf7—e6; 10. Dh5—g4†, Ke6—f7 und Weiss hält wenigstens das Spiel unentschieden, da Schwarz von seinen Zügen, wegen Lc1—g5:, nicht abgehen kann.

7. g2—g3 f4—g3:
8. Tg1—g3: f7—f6

Die Folge von 8. Sg8—f6 könnte 9. Lc1—g5, Dh4—h5; 10. De2—g2, Sf6—g4; 12. Lg5—d2, f7—f5; 13. Lc4—e2 sein.

9. De2—f2 Sg8—e7
10. Tg3—g7: Dh4—e4‡
11. Lc1—e3 d6—d5
12. Sb1—c3 De4—h1†?

De4—e6, wogegen das Qualitätsopfer 13. Tg7—e7‡ nebst 14. Sc3—d5: (†) schliesslich entscheiden würde, hätte die Partie freilich länger hingehalten. Wir benutzen aber diese Gelegenheit, um daran zu erinnern, dass es gefährlich ist, die Dame zu weit von dem bedrohten Punkte zu entfernen.

13. Ke1—d2 Dh1—a1:
14. Df2—f6: Sb8—c6
15. Le3—g5 und gewinnt.

Vierter Angriff.

Zuweilen werden einige, mit einem Opfer verbundene, aber weniger sichere Angriffe versucht, wie:

1. (e2—e4) (e7—e5)
2. (Lf1—c4) (Lf8—c5)
3. Lc4—f7‡ Ke8—f7:
4. Dd1—h5†. Die Vertheidigung hat keine Schwierigkeit, wenn man den Bauern e5 aufgiebt und 4. Kf7—f8! zieht. Ferner geschieht wohl:

3. d2—d4 Lc5—d4:!
4. Sg1—f3 Sb8—c6
5. Lc4—d5. Auf Sf3—d4: folgt Sc6—d4:; 6. f2—f4, d7—d6.
5. .... Sg8—e7
6. c2—c3 Ld4—b6

und Schwarz behauptet den Bauern.

Endlich erwähnen wir noch eines doppelten Gambits.

3. b2—b4 Lc5—b4:
4. f2—f4, welches Schwarz zwar annehmen kann, in der Regel aber nicht annehmen wird, um statt mühsamer Vertheidigung die nachstehende sehr bequeme zu haben:

4. .... d7—d5!
5. e4—d5:. Auf 5. Lc4—d5: folgt c7—c6.
5. .... e5—e4
6. c2—c3 Lb4—c5
7. d2—d4 e4—d3:
8. Dd1—d3: Sg8—f6
9. Lc1—a3 Dd8—d6
10. La3—c5: Dd6—c5:

mit gutem Spiel für Schwarz.

Sechstes Spiel.

Unter den verschiedenen Gegenzügen im Lauferspiele ist der sich am natürlichsten darbietende 2. Sg8—f6, welcher den Königsbauern angreift, zugleich der beste. Eben wegen dieses Angriffs beschränkt er den Gegner in seinen auf Erlangung eines Centrums gerichteten Plänen. Allerdings ist der Zug selbst auch wenig geeignet den schwarzen Mittelbauern zu ihrem Vorrücken behülflich zu sein, jedoch ist dies für den Vertheidigenden von geringerer Bedeutung. Da Sg8—f6 die Absicht des Anziehenden kreuzt, vernichtet es schnell den Vortheil des Anzuges und stellt die Partie gleich. Weiss kann sein Spiel nach zwei Methoden weiter führen, je nachdem er e4 deckt oder e5 angreift. Die letztere Weise ist auf eine Figurenpartie berechnet. Es mag dann 3. d2—d4, c7—c6 oder noch besser e5—d4: folgen, dessen für den Anziehenden nicht besonders vortheilhaftes Ergebniss wir schon S. 73 und 74, worauf wir verweisen, kennen lernten. Ferner wäre jetzt ganz wohl 3. Sg1—f3 oder, und zwar ebenfalls ohne Gefahr, 3. f2—f4 zu versuchen. Die Deckung des Bauern e4, sei es durch 3. Sb1—c3 (s. S. 62) oder d2—d3, pflegt zu einem schleppenden Spiele zu führen, in welchem die Parteien ihre gegenseitigen Operationen genau überwachen, um weder einen starken Angriff noch ein Centrum aufkommen zu lassen. Nach erfolgter Rochade werden sich die Combinationen hauptsächlich darum drehen, den Bauern des Gambits vorzubringen. Wer hierdurch den eigenen Thurm frei macht und den feindlichen Königsbauern entfernt, wird gewöhnlich den Vortheil der Stellung erlangen. In der folgenden Ausführung ist jedoch ein abweichender Plan auf den Flügeln verfolgt.

1. e2—e4 e7—e5
2. Lf1—c4 Sg8—f6

Erste Spielart.

3. d2—d3 Lf8—c5
4. Sg1—f3. Mit dem Gambitzug konnte kein Vortheil erlangt werden. Es geschah 4. d7—d5 oder d7—d6 dagegen. Weiss bleibt an der Rochade verhindert und braucht einige Züge, bis er den Laufer c1 auf e3 dem feindlichen entgegenstellen kann, wesshalb die Vertheidigung dieses Gambits nicht schwierig ist.

4. . . . . Sb8—c6

5. c2—c3 Lc5—b6.

Er zieht den Laufer zurück, um, wenn d3—d4 vorrückt, nicht zum Nehmen gezwungen zu sein.

6. 0—0 0—0

7. Lc1—g5 d7—d6

Es ist sehr wichtig, aber auch nicht leicht zu beurtheilen, ob die Sperrung des Königsspringers nachtheilig werden wird, und ob man ihr desshalb durch Vorrücken des Thurmbauern vorbeugen muss. Die Züge h2—h3 und h7—h6 beschränken die feindlichen Springer und Läufer, müssen dann aber während der ersten Entwicklungsperiode geschehen. Dabei kann sich, zumal wenn die zurückgehaltenen Stücke andere gute Plätze finden, eine nicht wieder auszugleichende Versäumniss herausstellen. Auch beim weiteren Verlaufe der Partie ist der vorgerückte Eckbauer nicht unbedingt vortheilhaft. Er verschafft zwar dem rochirten Könige einen Ausweg und gestattet, selbst den letzten Thurm unbesorgt von der untersten Reihe zu entfernen, giebt aber auch, wenn der f-Bauer vorgerückt wird, den feindlichen Officieren mehr Gelegenheit, sich auf g3 und g6 zu nähern, als wenn die Bauern geschlossen geblieben wären. Unter diesen Umständen enthalten wir uns, eine allgemeine Regel auszusprechen und machen nur auf die Folgen der Sperrung bei den einzelnen Beispielen aufmerksam.

8. b2—b4 Lc8—e6

9. Sb1—d2 h7—h6

10. Lg5—h4 Kg8—h7

Es ist nicht gleichgültig, ob der König nach h8 oder nach h7 geht, gewöhnlich steht er in der Ecke sicherer.

11. a2—a4 a7—a6

Die Bauern auf dem Flügel der Dame können gewöhnlich ohne Zeitverlust vorrücken, aber das Terrain, welches sie gewinnen, gewährt wenig Vortheil, da der feindliche Angriffslaufer, der auf diese Art bedroht wird, hauptsächlich wegen seiner Richtung gegen f2 wichtig ist und diese auch von b6 oder a7 aus beibehält. Man muss ihn jedoch sicherstellen und a7—a5 oder a6 ziehen Das Letztere pflegt man dann zu wählen, wenn man das rasche Vordringen des b-Bauern gegen den Springer c6 verhüten will.

12. Kg1—h1 Tf8—g8

13. Dd1—c2 g7—g5

Das Aufziehen der Bauern, welche den König decken, ist in ähnlichen Stellungen nur zu empfehlen, wenn man dem Angriffe auch weiter Nachdruck geben kann. Aus diesem Grunde geschah die Vorbereitung K—h7 und T—g8.

14. Lh4—g3 h6—h5

15. h2—h3. Hier würde h2—h4 eine feste Stellung herbeigeführt haben.

15. . . . . h5—h4
16. Lg3—h2 Sf6—h5
17. d3—d4 g5—g4
18. Lc4—e6: f7—e6:
19. h3—g4: Tg8—g4:
20. d4—e5: d6—e5:

In der Voraussicht, dass durch Operationen mit den Bauern in der Mitte nichts zu erreichen wäre, hat jeder Theil sein Spiel, welches wir hier darstellen, auf einem Flügel entwickelt.

Schwarz.

Weiss.

21. Sd2—c4 Sh5—g3†
22. f2—g3: h4—g3:
23. Ta1—d1 Dd8—e7
24. b4—b5 Tg4—h4
25. Sc4—b6: Th4—h2‡
26. Kh1—g1?

Weiss versäumt hier die stärkste Spielart gegen den nicht völlig correcten Angriff. Nach 26. Sf3—h2:, De7—h4; 27. Tf1—f7†!, Kh7—g8; Kh1—g1 kann Schwarz, wie näheres Studium zeigt, nicht durchdringen.

26. . . . . De7—c5†
27. Tf1—f2 c7—b6:
28. Sf3—h2: a6—b5:
29. a4—b5: Ta8—f8
30. Sh2—f3 Sc6—a5
31. Dc2—e2 Sa5—c4
32. Sf3—g5† Kh7—g6
33. Sg5—f3 Tf8—f4
34. Td1—d3. Weiss könnte jetzt De2—c4: nehmen, die Folge würde aber sein: 34. De2—c4:, g3—f2‡; 35. Kg1—h2, Dc5—c4:; 36. Sf3—e5‡, Kg6—f6; 37. Se5—c4:, f2—f1D.

34. . . . . g3—f2‡
35. De2—f2: Dc5—f2‡
36. Kg1—f2: Tf4—e4:
37. Td3—d7 Te4—f4
38. Td7—c7, und ungeachtet Schwarz um einen Bauern stärker ist, muss die Partie wohl unentschieden bleiben.

Zweite Spielart.

1. (e2—e4) (e7—e5)
2. (Lf1—c4) (Sg8—f6)
3. Sg1—f3 Sf6—e4:
4. d2—d3. Wegen Sf3—e5:, Sb1—c3 und Dd1—e2 verweisen wir auf die Veränderungen.

4. . . . . Se4—c5
5. Sf3—e5: d7—d5
6. Lc4—b3 Sc5—b3:
7. a2—b3: c7—c5 etc.

Erste Veränderung.

(2. Spielart.)

1.	(e2—e4)	(e7—e5)
2.	(Lf1—c4)	(Sg8—f6)
3.	(Sg1—f3)	(Sf6—e4:)
4.	Sf3—e5:	Dd8—e7.

Hier könnte auch 4. d7—d5 und auf 5. Lc4—b3, 5. Dd8—g5 mit Vortheil geschehen. Ginge aber 5. Dd1—e2, Lf8—c5, so folgte 6. d2—d3, Lc5—f2†; 7. Ke1—f1, Lf2—b6 oder 7. Ke1—d1, 0—0; 8. Lc4—d5:, Lf2—d4, wobei Weiss die Rochade eingebüsst hätte.

5.	d2—d4	d7—d6
6.	Lc4—f7†	Ke8—d8
7.	0—0	d6—e5:
8.	d4—e5†	Lc8—d7
9.	Lf7—d5	Se4—c5
10.	b2—b4	c7—c6
11.	b4—c5:	c6—d5:
12.	Dd1—d5:	Sb8—c6
13.	Tf1—d1	Kd8—c8

und Schwarz ist im Vortheil.

Zweite Veränderung.

(2. Spielart.)

1.	(e2—e4)	(e7—e5)
2.	(Lf1—c4)	(Sg8—f6)
3.	(Sg1—f3)	(Sf6—e4:)
4.	Sb1—c3	Se4—c3:

Es könnte noch einfacher Se4—f6; 5. Sf3—e5:, d7—d5; 6. Dd1—e2, Lf8—e7; 7. Lc4—b3, 0—0 geschehen. Auch 4. Sb8—c6 mit der Absicht, bei 5. Sc3—e4: oder bei 5. Lc4—f7†, Ke8—f7:; 6. Sc3—e4: dann d7—d5 zu spielen, gleicht das Spiel aus. Es folgt etwa 5. 0—0, Se4—c3:; 6. d2—c3:, Dd8—e7; 7. Tf1—e1, d7—d6; 8. Sf3—g5, Sc6—d8; 9. f2—f4, f7—f6; 10. f4—e5:, d6—e5:; 11. Dd1—h5†, g7—g6; 12. Dh5—h4, Lf8—g7; 13. Sg5—e4, Lc8—e6 u. s. w.

5.	d2—c3:	f7—f6

Wollte man den Bauern aufgeben, so könnte Lf8—e7; 6. Sf3—e5:, 0—0; 7. Dd1—h5, Dd8—e8 geschehen. Ungünstig für Schwarz wäre hingegen 5. d7—d6; 6. Sf3—g5, Lc8—e6; 7. Lc4—e6:, f7—e6:; 8. Dd1—f3.

6. 0—0, oder 6. Sf3—h4, g7—g6; 7. 0—0, Dd8—e7.

6.	. . . .	Sb8—c6

Vielleicht ist g7—g6 noch rathsamer.

7.	Sf3—h4	Dd8—e7
8.	Sh4—f5	De7—c5
9.	Lc4—b3	d7—d5
10.	Lc1—e3	Dc5—a5
11.	Sf5—h4	Lc8—e6
12.	Dd1—h5†	g7—g6

Noch besser möchte Le6—f7 sein.

13.	Sh4—g6:	Le6—f7
14.	Dh5—h4	Lf7—g6:
15.	Dh4—f6:	Th8—g8
16.	Ta1—d1	Lg6—f7

und nachher Tg8—g6, wobei es aber doch noch nicht leicht sein wird, das Spiel frei zu machen.

Dritte Veränderung.

(2. Spielart.)

1. (e2—e4) (e7—e5)
2. (Lf1—c4) (Sg8—f6)
3. (Sg1—f3) (Sf6—e4:)
4. Dd1—e2 d7—d5
5. Sf3—e5: Lf8—c5

Auf 5. d2—d3 that Schwarz am besten 5. d5—c4:

6. 0—0 0—0
7. Lc4—b3 Tf8—e8
8. d2—d3 Se4—f2:

und Schwarz gewinnt.

Dritte Spielart.

1. (e2—e4) (e7—e5)
2. (Lf1—c4) (Sg8—f6)
3. f2—f4 Sf6—e4:

Es ist einfacher, statt dessen 3. d7—d5 zu ziehen, die hier ausgeführte Spielart kann aber leicht in der Praxis vorkommen.

4. d2—d3 Dd8—h4†,

oder Se4—d6, wie im Zusatz.

5. g2—g3 Se4—g3:
6. Sg1—f3 Dh4—h5
7. Th1—g1 Sg3—f5

Zu versuchen für Schwarz wäre allenfalls 7. ...., e5—f4: 8. Lc1—f4: (auf 8. h2—g3: folgt d7—d5 nebst Lc8—g4) d7—d5, 9. Lc4—b3 u. s. w.

8. Tg1—g5 Dh5—h3
9. Lc4—f7† Ke8—f7:
10. Tg5—h5 Dh3—g2
11. Th5—f5† Kf7-e8 od. g8
12. Tf5—g5 Dg2—h3
13. f4—e5: und hat das bessere Spiel.

Zusatz zur dritten Spielart.

Schwarz.

Weiss.

4. .... Se4—d6
5. Lc4—b3 e5—f4:,

um den Bauern zu behaupten, den Weiss bei e5—e4; 6. d3—e4:, Sd6—e4:; 7. Lc4—f7† mit gleichem Spiel zurückgewonnen hätte.

6. Lc1—f4: Dd8—f6
7. Sg1—h3 Df6—b2:

Weiss hätte auch 7. Dd1—c1 thun können.

8. 0—0 Db2—d4†
9. Kg1—h1 f7—f6
10. c2—c3 und steht gut, obwohl er zwei Bauern geopfert hat.

Siebentes Spiel.

1.	e2—e4	e7—e5
2.	Lf1—c4	. . . .

Die Untersuchung soll jetzt auf zwei Spielarten gerichtet werden, bei denen Schwarz den Zug d7—d5 durch 2. c7—c6 vorbereitet oder den Bauern e4 mittelst des Gambits in der Rückhand (2. f7—f5) zu entfernen sucht. Beide Varianten verfehlen aber ihren Zweck und verwickeln den Nachziehenden in eine schwierige Vertheidigung.

Erste Spielart.

2.	. . . .	c7—c6
3.	Dd1—e2	Sg8—f6
4.	f2—f4	e5—f4:
5.	e4—e5	Sf6—d5
6.	d2--d4	Lf8—e7
7.	Lc4—d5:	Le7—h4†
8.	g2—g3	f4—g3:
9.	Ld5—f7‡	Ke8—f7:
10.	De2—f3†	Kf7—e8
11.	h2—g3:	Lh4—e7

Weiss steht im Vortheil.

Zweite Spielart.

1.	(e2—e4)	(e7—e5)
2.	(Lf1—c4)	f7—f5

Es bieten sich jetzt dem Anziehenden verschiedene Züge dar. Am einladendsten erscheint 3. Lc4—g8:, dann e4—f5:; und Dd1—h5† zum Gewinn des Bauern h7. Hierbei entfernt sich aber die Dame zu sehr aus der Mitte des Spiels, als dass dieser Plan empfohlen werden könnte. Die Oeffnung der Partie durch 3. d2—d4 macht das Spiel auch nur gleich, weil Schwarz d4 schlägt und sich sicher stellt, indem er die Dame, wenn sie vor oder nach dem Tausch des Springers g8 auf d4 zurücknimmt, durch Sb8—c6 angreift. Ebenso wenig ist durch die Annahme des Gambits 3. e4—f5: zu gewinnen. Die einzigen Varianten, welche Weiss wirklich Vortheil verschaffen und damit das Mangelhafte des Zuges f7—f5 darthun, sind 2. d2—d3 und 2. Sg1—f3. Die erstere Fortsetzung ist darauf berechnet, Schwarz an der Rochade zu hindern, die letztere, welche auch aus dem Gambit gegen das Springerspiel hervorgehen kann, hat ungefähr den nämlichen Zweck, sucht aber den Gegner mehr durch den drohenden Figurenangriff zu beschränken.

Erste Fortsetzung.
(2. Spielart.)

3.	d2—d3	Sg8—f6
4.	f2—f4	e5—f4:

d7—d6 würde den Laufer einschliessen und 5. Sg1—f3 zur Folge haben.

5. Lc1—f4: f5—e4:
6. d3—e4: Dd8—e7
7. e4—e5 d7—d6
8. Dd1—e2 d6—e5:
9. Lf4—e5: c7—c6
10. Sg1—f3 mit etwas besserem Spiel.

Zweite Fortsetzung.

(2. Spielart.)

1. (e2—e4) (e7—e5)
2. (Lf1—c4) (f7—f5)
3. Sg1—f3 f5—e4:

d7—d6 betrachtet die Veränderung.

4. Sf3—e5: Dd8—g5
5. Se5—f7 Dg5—g2:
6. Th1—f1 d7—d5
7. Sf7—h8: d5—c4:
8. Dd1—h5† g7—g6
9. Dh5—h7: Lc8—e6
10. Dh7—g6† Dg2—g6:
11. Sh8—g6: Lf8—d6

Weiss hat in der hiernächst angegebenen Stellung nach dem elften Zuge einen Thurm und einen Bauern gegen einen leichten Officier gewonnen, steht aber augenblicklich sehr beengt, wesshalb wir das Spiel noch einige Züge fortsetzen, um zu zeigen, wie Weiss sich aus dieser Stellung befreit.

Schwarz.

Weiss.

12. f2—f4 e4—f3:
13. Tf1—f3: Sb8—c6
14. d2—d3 c4—d3:
15. c2—d3: Sc6—b4
16. Lc1—f4 Le6—f7,

oder Sb4—c2†; 17. Ke1—d2, Sc2—a1:; 18. Lf4—d6: und behält mindestens einen Bauern mehr.

17. Lf4—d6: c7—d6:
18. Sg6—h8 Lf7—h5
19. Tf3—f5 Lh5—g4
20. Tf5—g5 Sg8—f6
21. Ke1—d2, wonach der Springer h8 gerettet wird.

Veränderung.

(2. Fortsetzung. 2. Spielart.)

1. (e2—e4) (e7—e5)
2. (Lf1—c4) (f7—f5)
3. (Sg1—f3) d7—d6

Mit diesem Zuge ist zwar der Laufer vorläufig eingeschlossen, gelingt es aber, f5 gegen e4 so umzutauschen, dass d6—d5 später vorrücken kann, so wird Schwarz nicht allein den Laufer frei machen, sondern auch die Mitte beherrschen.

4. d2—d4 e5—d4:

Es muss hier erwähnt werden, dass auf 4. f5—e4: 5. Sf3—e5: geschieht, ohne dass der Springer genommen werden darf. Schwarz zieht vielmehr am besten 5. d6—d5, worauf aber 6. Dd1—h5†, g7—g6; 7. Se5—g6:, Sg8—f6; 8. Dh5—e5†, Lf8—e7; 9. Sg6—e7:, Dd8—e7:; 10. Lc1—g5, Sb8—d7; 11. De5—e7‡, Ke8—e7:; 12. Lc4—d5: mit Vortheil für Weiss folgt. — Die nachhaltigste Vertheidigung scheint 4. Sb8—c6; 5. Sf3—g5, Sg8—h6 zu gewähren, obgleich auch diese, mit der Fortsetzung 6. d4—d5, Sc6—e7; 7. Sb1—c3, c7—c6, Schwarz nicht ganz befriedigt.

5. Sf3—g5 Sg8—h6
6. Sg5—h7: Dd8—e7
7. Sh7—g5 f5—e4:
8. 0—0 Lc8—f5
9. Dd1—d4: Sh6—g4
10. h2—h3 Sg4—f6
11. Tf1—e1 c7—c6
12. f2—f3 d6—d5
13. Lc4—d3 und ist im Vortheil.

Wir gehen nun zu den für Weiss minder günstigen Spielarten über, die wir schon wegen ihrer verwickelten und sehr belehrenden Combinationen nicht unbeachtet lassen dürfen.

Dritte Fortsetzung.

(2. Spielart.)

1. (e2—e4) (e7—e5)
2. (Lf1—c4) (f7—f5)
3. Lc4—g8: Th8—g8:
4. e4—f5: d7—d5

Hätte Weiss 4. Sb1—c3 gezogen, so glich 4. Dd8—g5; 5. Dd1—f3, d7—d6; 6. d2—d4, Dg5—g4 oder -g6 die Partie aus.

5. Dd1—h5† g7—g6

Da Weiss einen Bauern gewonnen hat, konnte er die Deckung desselben mit 5. g2—g4 versuchen, was jedoch zu keinem günstigen Resultate führen würde: 5. g2—g4, h7—h5; 6. h2—h3, h5—g4:; 7. h3—g4:, g7—g6; 8. f5—g6:, Tg8—g6:; 9. f2—f3, e5—e4 u. s. w.

6. f5—g6: Tg8—g6:

Erstes Gegenspiel.

(3. Fortsetzung.)

7. d2—d3 Lc8—g4

Dies wäre auch der Gegenzug auf 7. g2—g3.

8. Dh5—h7: Dd8—f6
9. Dh7—c7: Sb8—c6
10. Dc7—b7: Ta8—b8
11. Db7—a6 Lg4—c8
12. Da6—a4 Tb8—b4
13. Da4—a3 Tg6—g2:

und Schwarz gewinnt.

Zweites Gegenspiel.

(3. Fortsetzung.)

Schwarz.

Weiss.

7. h2—h3 Sb8—c6

Dies ist auch der Zug gegen 7. Sg1—f3.

8. Sg1—f3 Dd8—f6
9. Sb1—c3 Lc8—e6
10. Sf3—h4 Sc6—d4
11. Sh4—g6: Sd4—c2†
12. Ke1—d1 h7—g6:

und Schwarz steht gut.

Drittes Gegenspiel.

(3. Fortsetzung.)

[S. das vorige Diagramm.]

7. Dh5—h7: Dd8—f6!

Es kann hierauf zwar noch der Bauer c7 verloren gehen, Schwarz setzt dann aber den Damenspringer in Thätigkeit und bekommt ein sehr starkes Angriffsspiel. Man vergleiche das erste Gegenspiel.

8. Sb1—c3 Tg6—g2:
9. Dh7—h5† Ke8—d8
10. Dh5—e2 Lf8—c5
11. Sc3—d1 Df6—g7
12. De2—f1 Sb8—c6
13. c2—c3 e5—e4
14. Sg1—e2 Sc6—e5

Man bemerke wohl, wie der Bauer c2—c3 die weisse Position schwächt, hingegen e5—e4 und die ausgezeichnete Stellung des Damenspringers dem Schwarzen ein sehr starkes Spiel geben. Aehnliche Positionen können auch in anderen Partieen herbeigeführt werden.

15. Se2—f4 Se5—f3†
16. Ke1—e2 Lc8—g4

und Schwarz gewinnt.

Vierte Fortsetzung.

(2. Spielart.)

1. (e2—e4) (e7—e5)
2. (Lf1—c4) (f7—f5)
3. e4—f5: Sg8—f6

Es giebt nun mehrere, aber gleich unbefriedigende Arten, den Bauern zu schützen. Am natürlichsten scheint die Deckung durch den Laufer nach Aufziehen des Damenbauern oder durch g2—g4, analog wie in den gewöhnlichen Gambitvertheidigungen.

Erstes Gegenspiel.

(4. Fortsetzung.)

4. d2—d4 e5—d4:
5. Dd1—d4: d7—d5
6. Lc4—d3 Sb8—c6

7. Dd4—e3† Ke8—f7

Schwarz zieht sehr gut den König, um den Angriff seines Thurmes gegen die feindliche Dame vorzubereiten. Dergleichen Combinationen bieten sich nicht selten dar und sind bisweilen entscheidend.

8. Sg1—e2 Lf8—b4†
9. c2—c3 Th8—e8
10. De3—g3 Lb4—d6

mit gutem Spiel.

Zweites Gegenspiel.
(4. Fortsetzung.)

1. (e2—e4) (e7—e5)
2. (Lf1—c4) (f7—f5)
3. (e4—f5:) (Sg8—f6)
4. g2—g4 d7—d5
5. Lc4—b3 h7—h5,

um die Bauern zu trennen oder Weiss zur bedenklichen Deckung f2—f3 zu veranlassen, welche ihn gelegentlich dem Schach aus h4 aussetzt.

6. g4—g5 Sf6—e4
7. h2—h4. Hätte 7. d2—d3 den Springer angegriffen, so würde Weiss den gewonnenen Bauern verloren haben, die Position wäre aber gleich gewesen.

7. . . . . Lf8—c5
8. Sg1—h3 Lc8—f5:
9. d2—d3 Lf5—h3:
10. d3—e4: Lh3—g2
11. Th1—h2 Lg2—e4:
12. f2—f3 Le4—f5
13. Dd1—d5: Dd8—d5:
14. Lb3—d5: c7—c6

u. s. w.

Das Springerspiel.

Wie das Lauferspiel besonders geeignet war, die geschlossene Aufstellung der Mittelbauern zu zeigen, so liefert die Springerpartie die belehrendsten Beispiele für den Angriff der Figuren. Allerdings tragen die daraus hervorgehenden Spiele nicht durchgehends dasselbe Gepräge. Die Combinationen sind hier so mannichfaltig, dass wir die verschiedensten Färbungen antreffen, indess lässt sich doch, wenn man die Gesammtheit der Varianten überblickt, der am allgemeinsten vorherrschende Charakter der Figurenpartie oder des offenen Spiels nicht verkennen. Namentlich zeichnet sich dieser bei denjenigen Spielarten deutlich aus, in welchen Weiss, um seinem Angriffe noch mehr Kraft zu geben, einen Bauern b2—b4 oder d2—d4 aufgiebt. Der Vertheidigende hingegen strebt, wenn er für den Nachtheil in seiner Stellung nicht durch den Besitz eines ihm überlassenen Opfers entschädigt wird, in den meisten Fällen die Spiele durch Auflösung im Centrum gleich zu machen. Mitunter werden wir auch durch eine rasche Wendung den Angriff auf ihn selbst übergehen sehen.

Der Springer g1—f3, nach welchem wir die Partie benannten, greift den Bauern e5 an. Es handelt sich daher zunächst um die Deckung des bedrohten Punktes oder um einen entsprechenden Gegenangriff. Letzterer kann nur gegen e4 gerichtet sein, muss also entweder in dem Zuge Sg8—f6 oder in den Spielarten d7—d5 oder f7—f5 bestehen. Von den Deckungen erwähnen wir, neben dem besten Gegenzuge Sb8—c6, nur d7—d6, f7—f6 und Dd8—f6, während wir Lf8—d6 und Dd8—e7 als ungeschickt übergehen. Da jedoch die Unterscheidung zwischen Gegenangriff und Deckung unwesentlich ist, wollen wir zuerst die Züge der Bauern, dann die der Officiere betrachten.

Achtes Spiel.

1. e2—e4 e7—e5
2. Sg1—f3 f7—f6?

Diese Deckung ist mangelhaft, da Weiss Lf1—c4 ziehen und die Rochade nach g8 lange hindern kann. Die folgende Angriffsart, welche man das Gambit des Damiano nennt, empfehlen wir etwas weniger, obwohl dieselbe ebenfalls gut ist.

3. Sf3—e5: Dd8—e7!,

da f6—e5:, wie die Veränderung zeigt, verderblich wäre.

4. Se5—f3. In ähnlicher Stellung kann oft mit Vortheil Dd1—h5† geschehen, hier würde aber g7—g6; 5. Se5—g6:, De7-e4‡ und dann De4—g6: einen Officier für Schwarz erobern.

4. .... d7—d5
5. d2—d3 d5—e4:
6. d3—e4: De7—e4‡
7. Lf1—e2 Lc8—f5
8. Sf3—d4 Sb8—c6
9. Sd4—f5: De4—f5:
10. 0—0 Lf8—d6
11. Le2—d3 und Weiss steht nur wenig besser.

Veränderung.

1. (e2—e4) (e7—e5)
2. (Sg1—f3) (f7—f6)
3. (Sf3—e5:) f6—e5:
4. Dd1—h5† Ke8—e7

Besser ist g7—g6, aber Weiss gewinnt auch hierauf mit 5. Dh5—e5‡, Dd8—e7; 6. De5—h8:, De7—e4‡; 7. Lf1—e2 u. s. w.

5. Dh5—e5‡ Ke7—f7
6. Lf1—c4† d7—d5
7. Lc4—d5‡ Kf7—g6
8. h2—h4 h7—h6
9. Ld5—b7: Lf8—d6

Wenn Schwarz den Laufer nähme, würde er durch 10. De5—f5 mat.

10. De5—a5 Sb8—c6
11. Lb7—c6: und gewinnt.

Neuntes Spiel.

1. e2—e4 e7—e5
2. Sg1—f3 f7—f5?

Wie bei dem S. 98 u. f. betrachteten Gegengambit ist auch hier f7—f5 schwach, denn Lf1—c4 würde uns auf die dort erwähnte zweite Fortsetzung führen. Noch stärker ist aber:

3. Sf3—e5:! Dd8—f6

Nicht Dd8—e7, weil darauf folgte: 4. Dd1—h5†, g7—g6; 5. Se5—g6:, De7—e4‡; 6. Lf1—e2, Sg8—f6; 7. Dh5—h3, Th8—g8; 8. Sb1—c3 u. s. w. Ueber 3. Sb8—c6 siehe die Veränderung.

4. d2—d4 d7—d6
5. Se5—c4 f5—e4:
6. Sb1—c3 Df6—g6

Die Schwierigkeit für das schwarze Spiel liegt darin, dass e4 nicht durch d6—d5 gedeckt werden kann. Um dies auszuführen, könnte c7—c6 oder Sg8—e7 statt Df6—g6 geschehen, Weiss schlägt dann aber nicht Sc3—e4:, obgleich dies als Erwiderung auf c7—c6 wohl zulässig wäre, sondern zieht am besten für beide Fälle d4—d5 vor, wodurch er ein freieres Spiel erlangt und e4 isolirt wird.

7. f2—f3 e4—f3:
8. Dd1—f3: Sg8—f6
9. Lf1—d3 Dg6—g4
10. Df3—e3† Lf8—e7
11. 0—0 und steht besser,

da er bei einem offenen Spiele mehr Officiere als sein Gegner in Thätigkeit gesetzt hat.

Veränderung.

1. (e2—e4) (e7—e5)
2. (Sg1—f3) (f7—f5)
3. (Sf3—e5:) Sb8—c6

Dieser Zug sieht auf den ersten Blick gewiss nicht gut aus, gewährt aber in der That viel Chance. Weiss hat die Wahl, ob er den Springer nehmen, 4. d2—d4 ziehen oder das Damenschach auf h5 geben will. 4. Se5—c6: ist nicht unbedenklich, weil Schwarz nach d7—c6: 5. d2—d4! Dd8—h4 6. e4—e5 Lc8—e6 nebst 7. . . ., 0—0—0 auf alle Fälle einen starken Angriff erhält. 4.

d2—d4 sichert dem Anziehenden etwas Vortheil und ist wohl am empfehlenswerthesten; 4. Dh5† aber führt zu den interessantesten Combinationen und soll desshalb weiter von uns ausgeführt werden.

4. Dd1—h5† g7—g6
5. Se5—g6: Sg8—f6
6. Dh5—h4

Dh5—h3 scheint nicht besser zu sein. Auf 6. Dh5—f5: aber geschieht d7—d6; 7. Df5—f3, h7—g6:

6. .... Th8—g8
7. Sg6—f8:

Besser wäre 7. e4—e5.

7. .... Tg8—g4!
8. Dh4—h6 Tg4—e4‡
9. Ke1—d1

Setzt Weiss Lf1—e2 vor, so gewinnt Schwarz zunächst einen Officier mit Dd8—e7 10. Sb1—c3 11. Sc6—d4 und demnach auch den eingeschlossenen Sf8.

9. .... Sf6—g4!
10. Dh6—h5† Ke8—f8:
11. Dh5—f5‡ Kf8—g7
12. b2—b3! d7—d5
13. Lc1—b2† d5—d4
14. Df5—f3 Dd8—h4
15. g2—g3 Sc6—e5!
16. Df3—g2 Dh4—f6
17. f2—f4 Lc8—f5

(Siehe nächstes Diagramm.)

Der Lauferzug nach f5 scheint die Partie in allen Varianten zu gewinnen. Wir empfehlen die

(Stellung nach den 17. Zuge von Schwarz.)

Schwarz.

Weiss:

hochinteressante Stellung zu eingehendem Studium.

18. Lf1—e2

f4—e5: darf wegen Sg4—f2† 19. Dg2—f2: Lf5—g4† nicht geschehen. Auf Lf1—d3 gewinnt Schwarz mit Se5—d3: 19. c2—d3:, Df6—c6.

18. .... Te4—e2:
19. f4—e5:

Schwarz gewinnt auch wenn Weiss den Thurm schlägt. 19. Kd1—e2:, Se5—c4; 20. b3—c4:, d4—d3†; 21. c2—d3:, Df6—b2:.

19. .... Lf5—c2‡
20. Kd1—c1 Df6—a6
21. Dg2—f3 Lc2—g6!
22. Lb2—d4: Te2—e4
23. Df3—c3 c7—c5
24. Dc3—c5:

Ld4—e3 gewährte noch längere Vertheidigung.

24. .... Da6—d3

25. Dc5—c7† Kg7—g8
26. Ld4—b2 Ta8—f8
27. Lb2—a3.

Nur selten werden sich in einer Partie so viele Opfermöglichkeiten bieten, wie in dieser. That Weiss 27. Th1—d1, so folgte Sg4—f2! 28. e5—e6 (droht ‡!) Dd3—b1‡! und Schwarz setzt nach Tb1: in fünf Zügen mat oder gewinnt nach Kb1: mit Te4—c4†.

27. .... Sg4—e3!

Ein sehr schöner Zug.

28. d2—e3: Dd3—e3‡
29. Sb1—d2! Te4—d4
30. Th1—d1 b7—b5!

Weiss kann nun den folgenden tödtlichen Zug des Gegners nicht mehr verhüten.

31. La3—f8: Td4—c4†
32. Dc7—c4: b5—c4:
33. Lf8—b4

Wenn Kc1—b2, so c4—c3+; 34. Kb2—a3, Kg8—f8: und Schwarz erobert noch den Springer.

33. .... c4—c3

und Weiss ist verloren.

(34. a2—a4! De3—d3
35. Ta1—a2 c3—d2‡
36. Kc1—b2 Dd3—c2†!)

Dieses Spiel gewann Hertzsprung in Kopenhagen gegen F. W. Blehr.

Zehntes Spiel.

1. e2—e4 e7—e5
2. Sg1—f3 d7—d5

Diese Vertheidigung ist unvortheilhaft. Wenn 3. e4—d5:! und Dd8—d5: folgt, wird die Dame durch Sb1—c3 veranlasst, nach e6 zu gehen, worauf Lf1—b5† mit guter Entwickelung für Weiss geschieht, oder die Dame geht nach a5 und es folgt 4. Lf1—c4, Sb8—c6; 5. h2—h3, Lf8—b4; 6. Sf3—g5, wobei Schwarz das Spiel auch noch nicht ganz ausgleichen kann. Bei 3. e4—d5:, e5—e4; 4. Dd1—e2, Dd8—e7; 5. Sf3—d4, Sg8—f6; 6. Sb1—c3 bleibt Schwarz ebenfalls im Nachtheile. Die folgende Spielart gestattet ihm aber eine hinreichend gute Entwickelung.

3. Sf3—e5: Dd8—e7

Letzeres geschieht, um den Springer e5 zum Rückzuge zu nöthigen, 3. Lf8—d6; 4. d2—d4, d5—e4: wäre aber bequemer.

4. d2—d4 f7—f6

5. Se5—f3. Hier konnte Sb1—c3 folgen, ein Zug, welcher zwar den Springer e5 aufgab, aber einen starken Angriff gewährte.

Die Combinationen, welche aus diesem Opfer entspringen, würden uns jedoch zu weit führen.

5. . . . . d5—e4:

6. Sf3—d2 f6—f5

Wir führen diese Partie namentlich desshalb aus, weil sie ein im gegenwärtigen Abschnitte seltenes Beispiel eines geschlossenen Spiels bildet, in welchem überdies die Rochade von beiden Theilen angegriffen wird.

7. Lf1—e2 Sb8—c6

8. Sd2—b3 Sg8—f6

9. 0—0 De7—f7

Die zweiten Felder der Laufer sind, wenn es auf die Unterstützung und das Vorrücken der Bauern ankommt, gute Posten für die Dame.

10. c2—c4 Lc8—d7

11. Lc1—f4 0—0—0

12. Sb1—c3 h7—h6

13. a2—a3 g7—g5

14. Lf4—d2 f5—f4

Jetzt scheint Schwarz im Vortheil zu sein, da er zuerst den Angriff mit den Bauern beginnt.

15. d4—d5 Sc6—e5

16. Sb3—d4 Lf8—c5

17. Ld2—e1 Th8—g8

18. b2—b4 Lc5—e7

19. f2—f3 e4—e3

Ein so weit vorgedrungener und unterstützter Freibauer pflegt sehr stark zu sein; dennoch war der Zug f2—f3, zu welchem wir ein Diagramm geben, nicht unrichtig. Es ist nämlich rathsam, wenn der Rochade ein Angriff wie der gegenwärtige droht, ihn nicht hinter drei Bauern zu erwarten, sondern, um Raum zu gewinnen, den Lauferbauern einen oder wo möglich zwei Schritte entgegen zu ziehen.

(Stellung nach d. 18. Zuge v. Schwarz.)

Schwarz.

Weiss.

20. Dd1—b3 g5—g4

21. c4—c5 g4—f3:

22. Sd4—f3: Se5—f3†

23. Le2—f3: Sf6—g4

24. Db3—c4 Kc8—b8

25. Dc4—e4. Die Stellung der Dame vor dem Laufer zum nachdrücklichen Angriff gegen die Rochade ist wohl zu beachten.

25. . . . . Td8—e8

26. d5—d6 Ld7—c6

27. De4—d4 Lc6—f3:

28. Tf1—f3: Le7—g5

29. Sc3—b5 c7—c6

30. d6—d7 Te8—e6

31. Le1—g3 c6—b5:

Nähme Schwarz nicht den Springer, sondern den Laufer g3, so würde Weiss durch die Eroberung der Dame keinen Vortheil haben, wohl aber gewinnen, wenn er Dd4—g4: zöge. Jetzt entscheidet

32. Lg3—f4†.

Es muss sich hier die Frage aufdrängen, worin der Grund für den Verlust des schwarzen Spiels zu suchen sei? Schwarz ist mit dem Bauern g5 zu früh vorgerückt und hat dadurch den Bauern f4 seiner Stütze beraubt, während die Officiere zum Angriff auf die feindliche Rochade noch nicht hinreichend geordnet waren. Es gelang so dem Weissen, Vertheidigung und Angriff günstig zu verbinden. Die hier gegebene Partie wurde zwischen Jaenisch und Petrow gespielt.

Elftes Spiel.

Wollte man als Princip hinstellen, dass Springer nicht eher auf die dritte oder sechste Reihe gezogen werden dürfen, bis sie dort keine Bauern mehr im Vorrücken hindern, so müsste der Angriff der Springerpartie unrichtig erscheinen. Diesen Satz hat nun wirklich die französische Schule zur Zeit Philidor's ausgesprochen und die Vortheile nachzuweisen versucht, welche Schwarz durch ein strenges Befolgen des obigen Grundsatzes mit dem Gegenzuge 2. d7—d6 erlangen könne. Man erkannte hierbei wohl, dass der Angriffslaufer f8 eingeschlossen werde; man hoffte aber, überhaupt ein geschlossenes Spiel herbeizuführen, darin durch f7—f5 den weissen Königsbauern zu entfernen und dann e5 gegen den Springer und d6—d5 vorrücken zu können. Der Laufer f8 wäre so befreit und die Mitte mit den Bauern eingenommen worden. Dass jedoch die Mittelbauern nicht zu behaupten seien und dass aus dem Zuge f7—f5 nachtheilige Folgen für Schwarz entstehen, war unbeachtet geblieben. Wenn nun aber das Gegengambit (3. f7—f5) unterlassen werden muss, so ergiebt sich einfach, dass d7—d6 das Spiel des Vertheidigenden mehr als das des Anziehenden behindert und dass der Zug Sg1—f3, der hierzu die Veranlassung gab, keinen Tadel verdient. Indess folgt noch keineswegs, dass die Vertheidigung zum Verlust führen muss, vielmehr ist 2. d7—d6 sicher, nur mit einer langsamen und an lebhaften Combinationen minder reichen, daher auch namentlich für den Anziehenden weniger interessanten Entwickelung verbunden. Als Vertheidigungsspiel wird 2. d7—d6 mitunter gewählt, um den Ueberraschungen vorzubeugen, welche lebhaftere Varianten in der Springerpartie Seiten des Anziehenden bringen könnten.

1. e2—e4 e7—e5
2. Sg1—f3 d7—d6

Die Eröffnung wird Springerspiel des Philidor genannt.

Erster Angriff.

3. d2—d4. Der Zug Lf1—c4 ist Gegenstand des 2ten Angriffs.

3. .... f7—f5?

Oder 3. e5—d4: und 3. Sg8—f6!, wie in den Veränderungen. Die Spielart 3. f7—f5 lässt die Fortsetzung 4. d4—e5:, aber auch 4. Lf1—c4 zu, durch welchen letzteren Zug wir zu den Varianten des zweiten, ebenfalls für Weiss vortheilhaften Angriffs kämen. Einen gleichfalls sehr starken Angriff gewährt 4. Sb1—c3.

4. d4—e5:! f5—e4:
5. Sf3—g5 d6—d5
6. e5—e6! Sg8—h6

Dieser Zug ist nothwendig, denn auf Lf8—c5 würde sich Weiss mit 7. Sb1—c3 das bessere Spiel sichern. Weniger gut wäre 7. Sg5—e4:, wonach Schwarz das Spiel mit Lc5—e7! schliesslich ausgliche.

Erste Fortsetzung.

7. f2—f3. Diese Spielart ist nicht wirksamer als c2—c4 oder 7. Sg5—h7:, Lc8—e6; 8. Sh7—f8:, Ke8—f8:; 9. Lc1—h6:, Th8—h6: u. s. w. und 7. Dd1—h5†, g7—g6; 8. Dh5—h3, Dd8—f6; 9. c2—c4, d5—d4 mit gleichem Spiel. Bei dem Angriff 7. f2—f3 muss Schwarz davon absehen, den Bauern auf e4 zu behaupten, und denselben sogleich mit e4—e3 vorrücken. Die richtige Fortsetzung des Angriffs für W. ist 7. Sb1—c3, wodurch das Centrum der Schw. bedroht und zugleich ihr ganzes Spiel in eine bedrängte Lage gebracht wird, da sich in den meisten Fällen ein offenes Feld für die weissen Angriffe darbietet, während Schwarz noch mit der Eroberung von e6 sich beschäftigen muss.

Vereinzelte, in das feindliche Spiel vorgedrungene Bauern, wie e6, können zwar gewöhnlich öfter angegriffen als gedeckt werden, aber es bedarf hierzu mehrerer Momente, und diese kann der

Gegner, wenn er von dem ferneren Schutze des Bauern absieht, nicht selten vortheilhaft benutzen. Die zweite Fortsetzung mag hierzu als Beispiel dienen. Wir kehren jetzt zu 7. f2—f3 zurück.

7. .... Sb8—c6?

Auf Lf8—e7 folgt 8. f3—e4:, 0—0; 9. Dd1—d5:, Dd8—d5:; 10. e4—d5:, Tf8—f5; 11. Sg5—e4 u. s. w. Der Zusatz betrachtet 7. Lf8—c5 und e4—e3!

8. Lf1—b5 Dd8—d6
9. Sb1—c3 Lc8—e6:
10. Sg5—e6: Dd6—e6:
11. Dd1—d5: De6—d5:
12. Sc3—d5: 0—0—0
13. f3—e4: und bleibt im Vortheile.

Zusatz zum ersten Angriff.

Schwarz.

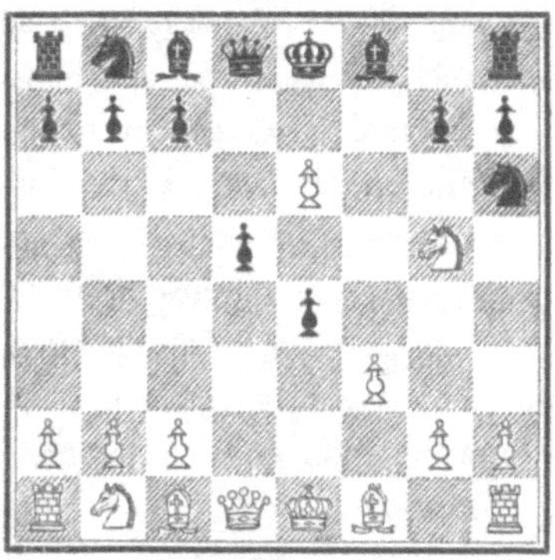

Weiss.

7. .... Lf8—c5?
8. f3—e4: 0—0
9. e4—d5:! Tf8—f5
10. Sb1—c3 Tf5—e5†

Bei Tf5—g5:; 10. Lc1—g5:, Dd8-g5:; 11. Dd1—f3 behält Weiss ebenfalls das bessere Spiel. Dasselbe wäre bei 10. Lc5—f2†; 11. Ke1—e2 wegen der Stärke der weissen Bauern der Fall.

11. Sc3—e4 Te5—d5:
12. Lc1—d2 Lc8—e6:
13. Lf1—c4 Sb8—a6
14. Dd1—f3 und gewinnt.

Die beste Antwort des Schwarzen auf 7. f2—f3, ist wie schon erwähnt wurde, der folgende Zug 7. e4—e3.

7. .... e4—e3!

8. Lc1—e3:. Bei 8. f3—f4, Dd8—f6; 9. Dd1—d5:, Df6—f4: verliert Weiss auch seinen vorgerückten Königsbauern e6.

8. .... Lf8—e7
9. f3—f4 Le7—g5:
10. f4—g5: Sh6—f5
11. Le3—c5 Lc8—e6:
12. Dd1—e2 Dd8—d7
13. g2—g4 Sf5—e7
14. Sb1—c3 Sb8—c6
15. h2—h3 0—0—0
16. b2—b4 Se7—g6
17. b4—b5 Sc6—e5
18. Lc5—a7: Td8—e8
19. 0—0—0 Dd7—d6
20. De2—e3 b7—b6

und Schwarz ist im Vortheil.

Zweite Fortsetzung.
(1. Angriff.)
[S. das nächste Diagramm.]

7. Sb1—c3! c7—c6

Bei Lf8—b4 folgte zum Nachtheil

(Stellung vor dem 7. Zuge von Weiss.)

Schwarz.

Weiss.

für Schwarz 8. Dd1—h5†, Ke8—f8; 9. Sg5—f7, Dd8—e8; 10. Dh5—d5:, Sh6—f7:; 11. e6—f7:, De8—c6; 12. Lf1—c4.

Der Angriff gegen c7 – c6 kann in doppelter Weise, mit dem Opfer eines Springers auf e4 oder correcter, jedoch minder lebhaft, mit 8. Sg5—h7: weiter geführt werden.

8. Sg5—e4: d5—e4:

Bei Lc8—e6: gewänne Weiss durch 9. Lc1—h6: mindestens einen Bauern.

9. Dd1—h5† g7—g6
10. Dh5—e5 Th8—g8
11. Lc1—h6:

Auf 11. Lc1—g5 folgt Lf8—g7! 12. De5—f4, Tg8—f8!

11. ..... Lf8—h6:
12. Ta1—d1 Dd8—e7
13. Lf1—c4 Lh6—g7
14. De5—e4: Lg7—c3‡
15. b2—c3: b7—b5
16. Lc4—b3 a7—a5
17. a2—a4 b5—a4:
18. Lb3—c4 Lc8—a6!

und es fragt sich doch, ob Weiss im Stande sein wird, dem materiellen Uebergewicht des Gegners die Spitze zu bieten.

Dagegen wäre z. B. 8. Sg5—h7:! Lc8—e6:; 9. Sh7—f8:, Ke8—f8:; 10. Sc3—e4:, Sh6—g4; 11. Se4—g5, Dd8—e7; 12. h2—h3, Le6—f5†; 13. Lf1—e2, Sb8—d7; 14. 0—0 entschieden zu Gunsten von Weiss.

Erste Veränderung.

(1. Angriff.)

1. (e2—e4) (e7—e5)
2. (Sg1—f3) (d7—d6)
3. (d2—d4) e5—d4:

Wenn Schwarz das Gambit unterlässt, bleibt ihm die Wahl zwischen verschiedenen Spielarten: e5—d4:, Sg8—f6! oder minder gut Lc8—g4, von denen aber selbst die beste doch den Nachtheil seiner Stellung nicht sogleich aufhebt. Weiss wirkt darauf hin, dass d6 so lange als möglich zurückbleibt; bei dem Gegenzuge Lc8—g4 ist aber auch 4. d4—e5: gut. Nach 3. e5—d4: kann 4. Lf1—c4, Sg8—f6! oder Sb8—c6; 5. Sf3—d4:, Sc6—d4:; 6. Dd1—d4:, Sg8—e7 oder Lc8—e6; 7. Sb1—c3 folgen.

4. Dd1—d4: Sg8—f6
5. Sb1—c3. Eine andere

Fortsetzung wäre 5. e4—e5, d6—e5:; 6. Dd4—d8‡, Ke8—d8:; 7. Sf3—e5:, Lf8—b4†; 8. Sb1—c3, Lb4—c3‡; 9. b2—c3:, Th8—e8; 10. Lc1—f4, Lc8—e6; 11. 0—0—0†, Sb8—d7; 12. Lf1—b5, c7—c6; 13. Lb5—c4, Sf6—d5.

5. .... Lc8—g4

Am meisten zu empfehlen ist wohl Lf8—e7; 6. Lc1—e3, Lc8—d7; 7. Lf1—c4, Sb8—c6; 8. Dd4—d2, Sc6—e5 u. s. w.

6. Lc1—e3. Der Doppelbauer, welcher auf f3 entstehen kann, ist nicht nachtheilig; die offene g-Linie würde den Gegner sogar hindern, nach g8 zu rochiren. Weiss behält die Wahl, nach der Königs- oder Damenseite zu rochiren und steht, indem er vier Reihen des Bretes beherrscht, etwas bequemer.

Wir geben noch eine Variante vom 4ten Zuge ab, um daran zu zeigen, wie Schwarz mitunter selbst zum Angriff übergehen kann.

4. (Dd1—d4:) Es ist für Weiss gut, aber nicht unbedingt nothwendig, mit der Dame zu nehmen. Im Zusatz betrachten wir 4. Sf3—d4:

4. .... Sb8—c6.

Indem Schwarz den Springer schon jetzt zieht, giebt er dem Weissen Gelegenheit, Lf1—b5 zum Tausch zu thun. Es ist aber in vielen Fällen für Schwarz wünschenswerth, den Damenspringer zu behalten, da derselbe von c6 nach e5 gehen und dort beim Tausch die Hinüberführung des Bauern d6 nach e5 veranlassen kann, welche nicht allein dem Laufer f8 einen freien Ausgang öffnet, sondern auch gegen den Zug f2—f4, den Weiss fortwährend beabsichtigt, sich thätig erweisen kann. Es ist unter diesen Umständen anzurathen, dass Schwarz zunächst 4. Lc8—d7 als vorbereitenden Zug spielt. Darauf kann dann folgen: 5. Lf1—c4, Sg8—f6; 6. e4—e5, Sb8—c6; 6. Dd4—d3, d6—e5:; 8. Dd3—b3, Dd8—e7; oder 5. Lc1—g5, Sg8—f6; 6. Lg5—f6:, Dd8—f6:; 7. Dd4—f6:, g7—f6:; 8. Sb1—c3, Sb8—c6; 9. 0—0—0, Lf8—h6†; 10. Kc1—b1, 0—0—0 mit gleichem Spiel.

5. Lf1—b5 Lc8—d7
6. Lb5—c6: Ld7—c6:
7. Lc1—g5 f7—f6.

Es könnte auch Sg8—f6 geschehen. Schwarz bleibt aber bei richtigem Spiele des Gegners beengt.

8. Lg5—h4. Der Laufer ginge wohl besser nach c3 zurück, schon desshalb, weil er auf h4 dem Angriff der feindlichen Bauern ausgesetzt bleibt und dieser, namentlich gegen die kurze weisse Rochade, von wichtigen Folgen sein könnte.

8. .... Sg8—e7
9. 0—0 Se7—g6

10.	Lh4—g3	Dd8—d7
11.	Sb1—c3	h7—h5
12.	h2—h3	h5—h4
13.	Lg3—h2	Sg6—e5
14.	Sf3—d2	g7—g5

15. f2—f3. Mit diesem Zuge richtet Weiss sich auf die Vertheidigung ein; es wäre aber besser gewesen, f2—f4, g5—f4:; 16. Tf1—f4: zu thun. Die dadurch geöffnete g-Linie hätte Schwarz, dessen Spielentwickelung noch etwas im Rückstande ist, schwerlich benutzen können.

Wir benutzen diese Gelegenheit, um daran zu erinnern, dass sich häufig Momente finden, in denen eine Bestimmung über das weitere Verhalten in Bezug auf Angriff oder Vertheidigung getroffen werden muss. Es zeigt sich dem einen Spieler z. B. die Wahrscheinlichkeit oder vielleicht auch bereits die Gewissheit, dass sein Angriff nicht durchführbar ist und schliesslich zum eigenen Nachtheil ausfallen muss. In dergleichen Fällen empfiehlt es sich, freiwillig und bestimmt zur Vertheidigung überzugehen, so lange die Kräfte noch ungeschwächt sind, denn es wäre ein grosser Fehler, wollte man auf noch unbekannte, günstige Wendungen hoffen oder erst abwarten, ob der Gegner auch merken wird, dass er seinerseits entschiedener auftreten kann. Jede Unsicherheit ist so viel wie möglich zu vermeiden; sie wirkt nicht allein schädlich in der einzelnen Partie, in der sie vorkommt, sondern sie hat auch einen weiter hinausreichenden Einfluss, der für die Zukunft die Zuversicht in die eignen Kräfte schwächt, während er das Sicherheitsgefühl des Gegners hebt. Diese moralische Wirkung im Spiel ist nicht ganz unberücksichtigt zu lassen.

Nicht selten kommt es vor, dass Entwürfe durch einen Fehler oder durch einen unerwarteten Zug des Gegners zu Schanden werden. Dabei kann es dann nichts helfen, in dem in Unordnung gekommenen Spiele über die Folgen einer andern, nicht eingetretenen Wendung nachzugrübeln, oder aber vorläufig noch einen Zug zu thun, der zur Hälfte eine auf die früheren Umstände sich beziehende Combination verfolgt, als könne noch nicht alles vereitelt sein oder als erwarte man, der Gegner werde vielleicht den ganzen Umfang des vorliegenden Umschlags nicht erkennen. In solcher Lage ist es vielmehr geboten, mit Ruhe die neue Stellung zu betrachten und nach Umständen den bisherigen Absichten ganz zu entsagen. Es ist beispielsweise besser, die Dame für eine nicht ganz hinreichende

Compensation hinzugeben, aber damit, oder auf andere Art, eine möglichst langwierige Vertheidigung einzuleiten, als sich auf den unzulänglichen Schutz von verlorenen Posten oder das Behaupten einer zerrütteten Stellung einzulassen, um nur im Augenblick noch die Gleichheit der Streitkräfte beizubehalten. Vor Allem ist aber jeder Missmuth über die erlittene Enttäuschung zu vermeiden. Man muss, wenn man in Nachtheil gekommen ist, mit thunlichster Sammlung der Kräfte dahin streben, dem Gegner den Sieg so schwer wie möglich zu machen. Diese feste Haltung gewährt die meiste Aussicht, die Partie wieder herzustellen, falls der Gegner etwa, wie es im Vortheil wohl geschieht, unvorsichtig weiter spielt.

Ganz anders stellt sich freilich das Verhältniss, wenn die Position, in die man gerathen ist, gar keine Aussicht auf einen nachhaltigen Widerstand, wohl aber noch die Möglichkeit darbietet, den Angriff gewaltsam fortzuführen. Hier mag es gerathen sein, Alles daran zu setzen, um den Gewinn stürmisch und vielleicht mit Benutzung eines noch hinzutretenden Versehens des Gegners zu erringen. Fälle dieser Art bilden aber immer die Ausnahme.

15.	....	b7—b6
16.	Lh2—e5:	f6—e5:
17.	Dd4—d3	0—0—0
18.	Sd2—c4	Lc6—b7

Die Durchführung des Angriffsplanes gegen die weisse Rochade verlangt das Vorrücken des Bauern d6—d5; der Zug des Bauern c7—c6 soll dies unterstützen. Weiss bringt hingegen seinen Springer c4 nach e3 zur Vertheidigung.

19.	Tf1—d1	c7—c6
20.	a2—a4	Dd7—e6
21.	Sc4—e3	Th8—h7
22.	Se3—e2	Th7—d7
23.	c2—c4	d6—d5
24.	c4—d5:	c6—d5:
25.	Td1—c1†	Kc8—b8

Hier kommt auch 25. Lf8—c5 in Betracht. Wir geben zu diesem Zuge ein Diagramm.

Schwarz.

Weiss.

Es geschieht nun 26. b2—b4, d5—e4:; 27. Dd3—c4 (auf Dd3—c3 folgt Td7—d3), Td7—d1†;

28. Kg1—h2, De6—c4:; 29. Se3—c4:, Td1—c1:; 30. Ta1—c1:, Lc5—b4: und gewinnt durch die Stärke seiner Läufer und Bauern.

26. e4—d5: Lb7—d5:
27. Se3—d5: Td7—d5:
28. Dd3—e4 Lf8—c5†
29. Kg1—h2 a7—a5
40. f3—f4. Dieser Zug ist nicht gut, Weiss befindet sich aber überhaupt schon im Nachtheil.
30. .... g5—g4
31. h3—g4: De6—g4: Hätte Weiss 31. f4—f5 gespielt, so geschah g4—g3† und Schwarz hielt den König in der Ecke gefangen.
32. Tc1—c2 e5—f4:
33. Ta1—f1 Lc5—d6
34. Tf1—f3 Ld6—c7
35. Tc2—c7: In der gegenwärtigen Lage wohl das Beste.
35. .... Kb8—c7:
36. Se2—f4: Kc7—b8
37. Tf3—b3. Weiss könnte die Dame aufgeben, um dann, wo möglich, eine sichere Position mit vereinfachtem Spiel zu gewinnen. Nämlich: 37. De4—d5:, Td8—d5:; 38. Sf4—d5:, Dg4—a4:; 39. b2—b3, Da4—c6 u. s. w. Weiss wird noch beträchtlichen Widerstand leisten und mag selbst, obgleich die Dame stärker als Thurm und Springer zu sein pflegt, das Spiel unentschieden machen, wenn es ihm gelingt, b3 und den Springer gegen die beiden schwarzen Bauern der Damenseite hinzugeben. Endspiele der einzelnen Dame gegen zwei Officiere müssen beiderseits mit der grössten Aufmerksamkeit geführt werden. Wir geben hierzu ein Beispiel beim „Zug des Lopez“. Die Dame und ein Officier haben ein etwas leichteres Spiel gegen Thurm und zwei Officiere, als die Dame allein gegen Thurm und einen Officier.

37. .... Kb8—a7
38. De4—e3 Td5—d6
39. Tb3—c3 Td8—c8
40. Tc3—b3 Tc8—c4
41. Sf4—h3 Td6—g6
42. De3—d2 Tc4—a4:
43. Tb3—d3 Tg6—g7
44. Td3—f3 Dg4—g3†!
45. Kh2—h1 Ta4—a1†
46. Sh3—g1 Ta1—g1‡
47. Kh1—g1: Dg3—f3: und gewinnt.

Zusatz zur ersten Vertheidigung. (1. Angriff.)

4. Sf3—d4: d6—d5

[S. das nächste Diagramm.]

Die folgende Ausführung gleicht das Spiel gänzlich aus, so dass 4. Sf3—d4: minder kräftig erscheint.

5. e4—d5: Dd8—d5:
6. Dd1—e2† Lf8—e7
7. Sd4—b5 Sb8—a6

(Stellung nach dem 4. Zuge von Schwarz.)

Schwarz.

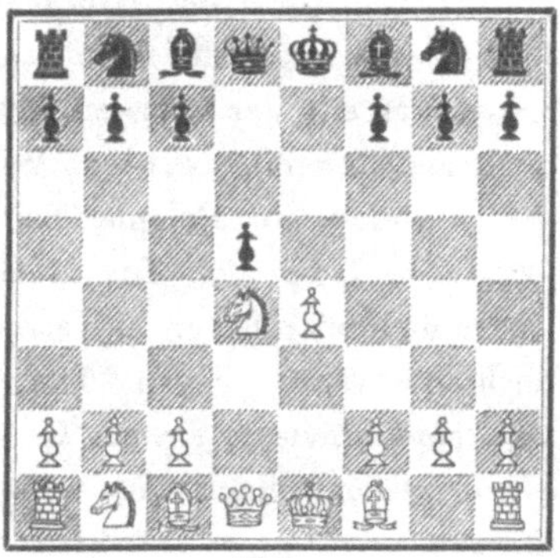

Weiss.

8. Sb1—c3 oder 8. Lc1—f4, Dd5—d8; 9. Lf4—e5, Sg8—f6; 10. Le5—f6:, g7—f6:; 10. Sb1—c3, 0—0 ohne dass Weiss einen merklichen Vortheil erlangen kann.

8.	. . .	Dd5—d8
9.	Lc1—f4	Sg8—f6
10.	Ta1—d1	Lc8—d7
11.	De2—e5	0—0
12.	Sb5—c7:	Sa6—c7:
13.	De5—c7:	Dd8—c7:
14.	Lf4—c7:	Tf8—e8
15.	Lf1—e2	Le7—b4

mit gleichem Spiel.

Zweite Veränderung.

(1. Angriff.)

1.	(e2—e4)	(e7—e5)
2.	(Sg1—f3)	(d7—d6)
3.	(d2—d4)	(Sg8—f6)

Mit diesem Zuge werden einige für Schwarz minder bequeme Varianten umgangen. Folgt darauf 4. d4—e5:, Sf6—e4:, so gleicht 5. Lf1—d3, Se4—c5 oder 5. Lf1—c4, c7—c6; 6. 0—0, d6—d5; 7. Lc4—d3, Se4—c5 das Spiel aus. Das Nämliche wäre auch der Fall bei 4. Lf1—c4, e5—d4:; 5. Sf3—g5, Lc8—e6; 6. Lc4—e6:, f7—e6: u. s. w.

4. Sb1—c3 e5—d4:

Minder gut wäre Lc8—g4; 5. d4—e5:, Lg4—f3:; 6. g2—f3:, d6—e5:; 7. Dd1—d8†, Ke8—d8:; 8. Th1—g1 u. s. w.

5. Sf3—d4:. Die Fortsetzung 5. Dd1—d4:, Lf8—e7; 6. Lc1—e3, 0—0 oder Lc8—d7 führt auch zur Ausgleichung.

5. . . . . Lf8—e7

Es kann auch d6—d5 geschehen.

6. Lf1—d3, oder 6. f2—f4, d6—d5; 7. e4—e5, Sf6—g4; 8. Lf1—e2, Sg4—h6; 9. 0—0, Le7—c5; 10. Kg1—h1, Lc5—d4:; 11. Dd1—d4:, Lc8—e6; 12. Le2—d3, Sb8—c6; 13. Dd4—c5, Dd8—e7 mit gleichem Spiel.

6.	. . . .	0—0
7.	0—0	c7—c5

Die Vertreibung des Springers von d4 scheint rathsam, wenngleich der rückständige Bauer d6 auf der, für Weiss offenen Mittellinie ein bleibender Nachtheil in der schwarzen Stellung zu werden droht. Uebrigens könnte Schwarz aber 7. Lc8—d7 thun.

8. Sd4—e2 Sb8—c6

9. Se2—f4 Sc6—e5
10. Sf4—d5 Lc8—e6
11. Lc1—f4 Se5—d3:
12. Sd5—e7‡ Dd8—e7:
13. Dd1—d3: Tf8—d8
14. Sc3—d5 mit ungefähr gleichem, oder doch wohl nur wenig besserem Spiel.

Zweiter Angriff.

1. (e2—e4) (e7—e5)
2. (Sg1—f3) (d7—d6)
3. Lf1—c4 f7—f5?

Auch hier ist das Gambit gewagt: wir haben dasselbe bereits S. 99 betrachtet. Die folgenden Züge mögen weniger als Ausführung, wie zur Belehrung darüber dienen, dass man oft mit Vortheil einen Officier opfert, um den feindlichen König auf das offene Feld zu bringen.

4. d2—d4! Lf8—e7

oder f5—e4:, wie im Zusatz.

5. d4—e5: f5—e4:
6. Dd1—d5. Die Dame, welche jetzt vom Laufer unterstützt wird, ist aus d5 sehr wirksam, zumal wenn der Königsbauer, nicht wie hier durch f5—e4:, sondern Sf6—e4: genommen ist. Fälle der letzteren Art bieten sich öfters dar.
6. . . . . e4—f3:
7. Dd5—f7† Ke8—d7
8. Lc4—e6† Kd7—c6
9. Df7—f3‡ d6—d5
10. Le6—c8: Dd8—c8:
11. c2—c4 Le7—b4†
12. Lc1—d2 Lb4—d2‡
13. Sb1—d2: Sg8—e7
14. c4—d5‡ Kc6—b6
15. Df3—b3† und gewinnt leicht.

Zusatz zum zweiten Angriff.

1. (e2—e4) (e7—e5)
2. (Sg1—f3) (d7—d6)
3. (Lf1—c4) (f7—f5)
4. (d2—d4) f5—e4:
5. Sf3—e5:! d6—e5:

Bei d6—d5 würde Weiss mit Dd1—h5†, wie schon erwähnt ist, einen Bauern erobern.

6. Dd1—h5† Ke8—d7
7. Dh5—f5† Kd7—c6
8. Df5—e5: a7—a6
9. d4—d5† Kc6—b6
10. Lc1—e3† und gewinnt in allen Fällen.

Erste Veränderung.

(2. Angriff.)

1. (e2—e4) (e7—e5)
2. (Sg1—f3) (d7—d6)
3. (Lf1—c4) c7—c6
4. d2—d4! d6—d5, in der Absicht, das Spiel aufzulösen.
5. e4—d5: e5—e4
6. Sf3—e5 c6—d5:
7. Lc4—b5† Lc8—d7

Auf Sb8—d7 geschähe mit Vortheil 8. Sb1—c3.

8. Dd1—h5 g7—g6

9. Se5—g6: f7—g6:
10. Dh5—e5† Ke8—f7
11. De5—d5‡ Kf7—g7
12. Dd5—b7: und ist im Vortheil. Es könnte übrigens das weisse Spiel wohl noch verstärkt werden, wenn Dd1—h5 schon, als der Laufer c4 angegriffen wurde, um einen Zug früher geschah.

Zweite Veränderung.

(2. Angriff.)

1. (e2—e4) (e7—e5)
2. (Sg1—f3) (d7—d6)
3. (Lf1—c4). Lc8—e6

Am meisten zu empfehlen ist 3. Lf8—e7. — Ginge der Laufer c8 aber nach g4, so folgt, wie auf h7—h6, c2—c3 und dann Lg4—f3:; 5. Dd1—f3:, Sg8—f6; 6. d2—d4. Ohne die Stellung der Schwarzen gerade für bedenklich zu halten, muss man doch dem weissen Spiele den Vorzug einräumen.

4. Lc4—e6: f7—e6:
5. c2—c3, wodurch Dd1—b3 möglich wird und, in Verbindung damit, Sf3—g5 mehr Bedeutung erlangt.
5. .... Sb8—c6
6. d2—d4. Weiss behält ein freieres Spiel. Bei 6. Dd1—b3, Dd8—c8; 7. Sf3—g5 wäre nun Sc6—d8, aber nicht Ke8—e7 geschehen, denn auf letzteren Zug hätte 8. Sg5—e6: mit Erfolg nehmen können.

Zwölftes Spiel.

Wir wenden uns jetzt zu den Gegenzügen der Officiere auf Sg1—f3, nämlich Dd8—f6, Sg8—f6 und Sb8—c6. Der erste ist nicht zu loben, weil die Dame auf f6 den Springer von seinem natürlichsten Ausgange abhält, und es noch weniger gut wäre, sie bei dieser Spielart auf ein anderes Feld, etwa von f6 nach g6, zu ziehen. Weiss antwortet in diesem Falle mit 3. Lf1—c4 und 4. 0—0, da der Bauer e4, wegen der gefährlichen Combination Lc4—f7‡ und Sf3—g5, gegen die Dame geschützt ist. Weiss setzt bei der Spielart 2. Dd8—f6 seine Officiere rascher als Schwarz in Thätigkeit und ist im Vortheil.

Hingegen kann das Spiel mit Sg8—f6 eben so vollkommen, wie mit der bei weitem mehr üblichen Deckung Sb8—c6, deren Analyse wir im 13ten Spiele beginnen, vertheidigt werden.

1. e2—e4 e7—e5
2. Sg1—f3 Sg8—f6

Diese Eröffnung führt den Namen des russischen Springerspiels.

Erster Angriff.

3. d2—d4 Sf6—e4:!

Es scheint uns weniger gut, den Bauern d4 mit dem Bauern zu nehmen, weil 4. e4—e5, Sf6—e4, und nun 5. Dd1—e2 folgen würde. Uebrigens bemerken wir, dass der gewöhnlichste und auch der beste Zug für Weiss nicht 3. d2—d4, sondern der nachher zu betrachtende 3. Sf3—e5: war. 3. Lf1—c4 würde uns zum Lauferspiel zurückführen.

4. Lf1—d3 d7—d5
5. Sf3—e5: Lf8—d6

Es wäre hier wohl besser, 5. c7—c5 zu ziehen; wir wollen aber, so weit es angeht, die Züge des Gegners nachahmen, obgleich dies gewöhnlich nicht zu empfehlen ist, da Weiss immer den Vortheil des ersten Zuges dabei behält.

6. 0—0 0—0
7. c2—c4 f7—f5
8. f2—f4 c7—c6
9. Lc1—e3 Lc8—e6
10. c4—d5: c6—d5:
11. Sb1—c3 Sb8—c6

Die Stellung ist ganz eigenthümlich, indem jede Partei sich scheut, die Springer des Gegners zu nehmen, um nicht die Bauern zu verbinden. Weiss hat jedoch noch immer den Vortheil des Zuges bewahrt.

12. Ta1—c1 Tf8—f6

Diese Abweichung war nicht rathsam, denn es folgt jetzt der Abtausch in der Mitte und ein Angriff gegen den schwarzen König.

13. Ld3—e4: f5—e4:
14. Sc3—b5 Sc6—e7
15. Sb5—d6: Dd8—d6:
16. g2—g4. Als allgemeine Bemerkung sei hier erwähnt, dass der Angriff, welchen die vor dem Könige stehenden Bauern gegen die feindliche Rochade unternehmen, mit grosser Umsicht geleitet werden muss, da, wenn er ohne Erfolg bleibt, die Entblössung des eigenen Königs leicht übele Folgen nach sich ziehen kann. Weniger geübte Spieler werden daher wohlthun, solche Angriffe nur selten zu unternehmen.

16. .... g7—g6
17. f4—f5 g6—f5:
18. Le3—g5. Nur durch das Opfer des Bauern f4 war es möglich, den Laufer zum Angriff frei zu machen.

18. .... Tf6—f8
19. Lg5—h6 Tf8—c8

Hier wäre es besser gewesen, f5—f4 zu ziehen und den Thurm gegen den Laufer hinzugeben.

20. Dd1—d2 Tc8—c1:

21. Dd2—g5† Se7—g6
22. Se5—g6: Tc1—f1‡

Tc1—c7 scheint in der hier angegebenen Stellung

Schwarz.

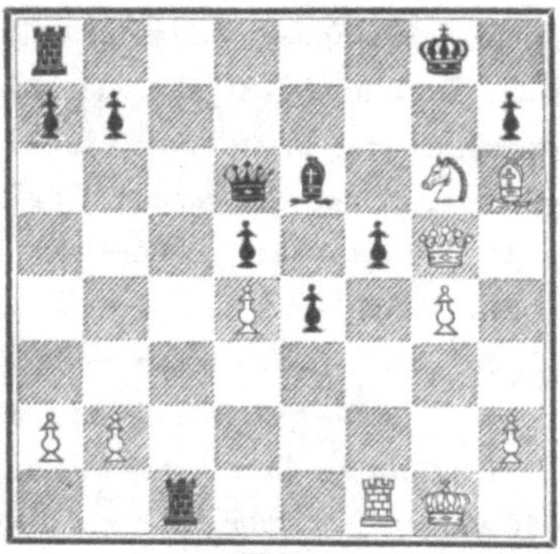

Weiss.

noch weniger gut, denn es folgt: 23. Sg6—e7†, Kg8—f7; 24. g4—f5:, Dd6—e7:; 25. f5—e6‡, Kf7—e6:; Dg5—g4† u. s. w.

23. Kg1—f1: Dd6—d8
24. Sg6—e7† Kg8—f7
25. Dg5—h5† und behält die Dame gegen Thurm und Laufer.

Zum 20. Zuge des Schwarzen sei übrigens noch bemerkt, dass sich bei Dd6—d8 kein günstigeres Resultat ergiebt: 21. Tc1—c8:, Ta8—c8:; 22. g4—f5:, Se7—f5:; 23. Dd2—g2†, Kg8—h8; 24. Tf1—f5: u. s. w.

Zweiter Angriff.

1. (e2—e4) (e7—e5)
2. (Sg1—f3) (Sg8—f6)
3. Sf3—e5:! Dieser Zug ist entschieden der beste, es wird aber doch auch hiergegen für Schwarz möglich sein, sich hinreichend sicher zu stellen.

Erste Vertheidigung.

(2. Angriff.)

3. .... Dd8—e7

Am besten ist 3. d7—d6.

4. d2—d4 d7—d6
5. Se5—f3 De7—e4‡
6. Lf1—e2 Lc8—f5
7. c2—c4 Lf8—e7
8. 0—0 0—0
9. Sb1—c3 De4—c2
10. Dd1—c2: Lf5—c2:
11. Lc1—f4 Sb8—d7
12. Ta1—c1 Lc2—g6
13. Sf3—h4, um den Laufer zu tauschen. Weiss steht wegen seiner Bauern d4 und c4 etwas im Vortheil, während Schwarz auf drei Reihen beschränkt ist und seine kleinen Officiere unbequem postirt hat. Indess bedarf es, um den Vortheil einer Stellung zu behaupten, stets grosser Aufmerksamkeit. Ein einziger, vielleicht sogar anscheinend guter Zug genügt mitunter, die Ausgleichung herbeizuführen. Nehmen wir so, statt Sf3—h4, Sc3—b5 an; es folgt dann:

13. Sc3—b5 a7—a6
14. Sb5—c7: Ta8—c8
15. Sc7—d5 Sf6—d5:
16. c4—d5: Sd7—b6 mit gleichem Spiel.

Zweite Vertheidigung.

(2. Angriff.)

1. (e2—e4) (e7—e5)
2. (Sg1—f3) (Sg8—f6)
3. (Sf3—e5:) Sf6—e4:?
4. Dd1—e2 Dd8—e7
5. De2—e4: d7—d6
6. d2—d4 f7—f6
7. f2—f4 Sb8—d7
8. Sb1—c3 f6—e5:
9. f4—e5: d6—e5:
10. Sc3—d5 Sd7—f6

Auf De7—d6 würde d4—e5: wenigstens einen Bauern gewinnen.

11. Lf1—b5† c7—c6

Hier konnte Lc8—d7 geschehen, es folgte aber 12. Sd5—f6‡, g7—f6:; 13. De4—b7: u. s. w. Wich hingegen der König nach f7 aus, so rochirte Weiss. 11. Ke8—d8 betrachtet die Veränderung.

12. Sd5—f6‡ g7—f6:
13. Lb5—c6‡ Ke8—d8
14. Lc1—d2 b7—c6:
15. De4—c6: e5—d4‡
16. Ke1—f2. Es ereignet sich nicht selten der Fall, dass der König nach f2 mit Vortheil ausweicht und dass dann der Thurm nach e1 gegen die feindliche Dame zu ziehen droht.
16. .... Ta8—b8
17. Ld2—a5† Tb8—b6
18. Th1—e1 De7—f7
19. Ta1—d1 und gewinnt.

Veränderung des 11. Zuges.

(2. Vertheidigung. 2. Angriff.)

Schwarz.

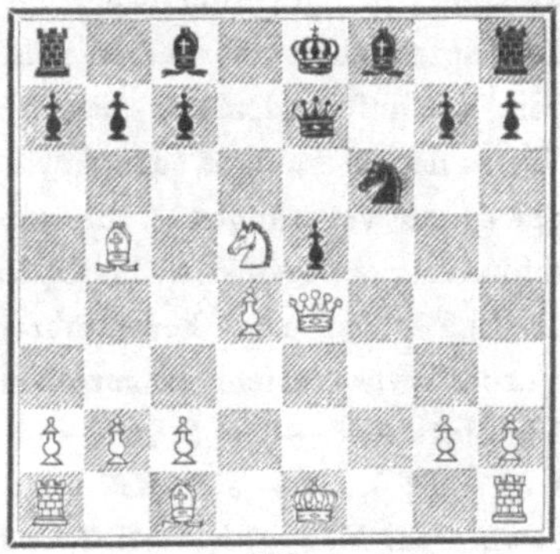

Weiss.

11. .... Ke8—d8
12. Sd5—f6: De7—b4†

Wenn der Springer sogleich genommen wurde, konnte 13. 0—0, De7—b4; 14. De4—d5†, Db4—d6; 15. Dd5—f7 zum Vortheil für Weiss folgen.

13. c2—c3 Db4—b5:
14. Lc1—g5 h7—h6

Auf 14. Lf8—e7 oder e5—d4: würde 15. Sf6—h7(‡) die Antwort sein.

15. d4—e5: h6—g5:
16. 0—0—0† Kd8—e7
17. Sf6—d5† Ke7—f7
18. Th1—f1† Kf7—g8
19. Tf1—f8‡ Kg8—f8:
20. De4—f3† und gewinnt.

Dritte Vertheidigung.

(2. Angriff.)

1. (e2—e4) (e7—e5)
2. (Sg1—f3) (Sg8—f6)
3. (Sf3—e5:) d7—d6!

Mit diesem Zuge, welcher hier der beste ist, nöthigt Schwarz den weissen Springer zum Rückzuge. Das Spiel erhält dann einen ruhigen Verlauf, indem es sich für Weiss darum handelt, den Springer e4 zu verdrängen. Ein entschiedener Angriff, wie das Opfer 4. Se5 — f7: ihn herbeiführen würde, wäre nicht anzurathen. Es folgte Ke8—f7:; 5. Lf1—c4†, Lc8—e6; 6. Lc4—e6‡, Kf7—e6:; 7. d2—d4, Ke6—f7; 8. Sb1—c3, Sb8—c6; 9. Lc1—e3, Dd8—e7. Weiss wird nach c1 rochiren und später, ohne Uebereilung, seine Bauernstärke zum Angriff verwenden. Indess bleibt das Uebergewicht immer auf Seiten der Schwarzen, welche jedoch kein ganz leichtes Spiel haben. Der Unterschied in der Stärke beider Parteien beträgt nämlich weniger als einen Bauern und daneben ist die weisse Stellung ohne Zweifel im Augenblick die günstigere. Schwarz muss zunächst dahin trachten, seine Officiere so zu ordnen, dass die weissen Bauern zur gegenseitigen Deckung veranlasst werden und nicht ohne Verlust weiter vordringen können. Erst nach dieser Feststellung des weissen Spieles kann sich das Uebergewicht des Officiers geltend machen. Das Verhältniss der Kräfte ist zwar immer noch dasselbe, aber die Figur kann dann auf entfernten Punkten und sehr verschiedenartig verwendet werden. Sie hat, obschon sie gegen zwei Bauern operirt, doch gewöhnlich ein grösseres Feld für ihre Thätigkeit, als Schwarz erwarten könnte, wenn er sich allein im Mehrbesitz eines einzelnen Bauern bei nicht günstiger Stellung befände. Die Geschicklichkeit der Partei, welche die grössere Zahl der Bauern hat, muss hingegen darin bestehen, so zu operiren, dass dieselben nicht ganz festgestellt werden und dass die feindliche Figur, welcher die Bauern das Gleichgewicht halten sollen, für keine Nebenangriffe Gelegenheit findet. In der Mehrzahl der Fälle lässt sich dies aber nicht mit Erfolg durchführen.

4.	Se5—f3	Sf6—e4:
5.	d2—d4	d6—d5

6. Lf1—d3. Weiss hat jetzt die Rochade vorbereitet und den Springer e4 angegriffen, dessen Deckung, sobald c2—c4 geschieht, einige Schwierigkeit haben muss. Wird aber der Springer zum Rückzuge nach f6 genöthigt, so hat Schwarz einen Zug eingebüsst, da er d7—d6—d5 und Weiss sogleich d2—d4 gezogen hat. Indess lässt sich das Spiel dennoch vertheidigen, und zwar am besten mit 6. Sb8—c6.

Erstes Gegenspiel.
(3. Vertheidigung. 2. Angriff.)

6. .... Lf8—d6
7. 0—0 0—0
8. c2—c4 Lc8—e6
9. Dd1—c2 f7—f5?

Besser war 9. ...., Se4—f6.

10. Dc2—b3 d5—c4:
11. Db3—b7: c7—c6.

Wegen Sb8—d7 sehe man den Anhang. c4—d3:; 12. Db7—a8:, g7—g5; 13. Sb1—c3 u. s. w. lässt Weiss im Vortheile.

12. Ld3—e4: f5—e4:
13. Sf3—g5 Le6—f5
14. Sb1—c3 Dd8—d7

Mit Lf5—c8 könnte die weisse Dame, aber nur gegen Thurm und zwei Officiere, erobert werden.

15. Db7—d7: Sb8—d7:
16. Sg5—e4: Ld6—c7
17. Tf1—e1 und hat einen Bauern mehr.

Anhang zum ersten Gegenspiele.
(3. Verth. 2. Angriff.)

Schwarz.

Weiss.

11. .... Sb8—d7
12. Ld3—e4: Ta8—b8
13. Db7—a6! Tb8—b6
14. Da6—a4 f5—e4:
15. Sf3—g5 Le6—d5
16. Sb1—c3 und ist im Vortheile.

Hätte übrigens die weisse Dame den Bauern a7 im folgenden Diagramm beim 13. Zuge genommen, so hätte sich die weisse Stellung sehr verschlechtert. Der Angriff des Schwarzen gegen den König wäre dann bedenklich geworden, wie die folgenden Züge, die auch als Anhalt für ähnliche andere Fälle dienen mögen, darthun.

Schwarz.

Weiss.

13. Db7—a7: f5—e4:
14. Sf3—g5 Le6—d5
15. Da7—a5 Sd7—f6
16. Da5—c3 h7—h6
17. Sg5—h3 Sf6—g4
18. g2—g3 Dd8—e8
19. Sh3—f4 Ld6—f4:
20. Lc1—f4: De8—h5

21. h2—h4 Tf8—f4:
22. g3—f4: e4—e3
23. f2—f3 Dh5—h4:
und Schwarz gewinnt.

Zweites Gegenspiel.
(3. Vertheidigung. 2. Angriff.)

1. (e2—e4) (e7—e5)
2. (Sg1—f3) (Sg8—f6)
3. (Sf3—e5:) (d7—d6)
4. (Se5—f3) (Sf6—e4:)
5. (d2—d4) (d6—d5)
6. (Lf1—d3). Im vorhergehenden Gegenspiele sahen wir, dass der Zug c2—c4 für Weiss vortheilhaft war, es liegt daher nahe, dass ihm Schwarz vorzubeugen sucht. Selbst Gambit zu spielen, ist aber gewagt: 6. c7—c5; 7. c2—c4, c5—d4:; 8. 0—0, Lf8—c5; 9. c4—d5:, f7—f5; 10. Ld3—e4:, f5—e4:; 11. Sf3—d4:, Dd8—d5:; 12. Sd4—b3, Dd5—d1:; 13. Tf1—d1:, Lc5—b6; 14. Sb1—c3 und hat die bessere Stellung. Wir versuchen desshalb:

6. .... Se4—d6
7. 0—0 Lf8—e7

Die beiden letzten Züge von Schwarz könnten auch in umgekehrter Reihenfolge geschehen.

8. Lc1—f4 Lc8—e6

In Betracht kommt auch 8. Sb1—c3, c7—c6; 9. Sc3—e2 u. s. w.

9. Sb1—d2 0—0
10. c2—c3 Sb8—d7
11. Dd1—c2 h7—h6
12. Sf3—e5 mit etwas vortheilhafterer Disposition der Streitkräfte, welche aber doch noch nicht entscheidend sein dürfte. Wäre übrigens im 11. Zuge f7—f5 geschehen, so spielte Weiss darauf c3—c4.

Drittes Gegenspiel.
(3. Vertheidigung. 2. Angriff.)

1. (e2—e4) (e7—e5)
2. (Sg1—f3) (Sg8—f6)
3. (Sf3—e5:) (d7—d6)
4. (Se5—f3) (Sf6—e4:)
5. (d2—d4) (d6—d5)
6. (Lf1—d3) Sb8—c6!
7. 0—0. Mit 7. c2—c4, Lf8—b4†; 8. Lc1—d2, Se4—d2:; 9. Sb1—d2:, 0—0; 10. 0—0, Lb4—d2:; 11. Dd1—d2:, Lc8—g4 kommt Weiss etwas in Nachtheil.

7. .... Lf8—e7
8. c2—c4. Auf 8. Tf1—e1 geschieht mit sicherem Spiele 8. Lc8—g4 (9. Ld3—e4:, d5—e4:, 10. Te1—e4:, Lg4—f3:, 11. Dd1—f3:! Sc6—d4: u. s. w.); auch 8. Se4—f6 wäre wohl zulässig.

8. .... Lc8—g4
9. Sb1—c3. Bei 9. Lc1—e3 gliche sich das Spiel durch 0—0; 10. Dd1—b3, Sc6—a5; (11. Db3—a4, Sa5—c4:;) 11. Db3—c2 Lg4—f3:; 12. c4—d5:, Se4—g5 aus.

9.	....	Se4—c3:
10.	b2—c3:	0—0
11.	Dd1—b3	d5—c4:
12.	Db3—b7:	Lg4—f3:
13.	g2—f3:	Sc6—d4:
14.	Ld3—c4:	Sd4—f5
15.	Lc1—f4	Le7—d6
16.	Lf4—d6:	Sf5—d6:
17.	Db7—c6	Sd6—c4:
18.	Dc6—c4:	Dd8—f6

Es ist alle Aussicht vorhanden, dass dies Spiel unentschieden bleibt.

Dreizehntes Spiel.

1.	e2—e4	e7—e5
2.	Sg1—f3	Sb8—c6!

Unter allen Vertheidigungszügen ist 2. Sb8—c6 der am meisten bearbeitete und zugleich der befriedigendste. Die zahlreichen Combinationen, welche sich danach aus den verschiedenen Fortsetzungen des Spiels ergeben, schlagen nirgends nothwendig zum Nachtheil für Schwarz aus. Die Vertheidigung gegen manche derselben ist indess nichts weniger als leicht. Schon ein Blick auf die jetzige Position lässt uns die Schwierigkeiten erkennen.

In den Figurenpartieen, und zu einer solchen führt unsere Eröffnung, pflegt früh und nach der kurzen Seite rochirt zu werden. Weiss hat hierzu bereits einen Zug voraus, wird also eher seinen Königsthurm ins Spiel bringen können. Ueberdies muss Schwarz mit dem Ausrücken seiner Officiere Springer g8 und Laufer f8 vorsichtig sein, denn zieht er zur Unzeit den Springer nach f6, so droht, wenn schon Lf1—c4 geschehen ist, durch Sf3—g5 ein Angriff gegen f7, wie einige Varianten des sechszehnten Spieles darthun. Auch könnte nach Entfernung des Königsbauern e5 der Springer durch e4—e5 zurückgetrieben werden. Im Centrum hat Weiss ebenfalls mehr Kraft, da er allein d2, unterstützt durch c2—c3, nach d4 vorrücken kann und damit häufig den Laufer des Gegners von c5 verdrängt. Der einzige Vortheil endlich, welchen Schwarz besitzen möchte, nämlich der, dass seinem Bauern f7 das Vorrücken freisteht, ist nur scheinbar, da sich keine passende Gelegenheit zum Gambit (höchstens in der Partie 3. c2—c3) darbietet.

Die folgenden Spiele, in denen wir uns mit den Angriffen 3. c2—c3, 3. Lf1—b5, 3. Lf1—c4 und 3. d2—d4 beschäftigen, sollen nun lehren, wie Schwarz alle Schwierigkeiten überwindet, und stets eine mindestens gleiche Position erreicht. Sein Streben wird namentlich dahin gehen, das Spiel durch Vorrücken von d7—d5 im geeigneten Augenblick aufzulösen.

3. c2—c3. Dieser Zug ist minder angreifend als 3. Lf1—b5. Nach ihm heisst die Eröffnung „Englische Partie". Es kann dagegen f7—f5; 4. d2—d4, d7—d6!; 5. d4—e5:, f5—e4:; 6. Sf3—g5, Sc6—e5: mit gleichem Spiel folgen, oder 5. Lf1—b5, f5—e4:; 6. Sf3—e5:, d6—e5:; 7. Lb5—c6‡, b7—c6:; 8. Dd1—h5†, Ke8—d7; 8. Dh5—f5†, Kd7—e7 geschehen, worauf Weiss Dg5—f5† thun und das Spiel remis halten kann. Hingegen wäre 9. Kd7—d6 unvorsichtig gewesen, da hierbei Weiss mit 10. d4—e5‡, Kd6—e7; 11. Lc1—g5†, Ke7—e8; 12. Df5-f8‡, Ke8—f8:; 13. Lg5—d8: in Vortheil kommt. Die beste Chance für Weiss bildet aber wohl 5. d4—d5 (statt 5. d4—e5: oder 5. Lf1-b5).

Erste Vertheidigung.

3. .... d7—d5

Nachher betrachten wir Sg8—f6, welches zu interessanten Verwickelungen führt.

4. Lf1—b5 d5—e4:

Dies konnte ebenfalls die Antwort auf 4. Dd1—a4 sein, wogegen indess auch Dd8—d6 zulässig war.

5. Sf3—e5: Dd8—d5

Dd8—g5 würde wegen 6. Dd1—a4 den Verlust eines Bauern zur Folge haben.

6. Dd1—a4 Sg8—e7

Weiss könnte auf e6 einen Bauern verdoppeln, indess bliebe das Spiel doch gleich, da d2 rückständig ist. Sehr fraglich ist es, ob 6 . . . Lc8—d7 zur Vertheidigung genügt; es folgt 7. Se5—d7:, Ke8—d7:; 8. Lb5—c6: b7—c6:! 9. Sb1—a3. Weiss wird dann den Springer über c2 nach e3 spielen, den Laufer aber mittelst b2—b3 nach a3 entwickeln und besser stehen.

7. f2—f4 e4—f3:

8. Se5—f3: Dd5—h5

Die Dame geht zuweilen mit Vortheil nach h5, von wo sie nicht leicht verdrängt werden kann und den König, nach dessen Rochade nach g1, mit einem Angriffe bedroht. Im gegenwärtigen Falle zeigt es sich indess, dass der Angriff der weissen Officiere auf der langen Seite überwiegend ist. Daher wäre 8. a7—a6; 9. Lb5—e2! (nicht Lb5—c4 wegen Dd5—h5, 10. Lc4—e2, Se7—g6, 11. 0—0, Lf8—d6, 12. Dd1—e1! Lc8—g4 und Schwarz steht gut) stärker für Schwarz gewesen.

9. 0—0 Lc8—g4

10. d2—d4 0—0—0
11. Lc1—f4 Kc8—b8
12. Sb1—d2 a7—a6
13. Lb5—d3 Se7—d5
14. Lf4—g3 Lf8—d6
15. Sd2—e4 Ld6—g3:

16. h2—g3:, um den Springer zur Verwendung für den Angriff frei zu behalten.

16. .... Sd5—e3
17. Se4—c5 Td8—d6

Wenn der Thurm f1 genommen wurde, so folgte zunächst Ta1—f1: und der Angriff auf die Bauern a6 und b7 wäre nachher wirksam geworden.

18. Sc5—b7: Td6—h6.

Jede Partei ist mit dem eigenen Angriffsplane beschäftigt. Die Folge von 18. Kb8—b7: wäre gewesen: 19. Ld3—a6‡, Kb7—b8; 20. Da4—b3†, Sc6—b4; 21. Db3—b4‡, Td6—b6; 22. Db4—a4, Se3—f1:; 23. Ta1—f1: u. s. w.

Schwarz.

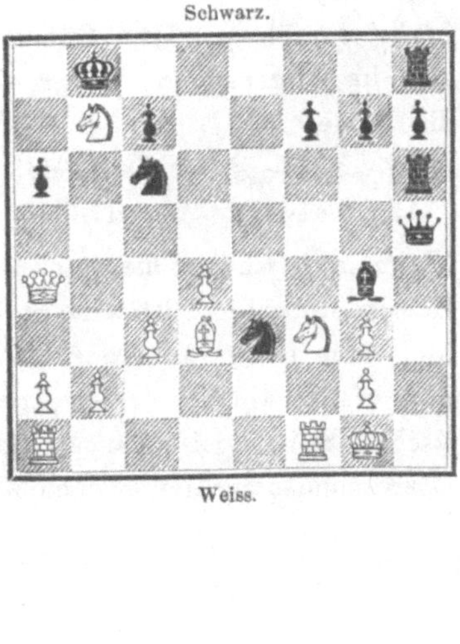

Weiss.

19. Sf3—h4 Dh5—d5
20. Sb7—c5 Th8—e8
21. Sc5—a6‡ Kb8—c8
22. Sa6—c5 Kc8—d8
23. Ta1—e1 Lg4—c8

Würde Tf1 genommen, so geschähe 24. Da4—a8†. — 23. Th6—h4: hätte 24. Te1—e3: zur Folge.

24. Da4—a8 und gewinnt, indem auf 24. g7—g6 oder g5; 25. Ld3—a6, Sc6—a7; 26. La6—b7 folgen könnte.

Zweite Vertheidigung.

1. (e2—e4) (e7—e5)
2. (Sg1—f3) (Sb8—c6)
3. (c2—c3) Sg8—f6
4. d2—d4 Sf6—e4:

Eine andere Vertheidigung, d7—d5, 5. Lf1—b5, Sf6—e4:; 6. Sf3—e5:, Lc8—d7; 7. Dd1—b3, Se4—d6!, ist ebenfalls zulässig. Als Fortsetzung nach 4. Sf6—e4: kann d4—d5 oder d4—e5: geschehen. Letzterer Zug führt bei d7—d5; 6. Lf1—b5, Lf8—c5; 7. Sf3—d4, 0—0 zu einem gleichen Spiel. Es kann aber auch 5. Lf8—c5!; 6. Lf1—c4, Se4—f2: oder 6. Dd1—d5, Lc5—f2‡; 7. Ke1—e2, f7—f5 gespielt werden. 5. Lc5 gewährt wohl die meiste Chance, und muss Weiss gegen diesen Zug sehr vorsichtig spielen.

5. d4—d5 ....

Erste Spielart.
(2. Vertheidigung.)

5. . . . . Sc6—b8

Nachher betrachten wir Lf8—c5, welches Schwarz den Angriff verschafft. 5. Sb8 mag zur Vertheidigung schliesslich noch reichen, giebt aber jedenfalls ein gedrücktes Spiel für Schwarz. Weiss trifft im Folgenden wohl nicht immer das Stärkste.

6. Lf1—d3 Se4—f6
7. Sf3—e5: Lf8—c5

Hier kommt auch c7—c6; 8. Ld3—c4, c6—d5:; 9. Lc4—d5:, Dd8—a5 in Betracht.

8. 0—0 0—0
9. b2—b4 d7—d6
10. Se5—c4 Lc5—b6
11. a2—a4 Lc8—g4
12. Dd1—c2 c7—c6
13. d5—c6:! b7—c6:
14. Lc1—g5 h7—h6

mit gleichem Spiel.

Zweite Spielart.
(2. Vertheidigung.)

[S. das nächste Diagramm.]

5. . . . . Lf8—c5

Dass dieses Opfer völlig correct sei, ist allerdings noch nicht erwiesen.

Erste Fortsetzung.
(2. Spielart. 2. Vertheidigung.)

6. d5—c6: Lc5—f2†
7. Ke1—e2 b7—c6:

(Stellung vor dem 5. Zuge von Schwarz.)

Schwarz.

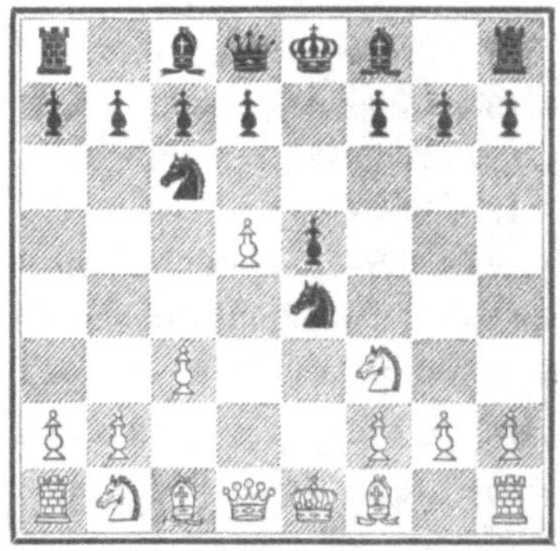

Weiss.

8. Dd1—a4 f7—f5
9. Sb1—d2 0—0
10. Sd2—e4: f5—e4:
11. Da4—e4: Bei 11. Ke2—f2: kann e4—f3: oder zunächst 11. d7—d5 folgen. Schwarz behält, wegen seiner Bauern in der Mitte, ein starkes Spiel.

11. . . . . Lf2—b6.

Es wäre für Schwarz nicht gut d7—d5; 12. Dc4—e5:, Tf8—e8; 13. De5—e8†, Dd8—e8†; 14. Ke2—f2:, Lc8—f5; 15. Lf1—e2 herbei zu führen. Drei Officiere sind im Allgemeinen stärker als die Dame.

12. Lc1—g5 Dd8—e8
13. Ta1—e1 d7—d6

Wenngleich Schwarz hier nur zwei Bauern erobert hat, ist seine Stellung doch stark für den Angriff und bietet wenigstens im praktischen Spiel viel Chance. In Correspondenzpartien dagegen, wo die Vertheidigung natürlich weit sorgfältiger erwogen werden kann, thut man gut, ebenbürtigen oder gar überlegenen Partnern gegenüber dergleichen Opfervarianten zu vermeiden. Aehnliche Positionen kommen in den Gambitspielen vor.

Zweite Fortsetzung.
(2. Spielart. 2. Vertheidigung.)
(Siehe das vorige Diagramm mit dem Zusatz Lf8—c5.)

6. Dd1—a4. Ginge die Dame nach e2, so würde Schwarz 6. Se4—f2: thun und mindestens Thurm und drei Bauern für zwei kleine Officiere gewinnen. Zöge hingegen 6. Lc1—e3, so folgt Lc5—e3:; 7. f2—e3:, Sc6—b8; 8. Lf1—d3, Se4—c5; 9. Sf3—e5:, Dd8—e7; 10. Se5—c4, b7—b5 oder 10. Se5—g4, d7—d6 u. s. w.

6.	....	Se4—f2:

7. Th1—g1. Ohne Erfolg würde 7. b2—b4, Lc5—b6; 8. c3—c4, Sf2—h1:; 9. c4—c5, e5—e4 für Weiss sein.

7.	....	Sc6—e7
8.	b2—b4	Sf2—d3†
9.	Lf1—d3:	Lc5—g1:
10.	Sf3—g1:	Se7—d5:

und Schwarz ist im Vortheil.

Vierzehntes Spiel.

1.	e2—e4	e7—e5
2.	Sg1—f3	Sb8—c6

3. Lf1—b5. Dieser Angriff auf den Springer ist sehr natürlich, indess entsteht dadurch nicht augenblicklich für Schwarz die Gefahr, einen Bauern zu verlieren. Gesetzt, er thäte 3. a7—a6, und der Laufer nähme den Springer, so könnte ohne Nachtheil d7—c6: geschehen und auf Sf3—e5:, Dd8—d4 das Spiel auflösen. Der Springer c6 brauchte aber nicht genommen zu werden, indem sich der Laufer nach a4 zurückziehen konnte, und überdies verbessert a7—a6 an sich die Stellung der Schwarzen hier nicht. Es fragt sich daher, ob letzterer Zug nicht durch einen noch vortheilhafteren ersetzt werden kann. 3. Lf8—c5 oder Sg8—f6 scheint die Entwickelung mehr zu fördern, jedoch ergeben sich bei Lf8—c5 einige Uebelstände. 3. Sg8—f6 vermag das Spiel schliesslich gegen alle Angriffe auszugleichen, während Weiss nach 3. ....,

a7—a6 unserer Meinung nach einen kleinen Positionsvortheil behalten wird.

Erste Vertheidigung.

3. .... Lf8—c5?

4. c2—c3 Sg8—e7,

um den Springer c6, falls er noch genommen würde, zu ersetzen.

5. 0—0 0—0

6. d2—d4 e5—d4:

7. c3—d4: Lc5—b6

Es ist S. 78 als Hauptsatz hingestellt, dass die Mittelbauern in ihrer Vereinigung auf den vierten Feldern besonders stark seien und dass man keinen vorrücken solle, bis ihn der Gegner mit einem Bauern angreife. Wollte man dies aber hier befolgen, so würde bald d7—d5 und f7—f6 das Centrum sprengen. Daher ist es rathsamer, ohne nähere Veranlassung vorzugehen.

8. d4—d5 Sc6—b8

Der Rückzug des Springers an sich ist nicht nachtheilig, zumal d4—d5 dem Laufer b6 den Angriff auf f2 eröffnet hat, während die Bauern, wenn sie auf e4 und d5 stehen bleiben, dem weissen Angriffslaufer hinderlich sind.

9. d5—d6 c7—d6:

10. Dd1—d6: Hier wäre auch 10. Lc1—f4 gut.

10. .... Lb6—c7

Geht jetzt die Dame nach d3 zurück, so gleicht sich das Spiel durch d7—d5 aus, bei 11. Dd6—a3 bleibt aber der vereinzelte Bauer d7, welchem sich der Thurm gegenüber stellen wird, ein wesentlicher Fehler in der Stellung der Schwarzen. Die Vertheidigung 3. Lf8—c5 ist daher nicht zu empfehlen.

Wir machen hier noch auf die Art aufmerksam, wie die Bauern im Centrum benutzt wurden. Dieselbe weicht von der in geschlossenen Spielen angewendeten wesentlich ab. Nicht in der sichern Postirung der Bauern allein, sondern in ihrer Benutzung zur Erlangung derjenigen Vortheile, welche überhaupt in Verbindung mit den Officieren für die Stellung erreicht werden mögen, ist ihre richtige Verwendung in Figurenpartieen zu suchen. Noch eine andere Bemerkung dürfte hier an ihrer Stelle sein. Der Leser hat soeben das Spiel der Schwarzen auffallend wenig entwickelt gesehen, und doch genügte das einmalige Verfehlen des besten Zuges der Weissen (Dd6—d3 statt Dd6—a3), um die Partie wieder auszugleichen. Der Angreifende hat daher, selbst in der günstigsten Lage, die Fortsetzung mit steter Umsicht zu leiten. Die Widerstandsfähigkeit einer gedrängten Position ist gewöhnlich grösser als man anzunehmen geneigt ist.

Zweite Vertheidigung.

1. (e2—e4) (e7—e5)
2. (Sg1—f3) (Sb8—c6)
3. (Lf1—b5) Sg8—f6,

welches wir, da es den Königsbauern angreift, für den besten Zug halten.

Erstes Gegenspiel. (2. Vertheidigung.)

4. 0—0 Sf6—e4:

Zuweilen geschieht hier auch 4. Lf8—d6, die Entwickelung ist dabei aber schwierig.

5. Tf1—e1 Se4—f6.

Zu beachten ist auch Se4—d6. Es kann dann folgende Fortsetzung zu einem gleichen Spiele führen: 6. Sf3—e5:, Sc6—e5:; 7. Te1—e5†, Lf8—e7; 8. Lb5—a4, 0—0; 9. La4—b3, Le7—f6; 10. Te5—e1, Sd6—f5; 11. c2—c3, d7—d5; 12. d2—d4, g7—g6 u. s. w. Die Fortsetzung 5. d2—d4 erörtert der Zusatz.

6. Lb5—c6: Auf 6. Sf3—e5: könnte Lf8—e7 geschehen. Schwarz vermeidet 6. Sc6—e5: zu thun, weil hierauf 7. d2—d4 folgen und dieser Bauer nach e5 gelangen würde.

6. .... d7—c6:

7. Te1—e5†. Wenn der Thurm früh in die Mitte des Spiels eindringt, wird er von den leichten Figuren des Gegners gewöhnlich wieder verdrängt.

7. .... Lf8—e7!
8. Dd1—e1 h7—h6
9. c2—c3 Sf6—g4

Es wäre wohl noch besser, den Springer über d7 und f8 nach e6 zu spielen.

10. Te5—e4. Weiss thäte viel besser Te5—e2.

10. .... c6—c5

Der Doppelbauer ist kein Nachtheil, da Weiss seinen Damenbauern nicht wirksam vorrücken und zugleich vor dem Abtausch bewahren kann.

11. De1—e2 c7—c6
12. h2—h3 Sg4—f6
13. Te4—e5 Lc8—e6
14. De2—f1 Le7—d6

und hat die bessere Entwickelung.

Zusatz zum 1. Gegenspiel. (2. Vertheidigung.)

5. d2—d4 Lf8—e7

e5—d4: würde jetzt mit 6. Tf1—e1, d7—d5; 7. Sf3—d4:, Lc8—d7; 8. Lb5—c6:, b7—c6:; 9. f2—f3 widerlegt.

6. Dd1—e2 Se4—d6
7. Lb5—c6: b7—c6:
8. d4—e5: Sd6—b7.

Es ist auch Sd7—f5 versucht worden, worauf am besten 9. Lc1—f4! geschieht.

9. c2—c4 0—0
10. Sb1—c3 f7—f5
und Weiss erlangt mit 11. Sf3—d4 oder auch mit 11. e5—f6: ein gutes Spiel.

Zweites Gegenspiel.
(2. Vertheidigung.)

1. (e2—e4) (e7—e5)
2. (Sg1—f3) (Sb8—c6)
3. (Lf1—b5) (Sg8—f6)
4. Sb1—c3 Lf8—b4!

Die Fortsetzung 4. Sc3 ist jetzt am beliebtesten. Auf 4. .... a7—a6 würde nun Lb5—a4 folgen; mit 5. Lb5—c6:, d7—c6:; 6. Sf3—e5:, Sf6—e4:; 7. Sc3—e4:, Dd8—d4; 8. 0—0, Dd4—e5:, 9. d2—d4, De5—f5! 10. Tf1—e1, Lc8—e6; 11. Sf3—g5, 0—0—0 könnte Weiss keinen Vortheil erzielen.

5. Lb5—c6: Oder 5. Sc3—d5, Sf6—d5:; 6. e4—d5:, Sc6—d4; 7. Sf3—d4:, e5—d4:; 8. 0—0, 0—0; 9. d2—d3, Dd8—h4; 10. Dd1—f3, f7—f5; 11. Lb5—c4, d7—d6; 12. a2—a3, Lb4—a5 mit gleichem Spiel.

5. .... d7—c6:
6. Sf3—e5: Lb4—c3:
7. b2—c3: Sf6—e4:
8. Dd1—e2 Dd8—d5
9. f2—f4 0—0
10. c3—c4 Dd5—d4
11. Ta1—b1 Se4—d6
12. d2—d3 f7—f6

Schwarz.

Weiss.

13. Se5—f3 Dd4—c5
14. Lc1—e3 Dc5—a5†
15. Le3—d2 Da5—h5
16. 0—0 Tf8—e8
17. De2—f2 c6—c5

Das Spiel steht gleich.

Drittes Gegenspiel.
(2. Vertheidigung.)

1. (e2—e4) (e7—e5)
2. (Sg1—f3) (Sb8—c6)
3. (Lf1—b5) (Sg8—f6)
4. d2—d3 Lf8—c5

Es kann auch sehr wohl d7—d6 geschehen.

5. c2—c3 d7—d6

Dieser Zug ist minder gut als 5. 0—0! oder 5. Dd8—e7; 6. d3—d4, Lc5—b6; 7. 0—0, 0—0, welches das Spiel ausgleicht.

6. d3—d4 e5—d4:
7. c3—d4: Lc5—b4†
8. Ke1—f1! und hat das bessere Spiel.

Viertes Gegenspiel.
(2. Vertheidigung.)

1. (e2—e4) (e7—e5)
2. (Sg1—f3) (Sb8—c6)
3. (Lf1—b5) (Sg8—f6)
4. d2—d4 Sc6—d4:
5. Sf3—d4: e5—d4:
6. e4—e5! c7—c6
7. e5—f6: oder 7. 0—0, Sf6—d5 8. Dd1—d4:, Sd5—c7; 9. Lb5—c4, d7—d5.
7. .... Dd8—a5†
8. c2—c3 Da5—b5:
9. Dd1—d4: g7—f6:
10. Dd4—f6: Th8—g8 und das Spiel steht gleich. Schwarz konnte aber auch folgende Fortsetzung wählen:

Schwarz.

Weiss.

4. .... e5—d4:

Zu empfehlen ist auch 4. Sf6—e4:; 5. d4—d5, Se4—d6; 6. Lb5—c6:, b7—c6:; 7. d5—c6:, e5—e4 oder f7—f6 u. s. w.

5. e4—e5 Sf6—e4
6. 0—0 Lf8—e7
7. Sf3—d4: 0—0

Hier ist zu bemerken, dass in der analogen Stellung des Spiels, die eintreten könnte, wenn 3. a7—a6; 4. Lb5—a4 eingeschaltet wäre, nun Sc6—d4:; 8. Dd1—d4:, Se4—c5 mit einem Angriff gegen den Laufer a4 folgen würde. Auch jetzt wäre 7. Sc6—d4:; 8. Dd1—d4:, Se4—c5; 9. f2—f4, c7—c6 zulässig.

8. c2—c3 f7—f6
9. Lb5—d3 d7—d5
10. Sd4—c6: b7—c6:
11. Ld3—e4: d5—e4:
12. Dd1—d8: Tf8—d8 mit mindestens gleichem Spiel.

Fünftes Gegenspiel.
(2. Vertheidigung.)

1. (e2—e4) (e7—e5)
2. (Sg1—f3) (Sb8—c6)
3. (Lf1—b5) (Sg8—f6)
4. Dd1—e2 a7—a6!

Hier wäre auch Lf8—d6 zulässig, hingegen hätte 4. Lf8—c5 durch 5. Lb5—c6:, d7—c6:; 6. Sf3—e5:, Dd8—d4; 7. Se5—d3 den Verlust eines Bauern zur Folge.

5. Lb5—a4 b7—b5
6. La4—b3 Lf8—c5
7. c2—c3. Bei 7. a2—a4, Ta8—b8; 8. a4—b5:, a6—b5:; 9. Sb1—c3, b5—b4; 10. Sc3—d5, 0—0; 11. 0—0, d7—d6 gleicht sich die Stellung aus.

7.	. . . .	0—0
8.	d2—d3	d7—d6
9.	Lc1—g5	Lc8—e6
10.	Sb1—d2	h7—h6
11.	Lg5—h4	Tf8—e8
12.	0—0	Ta8—a7

Der Plan, welcher diesem Zuge zu Grunde liegt, ist zu weit aussehend und nicht gut. Schwarz beabsichtigt, nachdem g7—g5 geschehen sein wird, den Thurm nach g7 oder h7 zur Unterstützung des Angriffs gegen die feindliche Rochade zu bringen. Besser wäre 12. Lc5—b6 gewesen, auch möchte 12. g7—g5; 13. Lh4—g3, Sf6—h5 oder Le6—g4 nicht unvortheilhaft sein.

13.	Lb3—d5	Sc6—b8
14.	b2—b4	Lc5—b6
15.	a2—a4	c7—c6
16.	Ld5—e6:	Te8—e6:
17.	a4—a5	Lb6—c7
18.	d3—d4	g7—g5

Das Vorrücken dieses Bauern hat oft Bedenken, wenn das Spiel nicht in der Mitte durch feststehende Bauern abgeschlossen ist.

19.	Lh4—g3	Sb8—d7
20.	Ta1—d1	Sf6—h5
21.	h2—h4	Sh5—f4

Fehlerhaft wäre folgende Spielart gewesen: 21. Sh5—g3:, 22. f2—g3:, g5—g4; 23. Sf3—h2, h6—h5; 24. d4—d5, c6—d5:; 25. De2—f2. Hingegen hätte 21. Te6—g6 recht gut geschehen können.

22.	De2—e3	Lc7—b8

23. h4—g5:. Die Oeffnung der Thurmlinie ist nicht gut, da Schwarz mehr Gelegenheit zum Angriff gegen den König dadurch erhält.

23.	. . . .	h6—g5:
24.	d4—e5:	d6—e5:
25.	Sd2—b3	Dd8—e7
26.	Td1—d2	Ta7—c7
27.	Tf1—d1	Lb8—a7
28.	De3—e1	Te6—h6
29.	Sf3—h2	f7—f6

Schwarz.

Weiss.

Schwarz beabsichtigt, auf 30. Sh2—g4 dann, in der hier angegebenen Stellung, Th6—h5 zu thun, lässt aber unberücksichtigt, dass hierbei Td2—d7: geschehen könnte. Daher war es besser, 29. Sd7—f6 zu thun, oder folgende Spielart zu wählen: Th6—h5; 30. Sh2—g4, De7—e6; 31. Td2—d7:, De6—g4:; 32. Lg3—f4:,

Dg4—h4; 33. Kg1—f1, Dh4—f4: und ist im Vortheile.

30. Sh2—g4 Th6—g6

31. Sg4—e3 La7—e3:

32. De1—e3:. Wenn Weiss f2—e3: thut, so spielt Schwarz 32. Sf4—e6, und die weissen Bauern stehen nicht gut. Unrichtig wäre aber 32. Tg6—h6; 33. e3—f4:, De7—h7; 34. De1—e2, Th6—h1†; 35. Kg1—f2, Th1—d1:; 36. De2—d1:, e5—f4:; 37. Lg3—f4:, g5—f4:; 38. Dd1—g4† mit entschiedenem Vortheil.

31. .... Tg6—g7

Es durfte nicht c6—c5 gezogen werden, wegen 33. b4—c5:, Sd7—c5:; 34, Sb3—c5:, De7—c5:; 35. Td2—d8†, Kg8—h7; 36. Lg3—f4:, g5—f4:; 37. De3—h3† und gewinnt.

33. Td2—d6? Sf4—d5

34. Td6—d5: c6—d5:

35. e4—d5: Tc7—c8

Besser wäre 35. De7—d6.

36. Sb3—c5 Sd7—c5:

37. d5—d6 De7—a7

38. b4—c5: Tc8—c5:

39. d6—d7 Tg7—d7:

40. Td1—d7: Da7—d7:

41. De3—c5: Dd7—d1†

42. Kg1—h2 Dd1—h5†

43. Kh2—g1 Dh5—d1†

und das Spiel, eine Partie zwischen Staunton und v. d. Lasa, bleibt bei immerwährendem Schach unentschieden.

Dritte Vertheidigung.

1. (e2—e4) (e7—e5)
2. (Sg1—f3) (Sb8—c6)
3. (Lf1—b5) a7—a6
4. Lb5—a4

Das Schlagen des Sc6 gewährt keinen Vortheil, z. B. 4. Lc5—c6:, b7—c6: 5. Sf3—e5:, Dd8—e7; 6. d2—d4, d7—d6, oder auch wie schon erwähnt 4. ...., d7—c6:

4. Sg8—f6.

Erstes Gegenspiel.

5. 0—0

Die stärkste Fortsetzung wäre 5. Sb1—c3, worauf Schwarz die Stellungen wohl nicht völlig ausgleichen kann. Thut er 5. ...., Lf8—b4, so erlangt Weiss mit 6. Sc3—d5, Lb4—c5; 7. c2—c3! einen sehr starken Angriff; auf 5. ...., Lf8—c5 aber folgt 6. Sf3—e5:, Sc6—e5: (nach 6. ...., Lc5—f2†; 7. Ke1—f2:, Sc6—e5: 8. d2—d4 steht Schwarz auch nicht gut); 7. d2—d4, Lc5—d6; 8. f2—f4 u. s. w.

5. .... Sf6—e4:

6. d2—d4 b7—b5

7. La4—b3.

Weiss könnte hier auch dem Gegner eine Falle stellen und 7. Sf3—e5: spielen, worauf b5—a4:? wegen 8. Se5—c6:, d7—c6:; 9. Tf1—e1 ein Fehler wäre. Schwarz thut aber 7. . . . ., Sc6—e5:; 8. d4—e5: Se4—c5! (abermals nicht b5—a4:? wegen Dd1—d5!).

7.	. . . .	d7—d5
8.	Sf3—e5:	

Auch 8. d4—e5: ist üblich.

8.	. . . .	Sc6—e5:
9.	d4—e5:	c7—c6
10.	Lc1—e3	Lf8—c5
11.	Sb1—d2	Se4—d2:
12.	Dd1—d2:	Lc5—e3:
13.	Dd2—e3:	0—0

und die Stellungen sind gleich.

Zweites Gegenspiel.
(3. Vertheidigung.)

Schwarz.

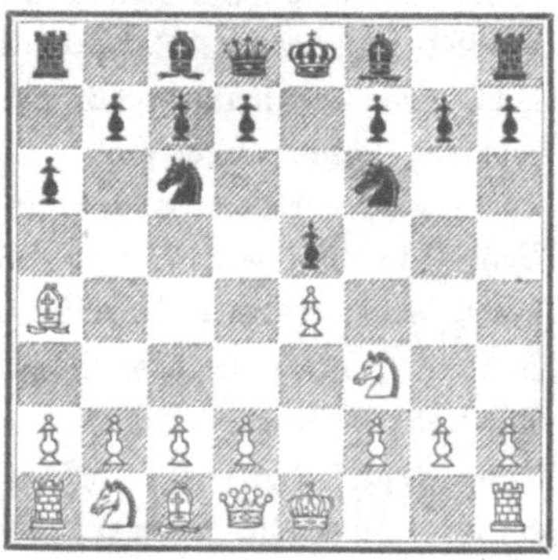

Weiss.

5.	d2—d3	d7—d6
6.	La4—c6†.	

Weiss strebt nun dahin, dem Gegner die Auflösung der Doppelbauern nicht zu gestatten und, sei es auch erst im Endspiel, aus der besseren Bauernstellung Nutzen zu ziehen. Bei correctem Gegenspiel wird er indessen nichts ausrichten. Zu erwähnen wäre noch, dass Weiss auch 6. c2—c3 thun kann, um später den Königslaufer auf c2 zu postiren und d3—d4 vorzurücken.

6.	. . . .	b7—c6:
7.	h2—h3	

Um die Fesselung des Sf3 durch Lg4 zu verhüten. Weiss sucht sich im Einklang mit seinem oben erwähnten Plane die Springer zu erhalten, welche zum Angriff auf nicht gut postirte Bauern am geschicktesten sind.

7.	. . . .	g7—g6

Auf e7 würde der Königslaufer das eigene Spiel hemmen; desshalb wird er nach g7 gebracht, von wo aus er später sehr bedrohlich werden kann, falls Weiss lang rochirt.

8.	Sb1—c3	Lf8—g7
9.	Lc1—e3	Ta8—b8

Schwarz thut gut seine offene Thurmlinie schnell zu benutzen.

10.	b2—b3	c6—c5
11.	Dd1—d2	h7—h6

Abtausch durch Le3—h6 zuzulassen, wäre nicht gut, denn es würde den schwarzen Königsflügel bedenklich schwächen.

12.	g2—g4	Sf6—g8

Der Springer geht über e7 und c6 nach d4. In geschlossenen Spielen, wie dieses, hat man meistens Zeit, mit den Officieren so weit aussehende Manöver zu vollführen.

13. Sc3—e2 Sg8—e7
14. Se2—g3 Se7—c6

Die Chancen sind gleich.

Ausser den bisher erwähnten Vertheidigungszügen könnte 3. Lf8—d6, 3. Dd8—f6 oder 3. d7—d6 geschehen. Das Erste giebt aber ein unbequemes Spiel, gegen das Zweite erfolgt mit Vortheil Sb1—c3 und das Letzte, welches d2—d4 zur Folge hat, bedingt, obschon es ganz sicher ist, ebenfalls eine langsame Entwickelung. Das Gegengambit 3. f7—f5 ist zwar bei der Fortsetzung 4. Lb5—c6:, d7—c6:; 5. Sf3—e5:, Dd8—d4; 6. Dd1—h5†, g7—g6; 7. Se5—g6:, h7—g6:; 8. Dh5—g6†, Ke8—d8; 9. d2—d3, Sg8—e7 für Schwarz nicht ungünstig, verdient aber doch wohl, wegen 5. e4—f5:, e5—e4; 6. Dd1—e2, Dd8—e7; 7. Lb5—c6:, d7—c6:; 8. Sf3—d4, nicht empfohlen zu werden. Auch 3. Sg8—e7, um den bedrohten Springer c6, wenn er genommen würde, gleich wieder ersetzen zu können, ist in Vorschlag gekommen, die Fortsetzung 4. d2—d4, e5—d4:; 5. Sf3—d4:, g7—g6 (Sc6—d4:; 6. Dd1—d4:, Se7—c6; 7. Dd4—d5); 6. Sb1—c3, Lf8—g7; 7. Lc1—e3, 0—0; 8. Dd1—d2, f7—f5; 9. Lb5—c4†, Kg8—h8; 10. e4—f5:, Se7—f5; 11. Sd4—f5:, Tf8—f5:; 12. 0—0—0 lässt aber einen guten Angriff mit h2 gegen die feindliche Rochade zu.

Fünfzehntes Spiel.

1. e2—e4 e7—e5
2. Sg1—f3 Sb8—c6

3. Lf1—c4. Dieser Zug pflegt sehr oft gemacht zu werden. Die gewöhnliche Antwort ist Lf8—c5, welche aber erst das siebzehnte Spiel betrachten wird. Den Gegenstand des fünfzehnten und sechszehnten bilden zwei andere Züge: f7—f5 und Sg8—f6.

3. .... f7—f5

Als Gegenspiel könnte nun 4. d2—d3, d7—d6; 5. Sb1—c3, Sg8—f6; 6. Lc1—g5 folgen, wobei Schwarz noch an der Rochade durch den Laufer c4 verhindert wird.

4. d2—d4 d7—d6

Die gegenwärtige Stellung konnte auch mit Versetzung des 2. und 4. Zuges der Schwarzen, aus der Philidor'schen Vertheidigung des Springerspiels und dem Lauferspiel (s. S. 99) entstehen.

5. d4—e5: d6—e5:

oder Sc6—e5:, s. d. Veränderung. Auf f5—e4: ist 6. Dd1—d5, Dd8—e7; 7. Lc1—g5, Lc8—e6; 8. Dd5—e4:, d6—d5; 9. Lc4—d5: für Weiss günstig.

6. Dd1—d8† Sc6—d8:

während auf Ke8—d8:, Sf3—g5 und 0—0 folgt.

7. e4—f5: e5—e4

oder Lc8—f5: 8. Sf3—e5:, Lf5—c2:; 9. 0—0, Lf8—d6; 10. Tf1—e1, Sg8—e7; 11. Sb1—c3 mit gutem Spiel.

8. Sf3—d4 Lf8—c5

9. Sd4—e6 Sd8—e6:

10. f5—e6: Ke8—e7

11. Lc1—g5† Sg8—f6

12. Sb1—d2 mit besserem Spiel.

Veränderung.

1. (e2—e4) (e7—e5)
2. (Sg1—f3) (Sb8—c6)
3. (Lf1—c4) (f7—f5)
4. (d2—d4) (d7—d6)
5. (d4—e5:) Sc6—e5:
6. Sf3—e5: d6—e5:

6. Dd1—d8†. Schwarz verliert die Fähigkeit zu rochiren, sonst steht das Spiel gleich. Bemerken müssen wir hierbei noch, dass Weiss im 5. Zuge einen vielleicht stärkeren Angriff mit Sf3—g5, Sg8—h6; 6. d4—d5 machen konnte.

Sechszehntes Spiel.

1. e2—e4 e7—e5
2. Sg1—f3 Sb8—c6
3. Lf1—c4 Sg8—f6

Man hat dieser Spielart den Namen des „Zweispringerspiels im Nachzuge“ gegeben, sie aber gewöhnlich als fehlerhaft bezeichnet. Zwar ist es nicht der Angriff 4. d2—d4, e5—d4:; 5. e4—e5, d7—d5!, oder 5. 0—0, Sf6—e4:; 6. Tf1—e1, d7—d5; 7. Lc4—d5:, Dd8—d5:; 8. Sb1—c3, Dd5—h5; 9. Sc3—e4:, Lf8—e7 u. s. w., welchen man für bedenklich hielt, wohl aber der noch näher liegende Zug 4. Sf3—g5. Indess ist es zweifelhaft, ob Schwarz nicht auch hierbei ein gleiches Spiel behält.

4. Sf3—g5

Erste Vertheidigung.

4. . . . . d7—d5!

Nachher betrachten wir Sf6—e4:?

5. e4—d5:

Erste Spielart.

5. .... Sc6—a5.

Mit diesem Zuge weicht Schwarz der drohenden, im 2. Angriffe der zweiten Spielart erörterten Gefahr aus, und sucht für das Opfer eines Bauern selbst den Angriff zu bekommen. Weiss könnte 6. d2—d3 thun, worauf Lf8—c5; 7. 0—0, 0—0 folgt und sich das Spiel wahrscheinlich ausgleicht. Gewöhnlicher ist 6. Lc4—b5†.

6. Lc4—b5† c7—c6

Hier könnte auch Lc8—d7; 7. Dd1—e2, Lf8—d6; 8. Lb5—d7‡, Dd8—d7:; 9. c2—c4, c7—c6 geschehen.

7. d5—c6: b7—c6:

Erster Rückzug.

8. Lb5—e2 h7—h6

Als zweiten Rückzug betrachten wir Lb5—a4. Weiss könnte auch den Laufer auf b5 stehen lassen und Dd1—f3 ziehen. Hierauf folgt: Dd8—c7; 9. Lb5—a4, Lf8—d6; 10. d2—d3, 0—0; 11. 0—0, h7—h6; 12. Sg5—e4, Sf6—e4: und Schwarz behält den Angriff.

9. Sg5—f3 e5—e4

10. Sf3—e5 Dd8—d4

Ueber einen zweiten und solideren Angriff handelt der Anhang.

11. f2—f4. Statt dessen könnte geschehen: 11. Se5—g4, Lc8—g4:; 12. Le2—g4:, Sa5—c4, denn bei e4—e3; 13. Lg4—f3, e3—f2‡ gewinnt Schwarz zwar einen Bauern, kann ihn aber nicht lange schützen; 13. c2—c3, Dd4—b6; 14. b2—b3, Sc4—e5 mit sehr günstiger Stellung, indem der Springer nach d3 zu gehen droht.

11. .... Lf8—c5
12. Th1—f1 Dd4—d6, oder Lc5—d6.
13. c2—c3 Sa5—b7
14. b2—b4 Lc5—b6
15. Sb1—a3 Lc8—e6
16. Dd1—a4 Ta8—c8
17. Sa3—c4 Le6—c4:
18. Le2—c4: 0—0
19. Lc1—a3 und Weiss behauptet den Bauern. Hätte Schwarz im 12. Zuge Ld6 gespielt, so konnte folgen:

13. c2—c3 Dd4—d5
14. b2—b4 Ld6—e5:
15. f4—e5: Dd5—e5:
16. b4—a5: De5—h2:
17. Lc1—a3! Dh2—h4†!
18. Tf1—f2 e4—e3
19. d2—e3: Sf6—e4
20. Dd1—d4 Dh4—f2‡
21. Ke1—d1 und Weiss wird gewinnen.

Anhang zum ersten Rückzuge.

10. (Sf3—e5) Dd8—c7
11. f2—f4 Lf8—d6
12. d2—d4 0—0

Auf 12. ...., e4—d3: würde

13. Le2—d3: Vortheil für Weiss behaupten.

13. c2—c3

Dies halten wir für das Beste.

13. . . . . c6—c5

14. Sb1—a3 a7—a6

15. Sa3—c2

und Weiss wird den Angriff bestehen können, ist aber noch nicht aus aller Bedrängniss.

Wie leicht Weiss in diesem Spiel einen Fehler begehen kann, zeigt z. B. die Fortsetzung 13. 0—0, (statt c2—c3) c6—c5; 14. c2—c3, Ta8—b8; 15. Kg1—h1, (besser b2—b3), Sa5—c6; 16. Dd1—a4, c5—d4:; 17. Se5—c6:, Lc8—d7; 18. Le2—b5, Tb8—b5:; 19. Da4—b5:, Ld7—c6:, welche entschieden zu Gunsten von Schwarz ausschlägt.

Zweiter Rückzug.

(1. Spielart. 2. Vertheidigung.)

8. Lb5—a4

Schwarz.

Weiss.

8. . . . . Lf8—d6

Dieser Zug ist nicht der beste, wir führen aber eine Partie (zwischen Anderssen und v. d. Lasa) mit demselben aus, um zu zeigen, welche Stärke überhaupt im schwarzen Spiele liegt. Besser wäre 8. h7—h6; 9. Sg5—f3, e5—e4; 10. Dd1—e2, Lc8—e6; 11. Sf3—e5, Dd8—d4; 12. La4—c6†, Sa5—c6:; 13. Se5—c6:, Dd4—c5; 14. De2—a6, Le6—c8; 15. b2—b4, Dc5—c2:; 16. Da6—b5, Dc2—c1†; 17. Ke1—e2, Dc1—h1: und gewinnt.

9. d2—d3 h7—h6

10. Sg5—e4 Sf6—e4:

11. d3—e4: Lc8—a6,

um die Rochade zu hindern. Die Gelegenheit, diesen Zug zu thun, entschädigt oft für den Verlust des Springerbauern. Im „Gambit Evans“ namentlich wird der Leser Anlass finden, sich hiervon zu überzeugen.

12. Sb1—c3 Ta8—b8

Hätte Weiss 12. Lc1—d2 gezogen, so rochirte Schwarz oder that Ta8—c8. Wir bemerken hier, dass Schwarz die mangelhafte Stellung eines seiner Springer auf a5 nicht ausser Acht lassen darf. Es findet sich indess gewöhnlich Gelegenheit, ihn zu tauschen oder mit Vortheil weiter in das Spiel zu führen.

13. La4—b3 0—0

14. Lc1—d2 Ld6—c5

15. Dd1—g4 Kg8—h8
16. 0—0—0 Lc5—d4

zum Angriff gegen die Rochade. 16. Lc5—f2: wäre fehlerhaft wegen 17. Ld2—h6:, Dd8—f6; 18. Td1—d6, Lf2—e3†; 19. Kc1—b1, La6—c8; 20. Dg4—d1.

17 f2—f4 Sa5—b3‡
18. a2—b3: f7—f6
19. f4—f5 Dd8—b6
20. Sc3—a4 Db6—b7
21. h2—h4 c6—c5
22. Th1—h3 c5—c4

23. Th3—g3. Dieser Zug bleibt ohne Wirkung und der Thurm kann später vom Laufer d4 vertrieben werden. Weiss hat in der hier unten dargestellten Position keinen Raum, um die Figuren zum Angriff gegen den König h8 zu vereinigen, wo hingegen Schwarz, namentlich wegen der offenen b-Linie alle Officiere vortheilhaft verwendet, und selbst in Sicherheit bleibt.

Schwarz.

Weiss.

23. .... La6—b5
24. Sa4—c3 Lb5—c6
25. Sc3—e2 Ld4—f2
26. Tg3—f3 Lf2—c5
27. Se2—g3 c4—b3:
28. Tf3—b3: Db7—a6
29. Kc1—b1 Tb8—b3:
30. c2—b3: Da6—d3†
31. Kb1—c1 Tf8—c8
32. Dg4—g7‡ Kh8—g7:
33. Ld2—h6‡ Kg7—h6:
34. Td1—d3: Lc5—f2

und gewinnt.

Zweite Spielart. (1. Vetrh.)

Schwarz.

Weiss.

5. .... Sf6—d5:

Es ist wichtig, auf die Combinationen dieser Spielart einzugehen, zumal sich ähnliche Verhältnisse in der Praxis auch zuweilen aus andern Eröffnungen ergeben.

Erster Angriff.

(2. Spielart. 1. Vertheidigung.)

6. Dd1—h5? Dieser Zug ebenso wie Dd1—f3 ist fehlerhaft.

6. .... g7—g6
7. Dh5—f3 Dd8—g5:
8. Lc4—d5: Sc6—d4
9. Df3—f7‡ Ke8—d8

Schwarz wird gewinnen, mag nun Weiss Ld5—b3 oder e4, Ke1—d1 oder etwas Anderes ziehen. Folgende Varianten mögen als Anhalt bei der Untersuchung dienen.

Wir gehen dabei von folgender Stellung aus:

Schwarz.

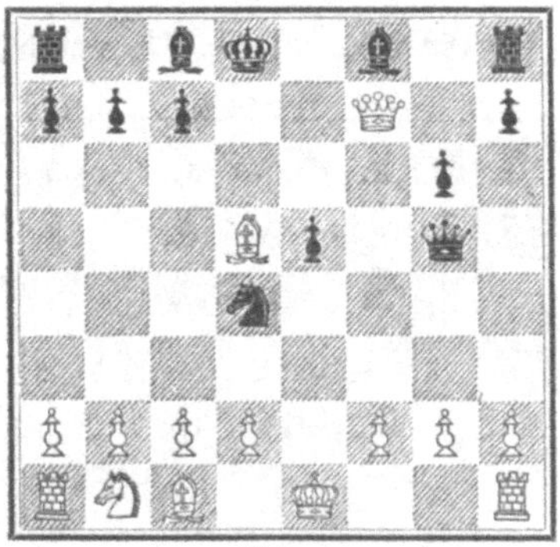

Weiss.

A.

10. Ld5—b3 Dg5—g2:
11. Df7—f6† Lf8—e7
12. Df6—h8‡ Kd8—d7
13. Lb3—d5 Dg2—d5:
14. Th1—g1 Dd5—e4†
15. Ke1—f1 Kd7—c6 und muss gewinnen.

B.

[S. das vorige Diagramm.]

10. Ld5—e4 Lc8—e6
11. h2—h4 Dg5—h5
12. Df7—f6† Lf8—e7
13. Df6—h8‡ Kd8—d7

Weiss ist verloren.

C.

[S. das vorige Diagramm.]

10. Ke1—d1 Lc8—g4†

Es kann folgen 11. f2—f3, Lg4—f5 oder auch

11. Ld5—f3 Sd4—f3:
12. g2—f3: Lg4—h5
13. d2-d3 od. D. Dg5—g2
14. Kd1—e2 Lf8—d6
15. Df7—f6† Kd8—d7
16. Df6—f7† Kd7—c8 und gewinnt.

D.

Schwarz.

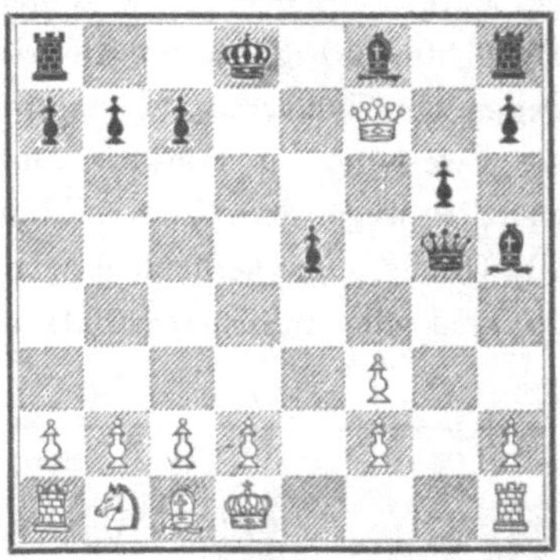

Weiss.

13. d2—d4 Dg5—g2
14. Kd1—e2 Lf8—d6
15. Th1—e1 Th8—f8
16. Df7—b3 Tf8—f3:
17. Lc1—e3 Tf3—e3‡
18. Ke2—e3: Dg2—f3†
19. Ke3—d2 Df3—f2‡

Weiss verliert.

Zweiter Angriff.
(2. Spielart. 1. Vertheidigung.)

Schwarz.

Weiss.

6. Sg5—f7: Ke8—f7:

Das Opfer verschafft den Weissen einen sehr starken Angriff und galt Jahrzehnte hindurch für unantastbar correct. Ganz neuerdings erheben sich aber wieder Zweifel. Wäre es noch um einen Zug verschoben worden, so konnte sich Schwarz sicher stellen, z. B. 6. d2—d4, e5—d4:; 7. Sg5—f7:, Dd8—e7†; 8. Dd1—e2, De7—e2‡; 9. Ke1—e2:, Ke8—f7:; 10. Lc4—d5‡, Lc8—e6; 11. Ld5—e6‡, Kf7—e6: u. s. w.

7. Dd1—f3† Kf7—e6,

um seinen numerischen Vortheil zu behaupten.

8. Sb1—c3 Sc6—e7

Ginge der schwarze Springer nach b4, so folgte 9. Df3—e4, c7—c6; 10. a2—a3, Sb4—a6; 11. d2—d4, Dd8—d6; 12. Lc1—f4 oder auch 11. Ke6—f7; 12. Sc3—d5:, c6—d5:; 13. Lc4—d5‡, Kf7—e8; 14. Lc1—f4 mit gutem Spiel.

9. d2—d4

Erstes Gegenspiel.
(2. Angriff. 2. Spielart. 1. Verth.)

9. .... c7—c6
10. Lc1—g5 e5—d4:

oder h7—h6, s. den Zusatz.

11. 0—0—0 d4—c3:
12. Th1—e1† Ke6—d6
13. Lc4—d5: c3—b2‡
14. Kc1—b1. Der König ist zuweilen durch einen feindlichen Bauern gut gedeckt.
14. .... c6—d5:
15. Lg5—e7‡ Lf8—e7:
16. Td1—d5‡ Kd6—c7
17. Df3—c3† Kc7—b8
18. Td5—d8: Le7—d8:
19. Dc3—g7: und gewinnt.

Zusatz zum ersten Gegenspiel.
(2. Angr. 2. Spielart. 1. Verth.)

10. .... h7—h6

b7—b5 würde den Laufer c4 nach b3 zurückdrängen, aber leicht den Thurm a8 in Gefahr bringen.

11. Lg5—e7: Lf8—e7:

Weiss spielt wahrscheinlich besser 11. Lg5—h4 (g7—g5; 12. Lh4—g3).

12. 0—0—0 Th8—f8
13. Df3—e4 Le7—g5†
14. Kc1—b1 Tf8—f4

Auch bei 14. ...., Tf8—f2:; 15. d4—e5:, Ke6—e7; 16. e5—e6, Sd5—c3‡; 17. b2—c3:, Dd8—b6†; 18. Lc4—b3, Db6—e3! ist es uns nicht wahrscheinlich, dass Weiss mit dem Angriff etwas ausrichten kann.

15. De4—e5‡ Ke6—f7
16. Sc3—d5: c6—d5:
17. Lc4—d5‡ Kf7—f8

und Schwarz, welcher Tf4—f5 droht, erhält für die geopferten Bauern einen starken Gegenangriff. Dies ist die Variante, auf welche sich der Zweifel an der völligen Correctheit des Opfers 6. Sf7: stützt.

Zweites Gegenspiel.

(2. Angr. 2. Spielart. 1. Verth.)

Schwarz.

Weiss.

9. .... h7—h6,

um den Laufer c1 von dem Felde g5 zurück zu halten.

10. 0—0 c7—c6
11. Tf1—e1 Ke6—d7

Wegen Se7—g6 s. den Zusatz. Die hier gegebenen Varianten sind übrigens bei weitem nicht erschöpfend. Sie sollen nur die Eigenthümlichkeit des Spiels dem Leser anschaulich machen, damit er in der Praxis sich derselben erinnern und die passenden Züge selbst auffinden kann. Eine vollständige Analyse würde der Anfänger doch nicht auf die Dauer seinem Gedächtniss einzuprägen vermögen.

12. d4—e5: Kd7—c7
13. e5—e6 b7—b5
14. Lc4—d5: Se7—d5:
15. Sc3—d5: Dd8—d5:
16. Df3—d5: c6—d5:
17. e6—e7 u.s.w. Wir machen auf die Wirkung eines von Figuren gut unterstützten Freibauern aufmerksam.

Zusatz zum zweiten Gegenspiel.

(2. Angr. 2. Spielart. 1. Verth.)

Schwarz.

Weiss.

11. . . . . Se7—g6
12. Df3—h5 Ke6—f6
Auf Ke6—f7 gewinnt Te1—e3, auf Dd8—f6 aber d4—e5:
13. d4—e5† Kf6—f7
14. Sc3—d5: c6—d5:
15. Lc4—d3 Dd8—b6
16. e5—e6† u. s. w.

Drittes Gegenspiel.

(2. Angr. 2. Spielart. 1. Verth.)

(S. das Diagramm auf S. 144.)

9. . . . . b7—b5, um ein Tempo zur besseren Deckung des Punktes d5 zu gewinnen. Weiss steht aber doch im Vortheil, da er bei guter Stellung gewiss drei Bauern für den geopferten Springer bekommen wird.
10. Sc3—b5: c7—c6
11. Sb5—c3 e5—d4:
12. Sc3—e4 h7—h6
oder s. den Zusatz.
13. 0—0 Ke6—d7
14. c2—c3 d4—c3:
15. b2—c3: Kd7—e8
16. Tf1—e1 mit gutem Spiel.

Zusatz zum dritten Gegenspiele.

(2. Angr. 2. Spielart. 1. Verth.)

(S. das nächste Diagramm.)

12. . . . . Dd8—a5†
13. Lc1—d2 Da5—b6
14. 0—0 Lc8—b7
15. Tf1—e1 Ke6—d7

(Stellung vor d. 12. Zuge von Schwarz.)

Schwarz.

Weiss.

16. Df3—f7 c6—c5
17. c2—c3 Db6—g6
18. Se4—c5† Kd7—c8
19. Lc4—d5: Lb7—d5:
20. Df7—g6: h7—g6:
21. c3—d4: Weiss steht gut.

Zweite Vertheidigung.

1. (e2—e4) (e7—e5)
2. (Sg1—f3) (Sb8—c6)
3. (Lf1—c4) (Sg8—f6)
4. (Sf3—g5) Sf6—e4:?, um, wenn der Springer genommen würde, d7—d5 zu thun. Noch günstiger würde sich das Spiel für Schwarz gestalten, wenn Sg5—f7: geschähe. Dd8—h4 wäre dann der richtige Gegenzug, den wir indess nicht erörtern, da folgende Spielart Weiss im Vortheile lässt.
5. Lc4—f7†! Ke8—e7
6. d2—d4. Weniger gut wäre 6. d2—d3, Se4—f6; 7. Lf7—b3, d7—d5; 8. f2—f4, Lc8—

g4; 9. Dd1—d2, Ke7—d7!; 10. Sg5—f7, Dd8—e8; 11. Sf7—h8:, e5—f4†; 12. Ke1—f1, Sc6—d4; 13. Sb1—c3, Lf8—c5 mit starkem Angriff.

6. .... h7—h6

Bei 6. Se4—d6; 7. Sg5—e6, d7—e6:; 8. Lc1—g5†, Ke7—f7:; 9. Lg5—d8:, Sc6—d8:; 10. d4—e5:, Sd6—f5 hat Weiss die Dame erobert; es kann aber auch (Se4—d6); 7. Lf7—b3, Sc6—d4:; 8. Sg5—h7:, u. s. w. geschehen. Auf 6. e5—d4: folgt 7. Dd1—e2, d7—d5; 8. Lf7—d5: und bei 6. d7—d5 ist 7. d4—e5:, Sc6—e5:; 8. Dd1—d5: für Weiss vortheilhaft. Gegen 6. Se4—f6 entscheidet 7. d4—e5:, Sc6—e5:; 8. Dd1—e2 und auf 6. d7—d6; 7. Lf7—d5, Se4—f6; gewinnt 8. Ld5—c6:, b7—c6:; 9. d4—e5:. Endlich ist noch 6. Sc6—d4:; 7. Lf7—d5, Se4—f6; 8. Sg5—f7, Dd8—e8; 9. Lc1—g5 für Weiss günstig.

7.	Sg5—e4:	Ke7—f7:
8.	d4—d5	Sc6—e7
9.	Dd1—h5†	g7—g6
10.	Dh5—e5:	Lf8—g7
11.	De5—f4†	Kf7—g8
12.	Sb1—c3 mit entscheidendem Vortheil.	

Siebzehntes Spiel.

1.	e2—e4	e7—e5
2.	Sg1—f3	Sb8—c6
3.	Lf1—c4	Lf8—c5

Diese Anfangszüge gelten als die regelmässigsten und werden von den Italienern „Giuoco piano“ oder einfaches Spiel, von uns die „Italienische Partie“ genannt. Allerdings kann der Laufer c5 der Unannehmlichkeit ausgesetzt sein, dass d2, von c3 unterstützt, gegen ihn vorrückt und die Mitte besetzt. Die Vertheidigung wird aber bis zur erlangten Zerstörung des entstandenen Centrums fortgeführt, oder, um selbst einen festen Punkt in der Mitte zu behalten, auf Unterstützung des Bauern e5 gerichtet werden. Beide Pläne sollen in den folgenden Varianten ihre Erläuterung finden.

Hätte Schwarz 3. Lf8—e7 gezogen (Ungarische Partie), so könnte 4. d2—d4, d7—d6; 5. c2—c3, Sg8—f6; 6. Dd1—c2, Lc8—g4; 7. Lc4—b5 folgen.

Erster Angriff.

4. c2—c3 ....

Nachher betrachten wir die Angriffszüge 4. d2—d4 und 4. 0—0. Der Zug 4. b2—b4 bildet das „Gambit Evans".

Erste Vertheidigung.

(1. Angriff.)

4. .... d7—d6?

Dass diese Vertheidigung der oben erwähnten Alternative nicht entspricht, wird die Ausführung zeigen.

5. d2—d4 e5—d4:

6. c3—d4: Lc5—b6

Giebt der Laufer auf b4 Schach, so zieht Sb1—c3 zwischen und Weiss wird die Bauern in der Mitte geschlossen behalten.

7. h2—h3? Dieser Zug müsste durch Sb1—c3, worüber der Anhang handelt, ersetzt werden. Er geschieht, um den Laufer c8 von dem Felde g4 zurück zu halten. Schwarz bleibt dadurch zwar auf die drei, jetzt von ihm besetzten Reihen beschränkt, wird aber bald das Centrum sprengen können.

7. .... Sg8—f6

8. Sb1—c3 0—0

9. 0—0 Tf8—e8?

Die Folge von 9. Lc1—g5 wäre ebenfalls Tf8—e8 und dann 10. 0—0, h7—h6; 11. Lg5—h4, g7—g5 oder 11. Lg5—f6:, Dd8—f6: mit Trennung der Bauern in der Mitte gewesen. Hier ist der Zug des Thurms aber unrichtig, indess wird er uns Gelegenheit geben, die Benutzung der Mittelbauern in einer Figurenpartie anschaulich zu machen. 9. Sf6—e4:!; 10. Sc3—e4:, d6—d5; 11. Lc4—d5:, Dd8—d5: hätte das Spiel aufgelöst.

10. a2—a3 h7—h6

Hätte Schwarz jetzt Sf6—e4: genommen, so folgte 11. Sc3—e4:, Te8—e4:; 12. Lc4—f7†, wobei Weiss wenigstens den Thurm gegen Officier und einen Bauern gewinnt. 11. d6—d5, statt T—e4:, wäre aber wegen Sf3—g5 und Dd1—h5 verderblich gewesen.

11. Tf1—e1 a7—a6

Das Spiel von Schwarz ist ungemein beschränkt; sein Plan geht dahin, den Bauern f7 vorzurücken und gegen e4 abzutauschen.

12. b2—b4 Te8—e7

13. Ta1—a2 Lb6—a7, um nicht durch den Zug Sc3—d5 diesen Laufer, falls der Springer f6 dem Bauern f7 Platz gemacht hat, abtauschen zu lassen.

14. Ta2—e2 Sf6—h7

Die letzten Züge führen uns zu mehreren wichtigen Betrachtungen. Zunächst sehen wir, dass Weiss das Vorrücken seiner geschlossenen Mittelbauern nicht übereilt, sondern seine Officiere so ordnet, dass der Angriff nachher mit mehr Streitkräften unternommen werden kann. Er führt die Thürme zur Unterstützung herbei, und verdoppelt sie, um ihre Kraft zu erhöhen. Wir haben dieselben bereits auf offenen Linien sehr wirksam gesehen und werden uns hier überzeugen, dass sie auch dem Vordringen der Bauern Nachdruck zu geben vermögen. Die Spiele sind von einander getrennt, die fünfte Reihe ist sogar ganz unbesetzt. Die Physiognomie und der Gang der Partie sind aber deutlich verschieden von denjenigen geschlossenen Spielen, welche wir S. 77 und 83 ff. bereits durchgeführt haben. Diese entspringen aus dem Lauferspiel, und der f-Bauer des Anziehenden war früh vorgerückt, während der Hauptangriff des Thurms auf der dadurch geöffneten Linie Statt hatte. Gegenwärtig hat diese Linie für Weiss weniger Bedeutung.

Die Position der Schwarzen ist gedrückt und der Plan, den Bauern f7 vorzubringen, unausführbar. Daher mag Sf6—h7 nutzlos erscheinen. Häufig bietet sich aber wirklich die Gelegenheit dar, f7 oder f2 nach Entfernung des Springers vorzubringen und dann darf man sie nicht unbenützt vorübergehen lassen. Kann der Springer keinen der Angriffszüge, z. B. f3—g5 oder f6—g4, welche den Gegner beschäftigen, thun, so muss er allerdings mit Verlust eines Tempo zurückgezogen werden. Das Feld h5 wird selten einen sichern Standpunkt gewähren; es bleibt daher gewöhnlich zwischen h7, d7 und e8 die Wahl. Die jedesmalige Lage des Spiels muss die Entscheidung für das eine oder andere Feld bedingen, in den meisten Fällen wird aber e8, wegen des möglichen Ausganges nach d6 und der Deckung der Punkte g7 und c7 vorzuziehen sein.

15. Sc3—d5 Te7—e8
16. Sd5—f4 Sh7—f8
17. Dd1—b3 Sf8—e6
18. Sf4—e6: f7—e6:
19. Lc1—b2. Dieser Laufer ist nicht allein zur Deckung des Punktes d4, sondern auch für den Angriff gegen den feindlichen König wichtig. Die Richtung beider Läufer auf die Rochade, wie hier, pflegt besonders lästig für den Gegner zu sein.

19. .... Sc6—b8
20. a3—a4 Lc8—d7
21. Db3—c2 Te8—e7
22. Lc4—a2. Es ist wohl zu beachten, dass die Läufer aus der Ferne ebenso wirksam sind, wie auf Punkten, die im Bereich der Angriffe des Gegners liegen.

22. .... Sb8—c6
23. Lb2—c3 Te7—f7
24. d4—d5 Tf7—f3:

25. d5—e6: und nicht g2—f3:, weil er sich dadurch folgendem Augriffe ausgesetzt haben würde, zu dem wir die Stellung angeben.

Schwarz.

Weiss.

25. (g2—f3:) e6—d5:
26. e4—d5: Dd8—g5†
27. Kg1—h1 Sc6—b4:
28. Lc3—b4: Dg5—h4
29. Te2—e7 Ld7—h3: etc.

Oder:

25. (g2—f3:) e6—d5:
26. La2—d5‡ Kg8—h8
27. f3—f4 Dd8—h4 etc.

Weiss würde in beiden Spielarten dem immerwährenden Schach nicht entgehen. Uebrigens könnte Schwarz auch gleich 25. Dd8—h4 ziehen und ebenfalls remis machen.

25. .... Dd8—h4
26. e6—d7‡ Kg8—h8
27. La2—e6 Dh4—g3

Die Angriffe, welche Schwarz hier unternimmt, wären unzulässig, wenn Weiss nicht h2—h3 gezogen hätte. Sie sind indess auch jetzt ohne Erfolg, aber man sieht doch daran, dass, wie beim sechsten Spiele dieser Abtheilung schon erwähnt wurde, ein frühes Vorrücken der Eckbauern im Laufe der Partie zuweilen bedenkliche Folgen haben kann.

28. Lc3—a1 Ta8—f8
29. Le6—f5 La7—b6

Zöge Schwarz dafür:

Schwarz.

Weiss.

29. .... Sc6—b4:, so
30. Dc2—d2 Tf3—f2:
31. Te2—f2: Dg3—f2‡
32. Dd2—f2: La7—f2‡
33. Kg1—f2: Sb4—c2
34. Te1—c1 und gewinnt.

Oder:

29. .... Sc6—b4:
30. Dc2—d2 Kh8—g8
31. Dd2—b4: Tf3—f2:
32. Te2—f2: La7—f2‡
33. Kg1—f1 Lf2—e1:
34. Db4—e1: Dg3—d3†

35. Kf1—g1 und kann bald den Damentausch erzwingen, nach welchem er wegen seiner beiden Läufer im Vortheile ist.

[S. das vorhergehende Diagr. mit Hinzufügung von 29. La7—b6.]

30.	Dc2—d2	Tf3—f4
31.	Te1—c1	Dg3—g5
32.	Kg1—h2	Tf4—f2:
33.	Dd2—g5:	h6—g5:
34.	Te2—f2:	Lb6—f2:
35.	b4—b5	a6—b5:
36.	a4—b5:	Sc6—d8
37.	Tc1—c7:	Kh8—g8
38.	Lf5—g6	Lf2—b6
39.	Tc7—c8	

Die Partie, welche hier von Schwarz aufgegeben wurde, ist ein Spiel zwischen Paris und London. Es könnte noch folgen:

39.	....	Sd8—e6
40.	Lg6—e8	Se6—d8
41.	La1—b2	und muss gewinnen.

Anhang zur ersten Vertheidigung. (1. Angriff.)

[S. das nächste Diagramm.]

7. Sb1—c3. Wenn h2—h3? unterbleibt, entsteht natürlich die Frage, wie dem Zuge Lc8—g4 begegnet wird. Es folgt 8. Lc4—b5, Lg4—f3:; 9. g2—f3:, Dd8—h4; 10. 0—0. Die Verdoppelung des Bauern, welcher sich der Mitte nähert, ist eher vortheilhaft als nachtheilig, es kann aber zweifelhaft erscheinen, ob dennoch der König nach dieser Seite rochiren oder auf e2 zur Deckung der Bauern ziehen soll. Da jedoch die Bauern und namentlich f3 zum Vorrücken bestimmt sind, so würde der König in der Mitte des Bretes ungünstig stehen. Man bringt ihn desshalb in ähnlichen Fällen lieber in eine Ecke.

(Stellung vor dem 7. Zuge von Weiss.)

Schwarz.

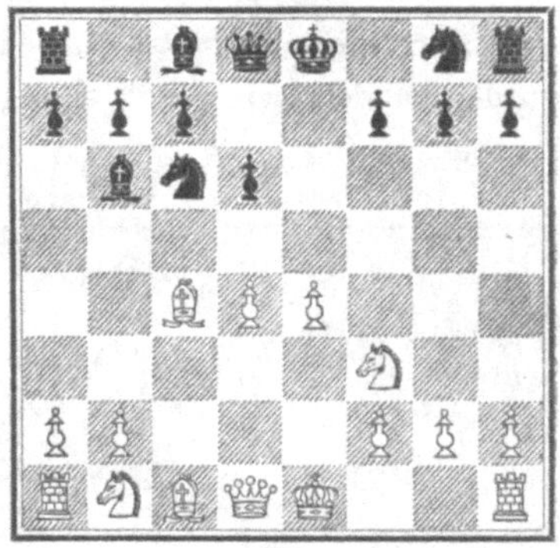

Weiss.

7.	....	Sg8—f6

Schwarz droht noch immer, durch Lc8—g4 die Deckung des Bauern d4 anzugreifen, kann aber auch nun Sf6—e4: schlagen. Wenn Weiss den Bauern d4 nicht vorrücken will, weil er dadurch den Angriffslaufer verstellt, während Sc6—e7 ausweicht, so bleibt, um das Centrum zu erhalten, nur folgende Spielart übrig:

8.	Lc4—b5	Lc8—d7
9.	Lb5—c6:	Ld7—c6:
10.	Dd1—d3	0—0

11. 0—0, welches auch auf Dd8—e7 geschehen wäre.

11. .... T 8—e8

12. Tf1—e1 h7—h6

13. Lc1—f4 Dd8—e7

14. Sf3—d2 und hat den Vortheil der geschlossenen Mittelbauern.

Zweite Vertheidigung.

(1. Angriff.)

1. (e2—e4) (e7—e5)

2. (Sg1—f3) (Sb8—c6)

3. (Lf1—c4) (Lf8—c5)

4. (c2—c3) Dd8—e7

oder Lc5—b6. Der nächste Zweck dieser, manchen Spielern nicht ganz befriedigend erscheinenden Vertheidigung ist die Deckung des Königsbauern.

4. Dd8—f6 könnte zu folgendem Spiele Anlass geben: 5. d2—d4, Lc5—b6 (auf 5. e5—d4: wäre 6. e4—e5 gefolgt); 6. 0—0, d7—d6; 7. Lc1—g5, Df6—g6; 8. d4—e5:, d6—e5:; 9. Sf3—e5:, Dg6—g5:; 10. Se5—f7:, Dg5—c5; 11. Lc4—d5, Sg8—f6; 12. Sf7—h8:, Lc8—g4; 13. Dd1—b3 und ist im Vortheile.

5. 0—0 d7—d6

6. d2—d4 Lc5—b6

Nicht e5—d4:, weil dies dem Gegner die Mitte eingeräumt hätte.

7. Lc1—g5. Das bessere Spiel 7. a2—a4 ist im Anhange berücksichtigt.

7. .... f7—f6!

Es könnte Sg8—f6 dazwischen gesetzt werden, indess hat bei dem hier gewählten Zuge Schwarz sogar die Aussicht in Vortheil zu kommen, wenn Lg5 nach h4 statt e3 zurück geht.

8. Lg5—h4 h7—h5!,

um die Bauern zum Angriff gegen die Rochade vorrücken zu lassen. 8. g7—g5 hätte ein Beispiel gegeben, in welchem Sf3—g5: mit Erfolg geopfert wird.

9. h2—h3 g7—g5

10. Lh4—g3 h5—h4

11. Lg3—h2 g5—g4

12. h3—g4: Lc8—g4:

13. Lc4—b5 0—0—0

Die Rochade geschieht, um den Angriff auf der andern Seite mit Nachdruck fortzusetzen, obgleich der schwarze König nun ebenfalls angegriffen werden kann.

14. Lb5—c6:. Dieser Zug ist besser als d4—d5. Der Springer hätte sich zwar nach b8 zurückziehen müssen, aber der Laufer b6 wäre frei geworden und überdies wäre das schwarze Spiel in der Mitte sehr sicher gestellt worden.

14. .... b7—c6:

15. a2—a4 a7—a5

16. Dd1—d3 h4—h3

17. Sb1—d2 h3—g2:

18. Tf1—e1 De7—h7

19. b2—b4 e5—d4:

20. c3—d4: Dh7—h5

Das hier folgende Diagramm zeigt die Stellung.

Schwarz.

Weiss.

21. Kg1—g2: Sg8—e7
22. Kg2—f1 Dh5—h3†
23. Kf1—e2 Dh3—h2:
24. b4—a5: Lb6—a7
25. Dd3—a6† Kc8—d7
26. Te1—h1 Dh2—f4
27. Da6—d3 f6—f5
28. Th1—h8: Td8—h8:
29. Dd3—e3 Df4—e3‡
30. f2—e3: f5—e4:
31. Sd2—e4: Th8—h2†
32. Se4—f2 c6—c5
33. Ta1—g1 Lg4—f3‡
34. Ke2—f3: c5—d4:
35. e3—d4: Th2—f2‡
36. Kf3—f2: La7—d4‡

Die Partie hätte füglich beim Tausch der Damen abgebrochen werden können, wir haben aber noch einige Züge hinzugefügt, um daran die Bemerkung zu knüpfen, dass die stärkere Partei gut thut, wenn sie durch Abtausch die möglichste Vereinfachung herbeiführt.

Anhang zur zweiten Vertheidigung. (1. Angriff.)

Schwarz.

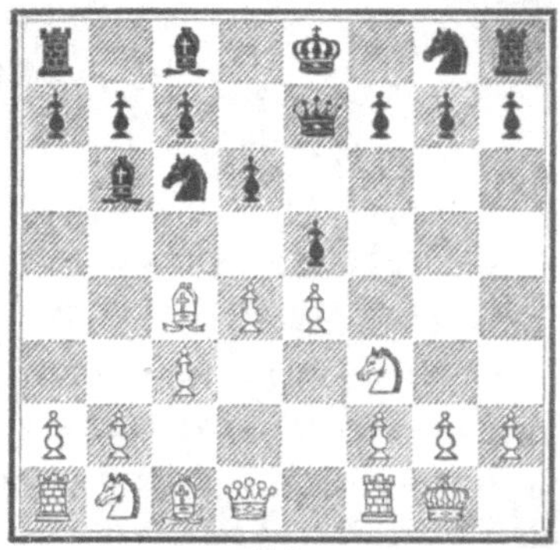

Weiss.

7. a2—a4 a7—a5

Ginge der schwarze Bauer nur einen Schritt, so folgt 8. b2—b4, Sg8—f6; 9. a4—a5, Lb6—a7; 10. b4—b5, a6—b5:; 11. Lc4—b5: zum Vortheil für Weiss.

8. h2—h3 Sg8—f6

Weiss thut hier einen schwächern Zug. Richtig wäre 8. Sb1—a3 od. 8. Lc1—e3, worauf Schwarz mit 8. .... Lb6—a7 ein Tempo einbüssen muss, sobald er nicht mit 8. ...., Lc8—g4; 9. d4—e5:, Sc6—e5:; 10. Lc4—b5†, Ke8—f8; 11. Le3—b6:, c7—b6: einen lästigen Doppelbauern auf dem Flügel in Kauf nehmen will.

9. Tf1—e1 0—0

10. Sb1—a3 h7—h6
11. Sa3—c2 Lc8—d7
12. b2—b3. Dieser Zug ist sehr wichtig, da er dem Laufer c1 den Platz a3 und damit den Angriff gegen den Punkt d6 eröffnet. Die ganze Spielart erinnert an den ersten Angriff auf S. 85.
12. .... Tf8—e8
13. Lc1—a3 De7—d8
14. Dd1—d3. Alle Stücke befinden sich noch auf dem Brete, die der Weissen sind aber bedeutend besser entwickelt. Indess konnte die Vertheidigung in folgender Weise verstärkt werden.

Schwarz.

Weiss.

11. e5--d4: statt Lc8—d7
12. c3—d4: Sf6—e4:
13. Lc4—d5 Lc8—f5
14. Ld5—c6:. Auf 14. Dd1—d3 folgt Se4—g3, auf 14. Sf3—d2 hingegen mit Vortheil Se4—f2:
14. .... b7—c6:
15. Sf3—d2 Tf8—e8
16. f2—f3 Se4—c3
17. b2—c3: Lf5—c2:
18. Te1—e7: Lc2—d1:
19. Te7—e8‡ Ta8—e8:
20. Lc1—b2 Ld1—c2 mit besserem Spiel.

Dritte Vertheidigung.

(1. Angriff.)

Wir wenden uns jetzt zu dem Gegenzuge 4. Sg8—f6, welcher allen Anforderungen an eine vollkommene Vertheidigung entspricht.

1. (e2—e4) (e7—e5)
2. (Sg1—f3) (Sb8—c6)
3. (Lf1—c4) (Lf8—c5)
4. (c2—c3) Sg8—f6!

Bereits in einigen andern Stellungen, z. B. S. 73 und 79, haben wir die Wirksamkeit dieses Vertheidigungszuges kennen gelernt. Sg8—e7 wäre wegen Sf3—g5, d2—d4 oder 0—0 nicht gut.

Erste Spielart.

(3. Vertheidigung. 1. Angriff.)

5. d2—d4 e5—d4:
6. e4—e5. Hier könnte geschehen 6. c3—d4:, Lc5—b4†; 7. Lc1—d2, Lb4—d2‡; 8. Sb1—d2:, d7—d5; 9. e4—d5:, Sf6—d5:; 10. Dd1—b3, Sc6—e7 mit gleichem Spiele, oder 7. Sf6—e4:,

8. Ld2—b4:, Sc6—b4:; 9. Lc4—f7†, Ke8—f7:; 10. Dd1—b3†, d7—d5; 11. Sf3—e5†, Kf7—f6; 12. Db3—b4:, c7—c5; 13. Db4—a4, Dd8—e8 u. s. w.

Als Antwort auf e4—e5 kann 6. d7—d5 oder Sf6—e4 folgen; letztere Vertheidigung ist aber nicht so ganz sicher wie erstere.

Erstes Gegenspiel.

(1. Spielart. 3. Verth. 1. Angriff.)

6. .... d7—d5

7. Lc4—b5. Die Veränderung betrachtet das minder gute e5—f6:

7. .... Sf6—e4

8. Lb5—c6†. Weiss thäte gut, das Nehmen des Springers noch zu verschieben.

8. .... b7—c6:

9. c3—d4: Lc5—b6, um ihn zur Unterstützung des vorzurückenden Bauern c6 zu gebrauchen. Auf 9. Sf3—d4: gleicht man mit Lc5—b6; 10. Lc1—e3, c6—c5; 11. Sd4—b3, c5—c4 die Spiele aus.

10. Sb1—c3. Hier könnte Weiss auch rochiren, worauf dann Lc8—g4; 11. Lc1—e3, 0—0; 12. a2—a4, a7—a5; 13. h2—h3, Lg4—h5 mit nachher folgendem f7—f5 Schwarz etwas in Vortheil bringen würde.

10.	....	c6—c5
11.	d4—c5:	Se4—c3:
12.	b2—c3:	Lb6—c5:
13.	Sf3—d4	0—0
14.	0—0	Lc5—b6

Das Spiel ist vollkommen ausgeglichen. Wir bemerken hierzu, dass es zwar für Schwarz natürlich war, den Doppelbauern, der auf einer für die feindlichen Thürme offenen Linie stand, so bald als möglich aufzulösen, dass er aber auch 10. f7—f5, wozu wir hier die Stellung angeben, ziehen konnte.

Schwarz.

Weiss.

Die Fortsetzung würde etwa sein: 11. 0—0!, 0—0; 12. Lc1—f4, Lc8—a6; 13. Tf1—e1, c6—c5; 14. d4—c5:, Lb6—c5:; 15. Sc3—e4:, d5—e4:; 16. Dd1—b3†, Kg8—h8; 17. Sf3—g5, Dd8—e7; 18. Ta1—c1, Lc5—b6. Weiss kann nun den Angriff mit 19. Tc3, Dh3 oder e5—e6 fortsetzen, ohne wie es scheint, mehr als Ausgleich zu erzielen.

Veränderung.

(1. Gegenspiel. 1. Spielart. 3. Vertheidigung. 1. Angriff.)

Schwarz.

Weiss.

7.	e5—f6:	d5—c4:
8.	f6—g7:	Th8—g8
9.	Lc1—g5	f7—f6
10.	Dd1—e2†	Dd8—e7
11.	Lg5—f6:	De7—e2†
12.	Ke1—e2:	d4—d3†
13.	Ke2—d1	Lc8—g4
14.	h2—h3	Lg4—f3†
15.	g2—f3:	Ke8—f7
16.	Sb1—d2	Kf7—f6:
17.	Sd2—e4†	Kf6—g7:
18.	Se4—c5:	Sc6—e5

und ist im Vortheile.

Zweites Gegenspiel.

(1. Spielart. 3 Verth. 1. Angr.)
[S. das nächste Diagramm.]

6. .... Sf6—e4

Schwarz.

Weiss.

Weiss kann diesen Springer gegen drei Bauern erobern. Die Spielart 7. Dd1—e2, d7—d5; 8. e5—d6:, Lc8—f5 wäre für Schwarz günstig.

7.	Lc4—d5	Se4—f2:
8.	Ke1—f2:	d4—c3†

9. Kf2—g3!. Minder günstig würde sich der König nach f1, aber am wenigsten gut nach e1 zurückziehen. Wir werden hierauf in einem Zusatze zurückkommen. Auf g3 steht der König sicher, ohne seine Officiere am Ausrücken zu hindern.

9.	....	c3—b2:
10.	Lc1—b2:	Sc6—e7

Schwarz muss, da er einen Officier weniger hat, zunächst dahin sehen, eine in allen Punkten gedeckte Position zu erlangen. Erst wenn dies geschehen, können die Bauern ohne Gefahr vordringen.

11.	Dd1—c2	d7—d6
12.	Ld5—e4	Se7—g6

13. Sb1—d2 c7—c6

14. Ta1—d1

Die weissen Officiere sind so gut entwickelt, dass Schwarz nur mit Vorsicht seine Bauern wird vorrücken können. Der Zusatz, der beim 9ten Zuge beginnt und in welchem Weiss minder günstig steht, wird von der Mitte der Partie an ein Beispiel geben, wie Bauern mit Erfolg zu führen sind.

Zusatz zum 2ten Gegenspiele. (1. Spielart. 3. Verth. 1. Angr.)

Schwarz.

Weiss.

9. Kf2—e1? c3—b2:

10. Lc1—b2: Dd8—e7

11. Ld5—c6:, damit sich der Springer nicht über d8 auf e6 vortheilhaft aufstelle.

11. .... d7—c6:

Die Verdoppelung des Bauern ist nicht nachtheilig, denn c6 ist nun frei, so dass vier Bauern gegen den einzigen a2 anrücken können. Bisher war nämlich d7 beim Vorgehen der Gefahr ausgesetzt, von e5 getauscht zu werden, was die Bauern geschwächt haben würde, da nur drei gegen einen und auf der andern Seite drei gegen zwei geblieben wären. Es liegt im Interesse der Partei, welche den Officier hat, die Bauern des Gegners zu trennen, da die vereinzelten leichter mit Uebermacht angegriffen werden können.

12. Dd1—c2 Lc8—e6

13. Sb1—d2 0—0—0

Schwarz hat eine sichere Stellung eingenommen, was seine erste Sorge sein musste. Er hat übrigens, und darin liegt ein Vortheil, beide zur Unterstützung der Bauern sehr geschickte Läufer sich erhalten.

14. Ke1—e2 g7—g6, um den Thurm h8 frei bewegen zu können; vielleicht wäre jedoch Le6—d5 noch besser gewesen.

15. Sd2—e4 Lc5—b6

16. Dc2—a4 Le6—d5

17. Th1—c1. Hierzu wäre wohl Ta1 besser benutzt worden.

17. .... f7—f5

18. Se4—d2 Ld5—f3†

Schwarz braucht zwar den Tausch der Figuren nicht zu scheuen, g6—g5 dünkt uns aber besser. Da wir indess Schwarz dennoch zum Siege führen, mag man den schwächeren Zug entschuldigen.

19.	Sd2—f3:	g6—g5
20.	Tc1—f1	Td8—d5
21.	Ta1—d1	h7—h5

Die Stellung des weissen Königs und seines ganzen Spiels ist ungünstig.

22.	Sf3—d2	De7—e6
23.	Sd2—c4	Lb6—c5
24.	Da4—c2	f5—f4
25.	Dc2—e4	Th8—d8
26.	a2—a4	b7—b5
27.	a4—b5:	De6—g4†
28.	De4—f3	Dg4—f3†

Der Tausch der Dame, des mächtigsten Steins, gehört zu den wichtigsten Momenten einer noch unentschiedenen Partie. Ihn herbeizuführen oder zu vermeiden, bestimmt oft den Ausgang des Spiels, aber eine praktische Regel über den Zeitpunkt, wann der Tausch vorzunehmen, oder eine Charakteristik der Positionen, in denen man ihm ausweichen soll, lässt sich schwerlich allgemein aufstellen. Ohne Zweifel wird man bei gleicher Stellung und sich darbietendem Tausch auf denselben eingehen, wenn man selbst keinen Angriff beabsichtigt, ihn aber vom Gegner zu gewärtigen hat. Die Schwächung der Kräfte ist dann zu empfehlen; nur muss kein ersichtlicher Nachtheil damit verbunden sein. Bei einer bedrängten Stellung des Königs, sei es in einer Ecke oder auf freiem Felde, ist der Damentausch auch gewöhnlich rathsam. Der König kann nämlich nach Entfernung der Dame sich freier bewegen. Hingegen wird man dem Tausche gegen das Ende einer Partie, welche man unentschieden zu halten wünscht, selbst mit dem Opfer eines Bauern, auszuweichen haben, wenn der Gegner, um freieres Spiel zu bekommen, den König ungedeckt lassen oder zur Unterstützung wichtiger Bauern auf die Mitte des Bretes führen muss, dies aber, so lange die Damen vorhanden sind, nicht mit Erfolg unternehmen kann. Die Dame der vertheidigenden Partei ist in solchem Falle sehr geschickt, durch häufiges Schach die feindlichen Operationen zu hemmen. Auch in der gegenwärtigen Stellung kann Schwarz nur durch Vorrücken seiner Bauern auf der Damenseite seinen Vortheil verfolgen, wobei aber der König seine gesicherte Stellung verliert. Die weisse Dame würde ihm hinderlich sein, daher suchte sie Schwarz abzutauschen, was bei der ungünstigen Lage des weissen Königs nicht schwierig zu erreichen war. Ueberhaupt wird in Partien, in denen eine Partei Bauern gegen einen Officier führt, diese gewöhnlich die Damen zu tauschen suchen.

29.	g2—f3:	Td5—d1:

30.	Tf1—d1:	Td8—d1:
31.	Ke2—d1:	c6—b5:
32.	Sc4—d2	Kc8—d7
33.	Kd1—e2	Kd7—e6
34.	Ke2—d3	a7—a5
35.	h2—h3	a5—a4
36.	Kd3—e4	Lc5—b4
37.	Sd2—b1	c7—c6
38.	Sb1—a3	Lb4—d2
39.	Sa3—b1	Ld2—e1

Schwarz hat hier absichtlich einen Zug verloren. Wir geben die Stellung an.

Schwarz.

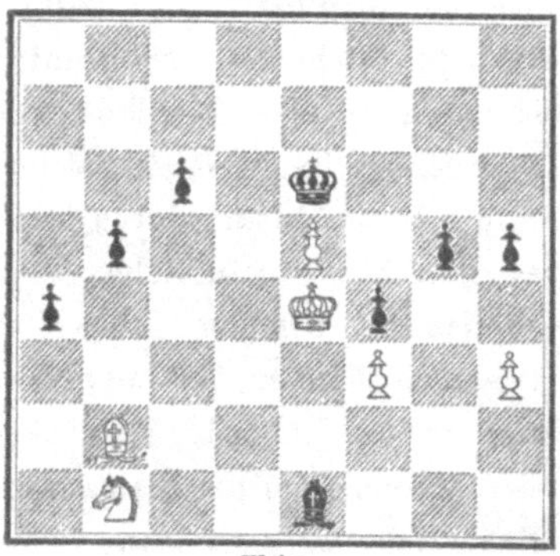

Weiss.

40.	Sb1—a3	Le1—f2
41.	Lb2—a1	b5—b4
42.	Sa3—c4	a4—a3
43.	Sc4—d2	c6—c5
44.	Sd2—c4	Lf2—d4
45.	La1—d4:	c5—d4:
46.	Sc4—a5	a3—a2
47.	Sa5—b3	d4—d3
48.	Ke4—d3:	Ke6—e5:

49. Kd3—e2. Auf K—c4 würde g5—g4 gewinnen.

49.	....	Ke5—f6
50.	Ke2—d3	g5—g4
51.	f3—g4:	h5—g4:
52.	h3—g4:	Kf6—g5
53.	Kd3—e2	Kg5—g4:
54.	Ke2—f2	f4—f3.
55.	Sb3—a1	Kg4—f4
56.	Sa1—b3	Kf4—e4
57.	Kf2—f1	Ke4—d5
58.	Kf1—f2	Kd5—c4

und muss gewinnen.

Zweite Spielart.

(3. Vertheidigung. 1. Angriff.)

Schwarz.

Weiss.

Wir haben gesehen, dass 5. d2—d4 zu keinem für Weiss überwiegend guten Spiele führt. Es ist daher natürlich, zu untersuchen, ob der Angriff etwa durch einen andern Zug verstärkt werden kann. 5. d2—d3 ist gut, bietet aber keine besondere Schwierigkeit für die Vertheidigung dar. Hingegen erfordern Sf3—g5, b2—b4 und die

Rochade noch eine nähere Besprechung.

5.	Sf3—g5	0—0
6.	f2—f4	d7—d5!

Der Angriff auf den Springer, h7—h6, wäre fehlerhaft wegen 7. Sf7:. Er konnte aber geschehen, wenn d2—d3 statt f2—f4 gemacht worden wäre. Weiss versuchte dann vielleicht ein nach der Rochade des Gegners bisweilen zulässiges Opfer des Springers, indem er ihn durch h2—h4 deckte. Schwarz nähme aber nicht, sondern thäte d7—d6 dagegen.

7. e4—d5:

Auf 7. f4—e5: gewinnt Schwarz mit Sf6—g4; 8. d2—d4, d5—c4:; 9. h2—h3, Lc5—e7; auf 7. Lc4—b5 mit Sf6—e4:; 8. Sg5—e4:, d5—e4:; 9. Lb5—c6:, e5—f4:

7.	....	Sf6—d5:
8.	Dd1—h5	Lc8—f5

und Schwarz steht gut.

Dritte Spielart.

(3. Vertheidigung. 1. Angriff.)

[S. das vorige Diagramm.]

5.	b2—b4	Lc5—b6
6.	Dd1—b3	0—0
7.	d2—d3	d7—d6

Die Spielart 7. a7—a5; 8. b4—b5, d7—d5; 9. Lc4—d5:, a5—a4 wäre Weiss vortheilhaft.

8.	a2—a4	a7—a5

Die Spiele sind gleich.

Vierte Spielart.

(3. Vertheidigung. 1. Angriff.)

[S. das vorige Diagramm.]

5.	0—0	Sf6—e4:!
6.	d2—d4	e5—d4:

6. Lc4—d5, Se4—f6; 7. Ld5—c6:, d7—c6:; 8. Sf3—e5:, h7—h6 führt zu gleichem Spiel.

7. Tf1—e1. Bei 7. c3—d4:, Lc5—b6; 8. Lc4—d5, Se4—f6; 9. Tf1—e1†, Sc6—e7; 10. Sb1—c3, h7—h6 bleibt Schwarz im Vortheil.

7.	....	d7—d5
8.	c3—d4:	Lc5—b4
9.	Lc1—d2	0—0
10.	Ld2—b4:	Sc6—b4:
11.	Dd1—b3	d5—c4:
12.	Db3—b4:	Se4—d6
13.	Sb1—d2	a7—a5
14.	Db4—c5	b7—b6
15.	Dc5—h5	Dd8—f6

und ist im Vortheile.

Vierte Vertheidigung.

(1. Angriff.)

1.	(e2—e4)	(e7—e5)
2.	(Sg1—f3)	(Sb8—c6)
3.	(Lf1—c4)	(Lf8—c5)
4.	(c2—c3)	f7—f5

Wir hatten bereits S. 137 Gelegenheit, zu sehen, dass f7—f5 in der Springerpartie bedenklich ist. Die Rochade kann durch den Laufer c4 lange gehindert werden; auch wird oft der Zug Sf3—g5 zu fürchten sein.

5. d2—d4 e5—d4:
oder f5—e4:, s. die Veränderung.
6. Sf3—g5 d7—d5
7. Lc4—d5: f5—e4:
8. Ld5—c6‡ b7—c6:
9. Sg5—e4: Lc5—b6
10. Dd1—h5† g7—g6
11. Dh5—e5† Dd8—e7
12. c3—d4: De7—e5:
13. d4—e5: Lb6—d4
14. f2—f4 Lc8—f5
15. Sb1—c3 Ta8—b8
16. Ke1—e2 und Weiss ist im Vortheil.

Veränderung.

(4. Vertheidigung. 1. Angriff.)

Schwarz.

Weiss.

5. .... f5—e4:
6. Sf3—e5: Sc6—e5:
Auf Lc5—b6 folgt 7. Dd1—h5†, g7—g6; 8. Lc4—f7† u. s. w.
7. Dd1—h5† Se5—g6
8. Lc4—g8: Th8—g8:
9. Dh5—d5 Ke8—f8
10. Dd5—c5‡ d7—d6
11. Dc5—d5 Dd8—e7
12. 0—0 mit freierem Spiele.

Zweiter Angriff.

1. (e2—e4) (e7—e5)
2. (Sg1—f3) (Sb8—c6)
3. (Lf1—c4) (Lf8—c5)

Bisher haben wir nur 4. c2—c3 mit der Aussicht, die Bauern auf der Mitte zu vereinigen, betrachtet, es kann aber auch das Spiel auf andere Weise fortgesetzt werden. Die Vertheidigung bei 4. Sb1—c3 oder 4. d2—d4, Lc5—d4: ist aber nicht schwierig und das Gambit 4. b2—b4 wird erst Gegenstand des achtzehnten Spieles sein. Hier bleibt noch die Rochade zu betrachten.

4. 0—0 Sg8—f6
5. d2—d4. Wenn 5. b2—b4 geschähe, so erhielt Schwarz durch Lc5—b4:; 6. c2—c3, Lb4—e7; 7. d2—d4, 0—0 ein besseres Spiel.
5. .... e5—d4:!

Es käme auch die Fortsetzung 5. ...., Lc5—d4:; 6. Sf3—d4:, Sc6—d4:; 7. f2—f4, d7—d6; 8. f4—e5:, d6—e5:; 9. Lc1—g5, Lc8—e6; 10. Lc4—e6:, Sd4—e6:; 11. Dd1—d8‡, Ta8—d8:; 12. Lg5—f6:, g7—f6:; 13. Tf1—f6: mit geringem Vortheil für Schwarz in Betracht.

6. e4—e5 d7—d5

Erste Fortsetzung.
(2. Angriff.)

7. Lc4—b5!. Weniger rathsam ist e5—f6:

7. .... Sf6—e4
8. Sf3—d4: Lc5—d4:
9. Dd1—d4: 0—0
10. Lb5—c6: b7—c6:
11. f2—f3 Se4—g5
12. f3—f4 Sg5—e6
13. Dd4—a4 c6—c5

mit gleichem Spiel.

Zweite Fortsetzung.
(2. Angriff.)

Schwarz.

Weiss.

7. e5—f6:? d5—c4:
8. Tf1—e1†. Auf 8. f6—g7: folgt Th8—g8; 9. Lc1—g5, Lc5—e7; 10. Lg5—e7:, Ke8—e7:; 11. Tf1—e1†, Lc8—e6; 12. Sf3—g5, Tg8—g7:; 13. Dd1—h5, Dd8—d5 u. s. w.

8. .... Lc8—e6

9. Sf3—g5, oder 9. f6—g7:, Th8—g8; 10. Sf3—g5, Dd8—d5; 11. Sg5—h7:, Lc5—e7.

9. .... Dd8—d5

Die Rochade wäre wegen 10. Te1—e6: fehlerhaft.

10. Sb1—c3 Dd5—f5
11. g2—g4 Df5—g6

12. Sg5—e6:. Bei der Spielart 12. Sc3—e4, Lc5—b6; 13. f2—f4, 0—0—0; 14. f4—f5, Le6—f5:; 15. g4—f5:, Dg6—f5: behält Schwarz drei Bauern mit guter Stellung. Die Fortsetzung von 12. Te1—e6‡ wäre f7—e6:; 13 Sg5—e6:, Lc5—d6; 14. Se6—g7‡, Ke8—d7; 15. Sc3—d5, Sc6—e5 u. s. w.

12. .... f7—e6:
13. Te1—e6‡ Ke8—f7
14. Sc3—d5 Lc5—d6

und Schwarz ist im Vortheil.

Achtzehntes Spiel.

Eine interessante Variante der Italienischen Partie bildet das erst um das Jahr 1824 von dem Capitain Evans ersonnene Gambit 4. b2—b4 statt c2—c3. Der leitende Gedanke bei dem Opfer besteht darin, den Zug c2—c3 mit einem Angriff auf eine feindliche Figur zu thun und daher schneller als sonst mit d2—d4 vorrücken, auch den Angriff durch Lc1—a3 oder Lc1—b2 noch unterstützen zu können. Die Läufer haben dann eine gefährliche Richtung gegen f7 und g7 angenommen und die Vertheidigung wird dadurch besonders erschwert. Die neueste Theorie hat zwar den Nachziehenden (namentlich im sogenannten Normalangriff) wieder kräftiger gestützt, doch bleibt das Gambit im praktischen Spiele stets gefährlich. Die Ablehnung mit 4. Lc5—b6 kann desshalb minder geübten Spielern mehr empfohlen werden; dieselbe ist sehr sicher.

1. e2—e4 e7—e5
2. Sg1—f3 Sb8—c6
3. Lf1—c4 Lf8—c5
4. b2—b4

Annahme des Gambits.

Erste Vertheidigung.

4. .... Sc6—b4:

Weiss wird jetzt nicht Sf3—e5: nehmen, da Dd8—f6 folgen würde; er treibt vielmehr mit c2—c3 den Springer zurück. Hierdurch ergiebt sich die nämliche Stellung, zu welcher auch Lc5—b4: und 5. c2—c3, Lb4—c5, wie wir bei der vierten Vertheidigung näher sehen werden, führen.

5. c2—c3 Sb4—c6
6. d2—d4 e5—d4:
7. c3—d4: Lc5—b6

Der Laufer konnte Schach bieten, 8. Lc1—d2 oder 8. Ke1—f1, Dd8—e7; 9. a2—a3, Lb4—a5; 10. Ta1—a2 führt aber zu einer für den Anziehenden nicht unvortheilhaften Stellung.

8. 0—0 d7—d6
9. h2—h3? h7—h6?

Beide Züge waren hier unzeitig, denn Weiss konnte einen bessern, später noch zu erörternden Angriffszug Lc1—b2, Sb1—c3 oder d4—d5 thun und Schwarz würde seine Vertheidigung durch Sg8—f6 mehr befördert haben. Die folgende Ausführung mag als Beleg zu den S. 94 über h7—h6 bereits gemachten Bemerkungen dienen. Die Veränderung betrachtet 9. Dd1—b3.

10. Lc1—b2 Dd8—e7

Es pflegt nicht rathsam zu sein die Dame vor den König zu setzen, wenn der Gegner die e-Linie, wie hier, öffnen kann.

11. e4—e5 d6—e5:
12. d4—d5 Sc6—a5
13. Sf3—e5: Sg8—f6
14. d5—d6 c7—d6:

Betrachten wir die gegenwärtige Stellung und den Gebrauch, welchen Weiss von seinem Centrum gemacht hat. Das Spiel ist geöffnet und die Entscheidung den Manövern der Officiere, namentlich der Wirksamkeit der Läufer, überlassen. Hätte Weiss aber, im Vertrauen auf die gute Position seiner Mitte, im Angriff nachgelassen, so würde Schwarz Zeit gewonnen haben, sich zunächst sicher zu stellen und demnächst sein numerisches Uebergewicht geltend zu machen.

15. Lc4—f7‡ Ke8—d8
16. Tf1—e1 Kd8—c7
17. Sb1—a3 a7—a6

Den Springer in der hier dargestellten Position zu nehmen,

Schwarz.

Weiss.

war wegen 18. Sa3—b5†, Kc7—c6; 19. Te1—e5: ebensogut verderblich.

18. Ta1—c1† Lb6—c5
19. Tc1—c5‡ d6—c5:
20. Se5—c4 De7—d8
21. Lb2—e5† Kc7—c6
22. Dd1—f3† Sf6—d5
23. Lf7—d5‡ Kc6—d7
24. Df7—f5† Kd7—e8
25. Df5—f7 ╪

Veränderung. (1. Verth.)

Schwarz

Weiss.

9. Dd1—b3 Dd8—e7

Es ist rathsam, diesen Zug mit Dd8—f6 zu vertauschen, welches auch auf eine Umstellung der Züge passt, bei der Dd8—e7 minder sicher wäre, wie wir im Anhang näher angeben.

10. e4—e5 Sc6—d4:
11. Sf3—d4: Lb6—d4:
12. e5—d6: c7—d6:
13. Lc4—f7‡ Ke8—f8
14. Lf7—g8: Ld4—a1:
15. Lg8—d5 Lc8—f5

und wird gewinnen.

Anhang zur Veränderung.
(1. Vertheidigung.)

9. (Dd1—b3) Dd8—f6

Zu dieser Position führt auch eine kleine Aenderung der Züge, die man den Waller'schen Angriff nennt: 4. b2—b4, Lc5—b4:; 5. c2—c3, Lb4—a5; 6. d2—d4, e5—d4:; 7. 0—0, d7—d6; 8. Dd1—b3 (hier, während der schwarze Laufer auf a5 steht, wäre die Antwort Dd8—e7 wohl nicht gut, indem mit Vortheil darauf 9. e4—e5, d6—e5:; 10. Tf1—e1, Lc8—d7; 11. Lc4—d5!, La5—b6 oder 0—0—0; 12. Ld5—c6: geschähe), Dd8—f6; 9. c3—d4:, La5—b6 u. s. w.

10. e4—e5 d6—e5:
11. d4—e5: Df6—g6
12. Lc1—a3, oder Sf3—g5, Sc6—d8!; 9. e5—e6, Lc8—e6:; 10. Tf1—e1, Lb6—c5; 11. Te1—e2, Sg8—e7 mit gutem Spiel.

12. .... Lc8—e6
13. Sb1—d2 Sg8—e7
14. Lc4—e6: f7—e6:
15. Ta1—e1 0—0
16. Sd2—e4 Ta8—d8
17. Se4—g5 Tf8—f3:
18. Sg5—f3: Td8—d3

mit gutem Spiel.

Zweite Vertheidigung.

1. (e2—e4) (e7—e5)
2. (Sg1—f3) (Sb8—c6)
3. (Lf1—c4) (Lf8—c5)
4. (b2—b4) Lc5—b4:
5. c2—c3

Dem angegriffenen Laufer stehen fünf Felder zum Rückzuge offen, von denen jedoch f8 die wenigste Beachtung verdient. Auch e7 ist nicht vortheilhaft. Nämlich es folgt: 6. d2—d4, d7—d6; 8. Dd1—b3, Sc6—a5; 9. Lc4—f7†, Ke8—f8; 10. Db3—a4 u. s. w., wobei wir auf das Manöver des Springers gegen die Dame und den Laufer aufmerksam machen, da es sich öfters mit Vortheil anbringen lässt, wenn der Springer auf a5 gedeckt ist. Zuweilen kann Weiss aber auch den Laufer c4 nehmen lassen und mit Dd1—a4† den Officier zurückgewinnen.

Das nächste Feld zum Rückzuge ist d6. Der Laufer ist aber dort dem eigenen Spiele hinderlich, wesshalb wir den Zug nicht empfehlen. Er deckt indess e5 und giebt Gelegenheit, das Abtauschen dieses Bauern gegen d4, sowie die Aufstellung des feindlichen freien Centrums zu verzögern, vielleicht ganz zu hindern. Wir wollen ihn daher näher betrachten.

Lb4—a5 und Lb4—c5 sollen, als die besten Züge, später umständlicher geprüft werden.

5. .... Lb4—d6
6. 0—0 Dd8—f6,

um den Punkt e5 gewiss zu behaupten, sonst konnte Sg8—f6 geschehen. Es folgte dann 7. d2—d4, Sf6—e4:; 8. d4—e5:, Sc6—e5:; 9. Tf1—e1 oder 8. Ld6—e5:; 9. Sf3—e5:, Sc6—e5:; 10. Dd1—d5 und gewinnt. Auch 6. Dd8—e7; 7. d2—d4, Sg8—f6; 8. 0—0 ist zu berücksichtigen. Weiss hat hierbei ein gutes Angriffsspiel.

7.	d2—d4	h7—h6
8.	Sb1—a3	a7—a6

Schwarz könnte Sa3 nehmen, aber er gäbe eine Deckung von e5 weg und verschaffte dem Laufer c1 einen guten Platz.

9.	Sa3—c2	b7—b5
10.	Lc4—b3	a6—a5
11.	a2—a4	b5—b4
12.	d4—d5	Sc6—e7
13.	c3—b4:	Ld6—b4:
14.	Sc2—b4:	a5—b4:

Weiss hat in den letzten Zügen, im Widerspruch gegen bereits aufgestellte Regeln, seinen Laufer b3 durch d4—d5 verstellt, den Bauern a4 vereinzelt und b4 zum Freibauern werden lassen, während es nicht schwer gewesen wäre, die Mittelbauern auf e4 und d4 geschlossen zu halten. Der Charakter dieses Evansgambits verlangt aber die Abweichung von dem gewöhnlichen Spiele. Weiss ist um einen Bauern schwächer und wird, sobald der Gegner eine feste Position eingenommen hat, die Uebermacht zu fühlen haben. Er sucht daher vor Allem so zu operiren, dass Schwarz durch fortwährende Angriffe verhindert wird, seine Steine ruhig zu entwickeln. Desshalb ist es hier nicht genügend, die Mittelbauern geschlossen zu halten, sondern, wie in den meisten Gambitspielen, müssen sie den Angriff der Officiere unterstützen und oft, bloss um das Spiel des Gegners in Unordnung zu bringen, auf ihn eindringen, wie es schon in der vorigen Partie mit Erfolg der Fall war. Wesentlich verschieden vom Evans bleiben in Rücksicht hierauf die besten Vertheidigungen der gewöhnlichen Gambitspiele des Königs, weil in diesen Schwarz durch Aufziehen des Bauern g7—g5 und durch den Zug des Laufers f8 nach g7 eine besonders ungünstige Stellung einnimmt, aus der es recht schwer hält, endlich zum Angriff überzugehen. Daher darf wohl, wie später näher erörtert werden soll, Weiss im Königsgambit, eher als im Evans sein Spiel mitunter geschlossen halten, um darauf zu warten, dass Schwarz sich durch einen übereilten Zug bloss stelle.

15.	Lc1—b2	Se7—g6
16.	Dd1—c2	Df6—d6
17.	Sf3—d2	Lc8—a6
18.	Lb3—c4	Sg8—e7
19.	Lc4—a6:	Dd6—a6:

20. f2—f4. Das Vorrücken dieses Bauern wirkt oft entscheidend und bildet gewöhnlich einen wichtigen Abschnitt.

20.	....	d7—d6
21.	f4—e5:	d6—e5:
22.	Sd2—c4	f7—f6
23.	Dc2—b3	Ta8—b8
24.	Ta1—d1	Se7—c8
25.	d5—d6	Sg6—f8

26. Sc4—e5: Sc8—d6:
27. Td1—d6: Da6—d6:
28. Db3—f7† Ke8—d8
29. Df7—g7: Th8—h7
30. Se5—f7† Kd8—d7
31. Dg7—g4† Dd6—e6

Weiss könnte nun Tf1—f6: nehmen und auf De6—g4: mit Sf7—e5† antworten, eine Combination, auf welche man wohl achten muss. die aber hier, da Schwarz Thurm gegen Laufer hat, zu keinem günstigen Resultate für Weiss führen würde. Es ist daher besser, die Dame zu behalten.

Schwarz.

Weiss.

32. Dg4—d1† Kd7—e7
33. Tf1—f6: De6—f6:
34. Lb2—f6† Ke7—f6:

Wenn man nur die Officiere zählt, so hat Schwarz bei dem Tausche sein Uebergewicht behauptet, die beiden weissen Freibauern sind aber für ihn sehr lästig. Die Fortsetzung des Spiels, wenn sie übrigens auch nicht auf vollkommene Correctheit Anspruch macht, wird zeigen, wie geschickt die Dame ist, die feindlichen Bauern zurück zu halten und die eigenen beim Vorrücken zu beschützen.

35. Dd1—f3† Kf6—e7
36. Sf7—e5 Tb8—b6
37. Df3—f5 b4—b3
38. Se5—c4 Tb6—e6
39. a4—a5 Th7—f7
40. Df5—c5† Ke7—d8
41. Dc5—b5 Sf8—d7
42. a5—a6 Te6—e4:
43. h2—h3 Te4—e1
44. Kg1—h2 Te1—a1
45. Sc4—a5 b3—b2
46. Sa5—c6† Kd8—e8
47. Db5—b2: Tf7—f1
48. Db2—h8† Ke8—f7
49. Dh8—h7† und Weiss

muss gewinnen. Dies ist ein Spiel P. Morphy's gegen Thompson.

Dritte Vertheidigung.

1. (e2—e4) (e7—e5)
2. (Sg1—f3) (Sb8—c6)
3. (Lf1—c4) (Lf8—c5)
4. (b2—b4) (Lc5—b4:)
5. (c2—c3) Lb4—a5

Wenn Schwarz beabsichtigt, den Laufer bald nach b6 zu bringen, erscheint es gleichgültig, ob dieser über a5 oder c5 zurückgeht. Bei einigen Varianten kann aber, wenn der Laufer auf a5 stehen bleibt

Schwarz Sg8—f6 mit Nutzen thun, was bei dem Zuge Lb4—c5 nicht angeht. Hingegen gewährt letzterer dem Vertheidigenden eine Abwehr gegen den sonst oft vorkommenden Angriff Lc1—a3, andererseits hat jedoch Schwarz Aussicht, wenn er den Laufer nach a5 zieht, und dann d2—d4 vor der Rochade von Weiss geschieht, einen zweiten Bauern zu gewinnen. Im Ganzen ist es jetzt wohl mehr üblich, La5 als Lc5 im Evansspiel zu thun.

Bei 5. Lb4—a5 haben wir zwei Angriffsspiele, 6. 0—0 und 6. d2—d4 zu betrachten.

Erstes Angriffsspiel.

(3. Vertheidigung.)

6. 0—0 Sg8—f6

Dies ist der eben gedachte Fall, in welchem Sf6 zu empfehlen ist. Stände nun der Laufer auf c5, so könnte Weiss ein gutes Spiel erlangen. 6. d7—d6; 7. d2—d4, e5—d4:; (ob 7. ...., Lc8—d7 eine genügende Vertheidigung anzubahnen vermag, bleibe dahin gestellt), 8. c3—d4:, La5—b6 führt zur Stellung des zweiten Gegenspiels der folgenden Vertheidigung, bei dem zuletzt der Laufer eben so gut von c5 nach b6 gehen könnte.

Erste Fortsetzung.

(1. Angriff. 3. Vertheidigung.)

7. Sf3—g5 0—0

8. f2—f4 d7—d5

Dieser Zug gilt für den stärksten, denn er veranlasst den Tausch der Bauern in der Mitte und sucht das Spiel aufzulösen. 8. d7—d6 mit der Aussicht, eine feste Stellung zu erlangen, wäre aber auch nicht zu tadeln. Die Vorliebe des Spielers für die eine oder andere Spielart mag seine Wahl leiten. 8. h7—h6 wäre jedoch wegen 9. Sg5—f7:, Tf8—f7:; 10. Lc4—f7†, Kg8—f7:; 11. f4—e5:, Sc6—e5:; 12. Dd1—h5† fehlerhaft.

9. e4—d5: Sf6—d5:

Wir fahren hierauf im Angriff mit Lc1—a3 fort, berücksichtigen aber auch 10. d2—d4 im Zusatz.

10. Lc1—a3 Sd5—f4:

11. Tf1—f4: oder Sg5—f7:, wie die Veränderung ausführt. h2—h4 hat zur Folge h7—h6; 12. Sg5—f7:, Tf8—f7:; 13. Lc4—f7†, Kg8—f7:; 14. g2—g3, La5—b6†; 15. d2—d4, Sc6—d4:; 16. g3—f4:; Sd4—c2† u. s. w.

11. .... Dd8—g5:

12. Tf4—f1 La5—b6†

13. Kg1—h1 Sc6—a5

14. La3—f8: Sa5—c4:

15. Lf8—a3 Lc8—e6

und Schwarz ist im Vortheile.

Veränderung der 1. Fortsetzung. (1. Angriff. 3. Verth.)

Schwarz.

Weiss.

11. Sg5—f7: Tf8—f7:
12. Lc4—f7† Kg8—f7:
13. g2—g3 Dd8—g5
14. Kg1—h1 Lc8—e6
15. Dd1—f3 Dg5—d8
16. Df3—h5† Kf7—g8
17. g3—f4: Dd8—f6

und gewinnt.

Zusatz zur ersten Fortsetzung. (1. Angriff. 3. Vertheidigung.)

Schwarz.

Weiss.

10. d2—d4 h7—h6
11. Dd1—b3 h6—g5:

Schwarz würde Sd5—b6 auf 11. d4—e5: gezogen haben.

12. Lc4—d5: e5—f4:
13. g2—g3 Sc6—e7
14. Ld5—c4 Lc8—h3
15. Tf1—f2 Se7—g6
16. Dc3—c2 Dd8—f6

und Schwarz bleibt im Vortheile.

Zweite Fortsetzung. (1. Angriff. 3. Vertheidigung.)

Schwarz.

Weiss.

7. d2—d4 0—0

Die Folge von Sf6—e4: skizziren wir in der zweiten Veränderung. Bei 7. d7—d6 würde aber durch Dd1—a4 Weiss ein gutes Spiel erlangen. 7. e5—d4:? betrachtet die dritte Veränderung.

8. Sf3—e5:!

Dies ist der stärkste Zug, denn auf 8. Dd1—c2 wäre wohl 8. ...., d7—d6 fehlerhaft (9. d4—e5:,

Sc6—e5:; 10. Sf3—e5:, d6—e5:; 11. Lc1—a3, Tf8—e8; 12. Tf1—d1, Sf6—d7; 13. Dc2—b3, Dd8—f6; 14. Td1—d3, Df6—g6; 15. Db3—a4, La5—b6; 16. Td3—f3), aber 8. ...., Dd8—e7 (9. d4—e5:, Sc6—e5:; 10. Sf3—e5:, De7—e5:; 11. Lc4—d3, Sf6—g4; 12. g2—g3, La5—b6 u. s. w.) vermöchte den Vortheil für Schwarz zu erhalten.

Auf 8. Lc1—a3 vertheidigt sich Schwarz mit d7—d6; 9. d4—e5:, Sf6—e4:; 10. Dd1—c2, Se4—c5. Ueber 8. d4—e5: endlich s. die erste Veränderung.

8. .... Sf6—e4:!

Besser als Sc6—e5: mit der Fortsetzung 9. d4—e5:, Sf6—e4:; 10. Dd1—d5, La5—c3:; 11. Sb1—c3:, Se4—c3:; 12. Dd5—f3! etc.

9. Se5—f7:

Auch 9. Lc4—d5 gewährt einen beachtenswerthen, aber kaum besseren Angriff.

9.	....	Tf8—f7:
10.	Lc4—f7†	Kg8—f7:
11.	d4—d5	Sc6—e7
12.	Dd1—a4!	La5—c3:
13.	Sb1—c3:	Se4—c3:
14.	Da4—c4	Se7—d5:!
15.	Lc1—d2	b7—b5
16.	Dc4—b3	Dd8—h4!
17.	Ld2—c3:	Dh4—c4
18.	Db3—c4:	b5—c4:

und die schwarzen Bauern sind wohl etwas stärker als die Qualität.

Erste Veränderung.

(2. Fortsetz. 1. Angr. 3. Verth.)

Schwarz.

Weiss.

8. d4—e5: Sf6—e4:

Wenn Weiss nun 9. Lc1—a3 thut, so kommen wir durch d7—d6 auf eine schon erwähnte Spielart. Unrichtig wäre dabei aber die Antwort 9. Se4—c3:, denn es folgte 10. Dd1—b3, Sc3—b1:; 11. Ta1—b1:, d7—d6; 12. Tf1—d1, Lc8—g4; 13. e5—d6:, Lg4—f3:; 14. Db3—f3: mit besserem Spiel. Gegen den Angriff 9. Dd1—d5, Se4—c3:; 10. Dd5—d3 schützt sich Schwarz mit 10. d7—d5.

9.	Dd1—c2	d7—d5
10.	Tf1—d1	Lc8—e6

11. Lc1—e3. Bei 11. Lc4—d5: geschieht Le6—d5:; 12. c3—c4, Sc6—b4; 13. Dc2—b2, La5—b6; (14. Db2—b4:, Lb6—f2†; 15. Kg1—h1, Lf2—c5); 14. Lc1—e3, Lb6—e3:; 15. f2—e3:, Se4—g5

zum Vortheil für Schwarz. Auf 11. Lc4—d3 müsste man Le6—f5 antworten.

11. .... f7—f5!,

indem 12. e5—f6:, Se4—f6:; 13. Sf3—g5, Dd8—e7 für Schwarz nicht gefährlich ist.

12. Lc4—d5: Le6—d5:

13. c3—c4 Sc6—b4

14. Dc2—b2 oder Dc2—b3, f5—f4 (15. Le3—d4, Ld5—c6:) 15. Le3—c1, Se4—c5; 16. Db3—a3, Sb4—d3 mit gutem Spiel.

14. .... f5—f4

15. Le3—c1 Se4—f2:

16. Kg1—f2: La5—b6†

17. Kf2—e1 Ld5—f3:

und gewinnt.

Zweite Veränderung.

(2. Fortsetz. 1. Angr. 3. Verth.)

Schwarz.

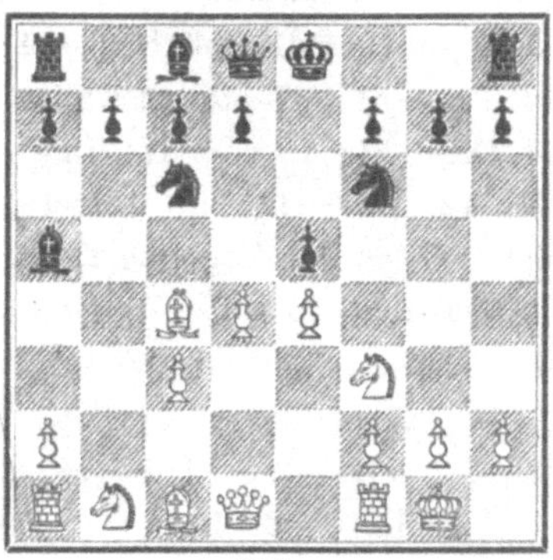

Weiss.

7. .... Sf6—e4:

8. Sf3—e5:

Dieser Zug ist auch jetzt der beste. Auf 8. Lc1—a3 kann d7—d6!; 9. Dd1—c2, f7—f5 geschehen; auf 8. Tf1—e1 folgt Se4—d6 oder auch Se4—c3:, und auf 8. d4—e5: vertheidigt sich Schwarz mit Se4—c5; 9. Dd1—d5, Sc5—e6; 10. Lc1—a3, La5—b6 etc.

8. .... d7—d5

Mit 8. ...., 0—0 kommt man auf das Hauptspiel zurück.

9. Se5—f7: Ke8—f7:

10. Dd1—h5† Kf7—e7

Auf g7—g6 oder Kf7—g8 entscheidet 11. Dh5—d5‡, auf Kf7—f8 aber 11. Lc4—d5:

11. Lc4—d5: g7—g6

12: Lc1—a3† Se4—d6

13. Dh5—g5† Ke7—f8

14. Dg5—h6† Kf8—e8

15. Dh6—g7 Th8—f8

16. Ld5—c6‡ b7—c6:

17. Tf1—e1† und gewinnt.

Dritte Veränderung.

(2. Fortsetz. 1. Angr. 3. Verth.)

[S. das vorige Diagramm.]

7. .... e5—d4:?

Mit diesem Zug, statt 0—0, lässt sich das Spiel nicht gut vertheidigen. Zu derselben Stellung gelangt man mit den Zügen 5. c2—c3, Lb4—a5; 6. d2—d4, e5—d4:; 7. 0—0, Sg8—f6?.

8. Lc1—a3!

Verlockend könnte 8. e4—e5 erscheinen, aber es folgt d7—d5! (nicht Sf6—e4 wegen 9. Dd1—b3) und auf 9. e5—f6:, d5—

c4:; 10. f6—g7:, Th8—g8; 11. Lc1—g5, Dd8—d5; 12. Sb1—d2, Lc8—f5; 13. Dd1—a4, b7—b5; 14. Da4—a3, Ke8—d7 zum Vortheil für Schwarz. Auch 9. Lc4—b5 (statt e5—f6:) vermag Weiss nicht gut zu stellen, wie im Zusatz gezeigt wird.

8. .... d7—d6

8. . , Sf6—e4: wird mit 9. Dd1—b3, Dd8—f6; 10. Sb1—d2 beantwortet. Auf 8. Sc6—e7 geschieht 9. e4—e5 oder 9. Sf3—g5. Bei 8. d7—d5 folgt 9. e4—d5:, Sf6—d5:; 10. Dd1—b3, Lc8—e6; 11. Db3—b7:, Sd5—e7; 12. Lc4—b5, Le6—d7; 13. Lb5—c6†, Ld7—c6:; 14. Db7—a6, Lc6—f3:; 15. Tf1—e1 (oder auch Da6—a5:) c7—c5 16. La3—c5: mit weit besserem Spiel.

9. e4—e5 Sf6—e4

Bei d6—d5 geschähe 10. Lc4—b5, Sf6—e4; 11. c3—d4: oder Sf3—d4: u. s. w. Fast gleich würde sich das Spiel bei 9. Sf6—g4; 10. e5—d6:, c7—d6:; 11. Sf3—d4:, 0—0; 12. Sd4—c6:, b7—c6:; 13. La3—d6:, Tf8—e8; 14. Dd1—f3 stellen, indess kann hier der Angriff mit 11. Tf1—e1†, Sg4—e5; 12. Sf3—e5:, d6—e5:; 13. Sb1—d2, La5—c3:; 13. Sb1—d2, La5—c3:; 14. Dd1—h5 stärker geführt werden.

10. e5—d6: Se4—d6:

Zu erwähnen ist auch 10. c7—d6:; 11. Tf1—e1, d6—d5; 12. Sf3—d4:, Lc8—e6; 13. Lc4—b5, Dd8—b6; 14. Te1—e4:, d5—e4:; 15. Sd4—c6:, Db6—b5: oder b7—c6:; 16. Dd1—d6 u. s. w. Bei 10. Se4—c3: folgt 11. Tf1—e1† (Ke8—d7; 12. Sb1—c3:, La5—c3:; 13. Te1—e7†, Sc6—e7:, 14. d6—e7:, Dd8—g8; 15. Sf3—e5†), Lc8—e6; 12. Lc4—e6:, Sc3—d1:; 13. d6—d7† und gewinnt.

11. Tf1—e1† Sc6—e7

Oder Lc8—e6; 12. Lc4—e6:, f7—e6:; 13. Te1—e6†, Ke8—d7; 14. Dd1—b3 mit gutem Spiel.

12. Sf3—g5 0—0

13. Sg5—f7: oder 12. Dd1—h5 mit überwiegendem Spiel.

Zweites Angriffsspiel.

(3. Vertheidigung.)

Schwarz.

Weiss.

6. d2—d4 e5—d4:

7. 0—0 d4—c3:

Es giebt hier mehrere Vertheidigungszüge. 7. Sg8—f6 haben wir bereits bei 6. 0—0, Sg8—f6; 7. d2—d4, e5—d4: kennen gelernt. Eine andere Spielart ist 7. d7—d6; 8. c3—d4:, La5—b6, welche auf später zu erörternde Varianten des Normalangriffs führt, die sich auch mittelst der Züge 5. Lb4—c5; 6. 0—0, d7—d6; 7. d2—d4, e5—d4:; 8. c3—d4:, Lc5—b6 ergeben. Ueber ihren Werth bestehen noch Zweifel, aber entschieden weniger üblich für Schwarz ist die Fortsetzung 7. d4—d3, auf welche 8. Dd1—b3, Dd8—e7; 9. e4—e5, Sc6—e5:; 9. e4—e5, Sc6—e5:; 10. Sb1—d2 mit gutem Angriff oder 8. (Dd1—b3), Dd8—f6; 9. Tf1—e1, La5—b6 oder d7—d6; 10. e4—e5 mit ebenfalls starkem Spiel folgt. 7. La5—c3: ist nicht gut wegen 8. Sb1—c3:, d4—c3:; 9. Dd1—b3 (schwach wäre Sg5) Dd8—f6 10. e4—e5, Sc6—e5:; 11. Sf3—e5:, Df6—e5:; 12. Lc4—f7‡. Aber 7. d4—c3:, der Zug, den wir jetzt betrachten, verdient wohl die meiste Beachtung. Schwarz hat einen gefährlichen Angriff zu bestehen, wird indessen schliesslich den nicht unbedeutenden materiellen Vortheil zur Geltung bringen können.

8. Dd1—b3 Dd8—f6.

Bei Dd8—e7; 9. Sb1—c3:, La5—c3:; 10. Db3—c3:, Sg8—f6; 11. Lc1—a3, d7—d6; 12. e4—e5, Sf6—e4; 13. Dc3—b2 hat Weiss ein starkes Spiel.

9. e4—e5. Die Fortsetzung des Angriffs mit 9. Lc1—g5, Df6—g6; 10. Sb1—c3:, La5—c3:; 11. Db3—c3:, f7—f6; 12. Lg5—f4, d7—d6 wäre weniger gut.

9. .... Df6—g6

10. Sb1—c3: Sg8—e7.

Man ist auf den Gedanken verfallen, die sehr schwierige Vertheidigung durch ein nachträgliches Evansopfer b7—b5 zu erleichtern, aber gerade jetzt verspricht diese Combination kein befriedigendes Ergebniss. Es könnte folgen: 11. Sc3—b5:, Ta8—b8; 12. Db3—e3, a7—a6; 13. Sb5—d6† oder 12. Sg8—e7; 13. Lc1—a3, 0—0; Sb5—a7: u. s. w. Auch 10. La5—c3:; 11. Db3—c3:, Sg8—e7; 12. Sf3—g5 Sc6—d8; 13. Tf1—e1 ist für Schwarz nicht gut.

11. Sc3—e2. Den Angriff 11. Lc1—a3 behandelt der Anhang.

11 .... b7—b5.

An dieser Stelle hat der Zug mehr Bedeutung, und Weiss thut am besten, wenn er den Bauern nicht nimmt, denn 12. Lc4—b5:, Ta8—b8:; 13. Db3—a4, a7—a6 wäre für ihn nicht günstig. Uebrigens hat man auch hier für Schwarz 11. 0—0 versucht; es kann aber folgen, 12. Lc4—d3 (Dg6—h5; 13. Se2—f4, Dh5—

g4; 14. h2—h3), Dg6—e6; 13. Ld3—h7†, Kg8—h8; 14. Db3—a4, d7—d6; 15. Se2—f4, De6—d7; 16. e5—e6, f7—e6:; 17. Sf3—g5, e6—e5; 18. Sf4—e6, Tf8—f6; 19. Da4—h4, Tf6—h6; 20. Sg5—f7†, Kh8—h7:; 21. Lc1—h6: und gewinnt.

12. Lc4—d3 Dg6—e6

13. Db3—b2, denn bei 13. Db3—b5: befreit Schwarz sein Spiel mit De6—d5. 13. Db3—b1 kommt aber auch sehr in Betracht.

13. .... Se7—g6

14. Se2—f4 De6—e7

Schwarz thut am besten, diesen Springer zu schlagen, wobei sich ergeben könnte: 14. . ., Sg6—f4:; 15. Lc1—f4:, a7—a6! 16. Ta1—c1, Lc8—b7; 17. Tf1—d1, La5—b6; 18. Ld3—e4!, Sc6—a5! 19. Sf3—g5, De6—e7; 20. Le4—b7:, Sa5—b7:; 21. Db2—e2. Weiss behält noch den Angriff wird aber gegen correctes Spiel nicht durchdringen.

15. Sf4—d5. Die Fortsetzung 15. e5—e6, Sg6—f4:; 16. Db2—g7:, Th8—f8; 17. Lc1—f4:, f7—e6:; 18. Dg7—g4, Lc8—b7; 19. Ld3—b5:, 0—0—0 ist für Weiss nicht empfehlenswerth. Nach 16. Sf4—d5 könnte sich mit der Wiederholung der Züge De7—e6; 16. Sd5—f4 ein Remis ergeben, indess bliebe für Weiss noch 16. Ld3—e4 zu versuchen übrig.

15. .... De7—c5

16. Ld3—e4 0—0

17. Lc1—e3 Dc5—c4

18. Db2—b1 La5—c3

19. Tf1—c1 b5—b4

20. Sd5—c7: Ta8—b8

21. Sf3—d2 Dc4—e2

22. Le4—f3 De2—e3:

23. f2—e3: Lc3—d2:

Schwarz.

Weiss.

24. Sc7—d5. Dies ist besser als 24. Tc1—d1, Ld2—e3†; 25. Kg1—h1, Le3—d4; 26. Lf3—c6:, Ld4—a1:; 27. Lc6—d7:, La1—e5:; 28. Ld7—c8:, Tf8—e8:, überhaupt ist aber das schwarze Spiel hier mit Thurm, Springer und zwei Bauern im Ganzen nicht gerade im Nachtheil. Dergleichen Partien verlangen jedoch grosse Umsicht von beiden Seiten, und namentlich von dem Spieler, der

gegen die Dame angriffsweise vorgehen will. Es unterbleibt daher, aus Rücksicht auf die Schwierigkeit der Combinationen, die Hingabe der Dame, wenn sie nicht wie hier gezwungen ist, nicht selten selbst in Fällen, in denen vielleicht ein etwas überwiegendes Aequivalent dafür zu erlangen wäre.

24. .... Ld2—c1:
25. Db1—c1: Sc6—e5:
26. Lf3—e2 Lc8—b7
27. Dc1—d2 a7—a5
28. Ta1—f1 Tb8—c8
29. Sd5—f4 Tc8—c3
30. Sf4—g6: Se5—g6:

Schwarz konnte auch h7—g6: und auf 31. Dd1—d4, dann f7—f6 thun, er ging aber vermuthlich von der Ansicht aus, dass sein Spiel schwächer sei und dass durch Vereinfachung, auch wenn er dabei sein Uebergewicht an Bauern aufgebe, die Aussicht auf Remis für ihn zunehme.

31. Dd2—d7: Tc3—e3:
32. Le2—c4 Sg6—e5
33. Lc4—f7† Se5—f7:
34. Dd7—b7: Te3—a3
35. Tf1—f2 b4—b3

36. Db7—d5. Weiss konnte jetzt die Unentschiedenheit des Spieles mit 36. Tf1—f7:, Tf8—f7:; 37. Db7—c8†, Tf7—f8; 38. Dc8—e6† herbeiführen, denn bei Kg8—h8; 39. De6—e7, Tf8—b8; 40. De7—d6 wäre Schwarz ersichtlich im Nachtheil. Weiss mochte aber noch die Möglichkeit eines Gewinnes im Auge behalten.

36. .... b3—a2:
37. Tf2—a2: Ta3—a2:
38. Dd5—a2: Tf8—e8
39. Da2—a5: g7—g5
40. h2—h3 Te8—e5
41. Da5—c7 Kg8—g7
42. Kg1—h2 h7—h6
43. Kh2—g3 h6—h5
44. h3—h4 Te5—e3†
45. Kg3—f2 Te3—e5

Schwarz.

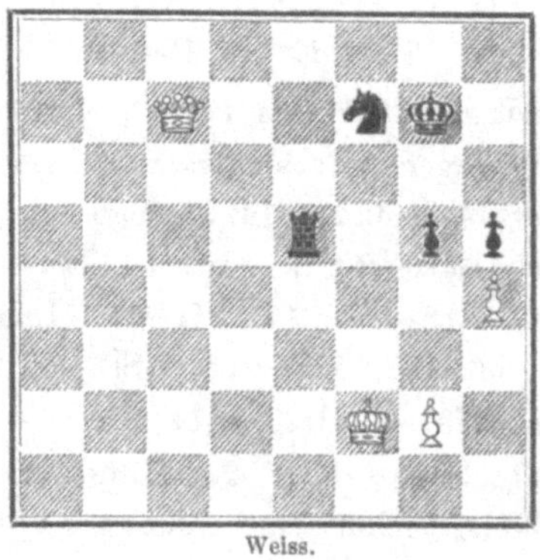

Weiss.

Das Spiel ist unentschieden, wir gehen aber in der wirklich vorgekommenen Partie, zwischen Anderssen und Zukertort, um einige Züge weiter, um daran zu zeigen, wie das Resultat, selbst im vorgerücktesten Stadium noch eine Schwankung erleiden kann.

46. h4—g5: Te5—g5:
47. g2—g3 Kg7—g6
48. Dc7—c2† Kg6—g7

49. Dc2—c3† Kg7—g6
50. Dc3—d3† Kg6—g7
51. Kf2—g2 Sf7—e5

Es wäre nicht nothwendig, den Springer zu bewegen. Bliebe der Thurm auf g5 und e5, und der König auf g7, g6 und f6, so ist die schwarze Stellung gesichert.

52. Dd3—d4 Kg7—h6
53. Dd4—f4 Se5—g6
54. Df2—d2 h5—h4

Der Bauer brauchte nicht gezogen zu werden, indem die gegenwärtige Stellung, obwohl minder bequem als die frühere Aufstellung, ebenfalls genügte. Der Thurm auf der fünften Linie hindert die Annäherung des weissen Königs.

55. g3—g4 Sg6—e5
56. Kg2—h3 Kh6—g6
57. Dd2—d6† Kg6—f7

Mit diesem Fehlzug ging die Partie verloren, indem 58. Kh3—h4:, Tg5—g4‡; 50. Kh4—h5 folgte, während 57. Kg6—g7, 58. Kh3—h4:, Tg5—g4:; 59. Kh4—h5, Tg4—g5† noch immer remis machen konnte. Der junge Spieler wird geneigt sein, hier einen gleichgültigen Zufall zu erblicken, den er selbst, da er nun gewarnt ist, in ähnlicher Lage gewiss vermeiden würde. So liegt die Sache indess keineswegs; der Verstoss, mit dem ein Meister die mühevolle Anstrengung einer ganzen Partie zu Nichte machte, ist das Ergebniss einer physischen Unsicherheit oder einer theoretischen Unklarheit. Schwarz liess im Endspiele eine schwankende Haltung erkennen, die ihren Grund entweder darin hatte, dass er sich, wie dergleichen nicht selten vorkommt, unter dem Eindruck einer fühlbaren Ueberlegenheit des Gegners befand oder indem er über die Stellung und die beiderseitigen Angriffs- und Vertheidigungsmittel nicht hinlänglich im Reinen war. Das Eine wie das Andere ist eine Art von Befangenheit oder Nachlässigkeit, der sich der Spieler immer zu entziehen suchen sollte, zumal da gegen die wirklich correcte Beurtheilung und richtige Behandlung einer Position kein Meister und keine Theorie zu überwiegen vermögen.

Anhang zum 2. Angriffsspiel. (3. Vertheidigung.)

11. Lc1—a3

Hierauf wäre b7—b5 nicht stark, weil 12. Sc3—b5:, Ta8—b8; 13. La3—e7:, Ke8—e7:; 14. Db3—a3†, La5—b4; 15. Da3—e3, Ke7—d8; 16. Sf3—g5, Th8—f8; 17. Ta1—d1 mit gutem Spiel für Weiss geschieht. Schwarz kann aber 11. 0—0 oder noch besser

11. .... Ta8—b8!

thun. Der Vorstoss b7—b5 droht nun mit verstärkter Kraft.

12. Sc3—b5 a7—a6
13. Sb5—d4

Das Springeropfer auf d6 würde nichts helfen.

13. .... b7—b5
14. Sd4—c6: Se7—c6:
15. Lc4—d5 b5—b4
16. La3—b2 Sc6—e7
17. Ld5—c4 Lc8—b7
18. Ta1—d1 La5—b6

und Schwarz steht gut.

Vierte Vertheidigung.

1. (e2—e4) (e7—e5)
2. (Sg1—f3) (Sb8—c6)
3. (Lf1—c4) (Lf8—c5)
4. (b2—b4) (Lc5—b4:)
5. (c2—c3) Lb4—c5
6. 0—0

Erstes Gegenspiel. (4. Verth.)

6. .... Sg8—f6?

Hier ist dieser Zug ein Fehler, statt dessen d7—d6! oder Lc5—b6 geschehen sollte.

7. d2—d4 e5—d4:
8. c3—d4: Lc5—b6

oder Lc5—b4, s. den Zusatz.

9. e4—e5

Erste Spielart.
(1. Gegenspiel. 4. Vertheidigung.)

9. .... Sf6—e4
10. d4—d5 Sc6—e7

Sc6—a5 hätte zur Folge: 11. Lc4—d3, Se4—c5; 12. Lc1—g5, f7—f6; 13. e5—f6: u. s. w.

11. d5—d6 c7—d6:
12. e5—d6: Se7—f5
13. Dd1—d5 Sf5—d6:
14. Lc1—a3 Dd8—c7
15. Sb1—d2 Dc7—c6
16. Dd5—e5† Ke8—d8
17. Sd2—e4: Th8—e8
18. De5—d6: Dc6—c4:
19. Sf3—e5 Dc4—e6
20. Se4—g5 und gewinnt.

Die Eleganz dieser Variante, in welcher wieder zuerst die Bauern vorrücken, um das Spiel des Gegners in Unordnung zu bringen, ist beachtenswerth. Ueberhaupt ist das Evansgambit reich an interessanten Verwickelungen, welche sämmtlich anzudeuten der beschränkte Plan dieser Arbeit bei Weitem nicht gestattet.

Zweite Spielart.
(1. Gegenspiel. 4. Vertheidigung.)

Schwarz.

Weiss.

9. .... Sf6—g8

oder d7—d5, wie in der dritten Spielart.

10. d4—d5 Sc6—a5
11. Lc1—g5 f7—f6
12. e5—f6: Sg8—f6:
13. d5—d6 Sa5—c4:
14. Dd1—e2† Ke8—f8
15. De2—c4: h7—h6
16. Sf3—h4 Dd8—e8
17. Lg5—f6: g7—f6:
18. Dc4—d3 Th8—g8
19. Sb1—c3 und ist in entschiedenem Vortheile.

Dritte Spielart.

(1. Gegenspiel. 4. Vertheidigung.)

[Siehe das vorige Diagramm.]

9. .... d7—d5
10. e5—f6: d5—c4:
11. f6—g7: Th8—g8
12. Tf1—e1† Sc6—e7,

oder Lc8—e6; 13. Lc1—g5, Dd8—d5; 14. Sb1—c3, Dd5—a5; 15. d4—d5, Da5—c3:; 16. d5—e6: mit gutem Spiel.

13. Lc1—g5 Lc8—e6
14. Sb1—c3 Lb6—a5
15. Sc3—e4 Tg8—g7:
16. Se4—f6† Ke8—f8
17. Te1—e5 c7—c6
18. Lg5—h6 Se7—f5
19. Te5—f5: und gewinnt.

Zusatz zum 1. Gegenspiel.

(4. Vertheidigung.)

[Siehe das nächste Diagramm.]

8. .... Lc5—b4
9. e4—e5 Sf6—e4
10. Dd1—e2 Se4—c3

(Stellung nach dem 8. Zuge von Schwarz.)

Schwarz.

Weiss.

11. Sb1—c3: Lb4—c3:
12. Sf3—g5 Lc3—a1:

Auf Sc6—d4: folgt De2—e3 und der Angriff bleibt im Wesentlichen derselbe.

13. Lc4—f7‡ Ke8—f8
14. Lc1—a3† d7—d6
15. e5—d6: c7—d6:
16. La3—d6‡ Sc6—e7
17. Ld6—a3 La1—c3
18. De2—f3 Lc3—d4:
19. Tf1—d1 u. wird gewinnen.

Zweites Gegenspiel.

(4. Vertheidigung.)

[Siehe das nächste Diagramm.]

6. .... d7—d6!
7. d2—d4 e5—d4:

Das Spiel könnte durch 7. Lc5—b6 ungefähr ausgeglichen werden, jetzt wird Schwarz aber den Bauern, selbst beim nachhaltigsten Angriff 8. c3—d4:, nicht in vorher zu be-

(Stellung nach dem 6. Zuge von Weiss.)

Schwarz.

Weiss.

stimmender Weise verlieren. Man ist zu der Annahme geneigt, Weiss habe hier das bessere Spiel, wiewohl die neuesten Untersuchungen nicht ergeben haben, dass der Angriff durchdringt.

8. c3—d4: Lc5—b6

Der Angriff kann auf verschiedene Arten, die aber oft in einander übergehen, fortgeführt werden. Bei 9. Sb1—c3, (Sc6—a5, 10. Lc4—d3, Sg8—e7; 11. d4—d5, 0—0; 12. Lc1—b2 u. s. w.) Lc8—g4; 10. Lc4—b5 hat Weiss ein besseres Spiel, als wenn er den folgenden Angriff der Engländer Fraser und Mortimer wählt: 10. Dd1—a4, Lg4—d7; 11. Da4—b3, Sc6—a5; 12. Lc4—f7†, Ke8—f8; (13. Db3—d5, Sg8—f6; 14. Dd5—g5, Kf8—f7:; 15. e4—e5, Th8—e8); 13. Db3—c2, Kf8—f7:; 14. e4—e5, Kf7—f8!; 15. d4—d5, Dd8—e8; 16. e5—e6, De8—g6; (17. Dc2—g6:, h7—g6:; 18. e6—d7:, Kf8—e7); 17. Sc3—e4, Ld7—b5; 18. Tf1—e1, Sg8—e7; 19. Dc2—d1, Dg6—h5; 20. Se4—g5, h7—h6; 21. Sg5—f7, Th8—g8 mit besserem Spiel.

Der Angriff 9. d4—d5, der für den stärksten gilt, nöthigt den Springer c6 zum Weichen, derselbe ginge jedoch nicht gut nach b8 zurück und ebenso wäre Sc6—e5 nicht günstig. Es bleibt ihm also nur die Wahl zwischen a5 und e7. Am Rande hat aber der Springer, auch wenn er sich von dort frei weiter bewegen kann, weniger Ausgangsfelder. Daher ist es gewöhnlich besser, ihn nach der Mitte zu führen. Mit 9. Sc6—a5 greift Schwarz indess den wichtigen Laufer c4 an, der nach dem Vorrücken des Bauern e4—e5 wieder von c4 aus wirksam werden könnte. Desshalb wollen wir von dem Zuge Sc6—a5 durchaus nicht abrathen. Es kann folgen 10. Lc1—b2, Sg8—f6; 11. Lc4—d3, 0—0; 12. Sb1—c3 und Weiss behält einen guten und dauernden Angriff. Bei 11. e4—e5 geschieht d6—e5:; 12. Sb1—c3, Sa5—c4:; 13. Dd1—a4†, Sf6—d7; 14. Da4—c4:, 0—0 und Schwarz ist wohl im Vortheil. Am gewöhnlichsten reducirt sich aber das Spiel durch 10. Sg8—e7; 11. Lc4—d3 auf den

Normalangriff, den wir in der nachfolgenden zweiten Veränderung erörtern.

9. Lc1—b2 Lc8—g4

Zwei Veränderungen betrachten f7—f6 und das bessere 9. Sg8—e7.

10. Lc4—b5 Ke8—f8

Wenn Schwarz den Bauern behaupten will, ist dies der beste Zug, obgleich er augenscheinlich eine sehr beschwerliche Vertheidigung herbeiführt. Ginge 10. a7—a6, so hätte Weiss durch d4—d5 den Bauern zurückgewonnen. Man beachte übrigens noch folgende Variante:

Schwarz.

Weiss.

10. Dd1—b3, Sc6—a5!; 11. Lc4—f7†, Ke8—f8; 12. Db3—d5, Sg8—f6; 13. Dd5—g5, Lg4—f3:; 14. e4—e5, Kf8—f7:; 15. g2—f3:, Th8—e8; 16. e5—f6:, Dd8—f6: u. s. w.

11. Lb5—c6: b7—c6:
12. Tf1—e1 Ta8—b8
13. Te1—e3 c6—c5
14. Dd1—d3 Lg4—f3:
15. Te3—f3: c5—d4:
16. Lb2—d4: Sg8—e7
17. Sb1—d2 Se7—g6
18. Sd2—c4 h7—h5
19. Ta1—d1 Dd8—e7
20. Tf3—f5 Tb8—e8
21. Ld4—c3 De7—e4:

und Schwarz hat eine zu bedeutende Uebermacht. Der Angriff hätte allerdings hier länger festgehalten werden können, die Partie zeigt aber doch, wie bei vorsichtiger Vertheidigung die Erhaltung eines Bauern, in sehr bedrängter Stellung, mitunter ausführbar ist.

Erste Veränderung.
(2. Gegenspiel. 4. Vertheidigung.)

Schwarz.

Weiss.

9. .... f7—f6
10. e4—e5 d6—d5

Wenn ein Bauer e5 nimmt, kann Lc4—g8: nebst Dd1—b3 folgen,

worauf Weiss in der Mitte mit gutem Spiel wieder nimmt.

11.	e5—f6:	Sg8—f6:
12.	Tf1—e1†	Sc6—e7
13.	Lb2—a3	Sf6—g8
14.	Sf3—e5	g7—g6
15.	Dd1—f3	Lc8—f5
16.	Lc4—b5†	Ke8—f8
17.	g2—g4	Lb6—d4:

18. g4—f5: und steht weit besser.

Zweite Veränderung.
(2. Gegenspiel. 4. Vertheidigung.)

[Siehe das vorige Diagramm.]

9.	....	Sg8—e7
10.	d4—d5	Sc6—a5

Eine Gefahr für g7 besteht zunächst nicht, indem 11. Lb2—g7:? Th8—g8 für Schwarz günstig ist, da 12. Lg7—d4, Sa5—c4:; 13. Dd1—a4†, Dd8—d7; 14. Da4—c4:, Tg8—g2‡; 15. Kg1—h1!, Dd7—h3; 16. Sb1—d2, Se7—g6; (17. Ld4—b6:, Sg6—h4); 17. Tf1—g1, Sg6—h4; (18. Dc4—f1, Tg2—g1‡; 19. Df1—g1:, Sh4—f3:); 18. Ld4—b6:, Lc8—g4; (19. Dc4—c3, Lg4—f3:; 20. Sd2—f3:, Tg2—h2‡); 19. Dc4—b3, 0—0—0; 20. Ta1—c1, Tg2—g1‡; 21. Tc1—g1:, Sh4—f3: folgen könnte.

11. Lc4—d3 0—0

12. Sb1—c3. Dieser Angriff ist so üblich, dass man ihn den normalen genannt hat. Die zunächst folgenden Züge gelten für die besten.

12.	....	Se7—g6
13.	Sc3—e2	c7—c5

Schwarz hat den etwas weit aussehenden Plan, die Bauern des Damenflügels vorzubringen, um dadurch die feindlichen Läufer von ihren Angriffslinien zu verdrängen. Weiss sucht unterdess gewöhnlich den Angriff gegen den schwarzen König durchzuführen.

14. Dd1—d2. Auf c7—c6 hätte Weiss ebenfalls 14. Dd1—d2 gezogen.

14. .... f7—f6

Dieser rein vertheidigende Zug scheint unerlässlich.

15.	Kg1—h1	Lb6—c7
16.	Ta1—c1	Ta8—b8
17.	Se2—g3	b7—b5
18.	Sg3—f5	c5—c4

Auf b5—b4 geschähe Tf1—g1 und auf 18. Tb8—b7 thut Weiss 19. g2—g4. Bei 18. Lc8—f5: folgt hingegen 19. e4—f5:, Sg6—e5; 20. Lb2—e5:, f6—e5:; 21. Sf3—g5 und nachher Sg5—e6 mit guter Stellung.

19. Ld3—e2. Minder empfehlenswerth scheint 19. Ld3—b1, b5—b4; 20. Lb2—d4, Lc8—a6, 21. Tf1—g1, c4—c3; wobei die beiden schwarzen Springer freies Spiel erhalten, indess wäre auch

dagegen folgende Combination zu beachten: 22. Dd2—e3, Sa5—c4; 23. De3—e1, Sg6—f4; 24. g2—g4, Sc4—b2; 25. g4—g5, Sb2—d3; 26. g5—f6:

19. .... b5—b4
20. Lb2—d4 c4—c3
21. Dd2—d1. 21. Dd2—d3, Lc7—b6; 22. g2—g4, Sg6—e5 ist für Weiss wohl weniger gut.

21. .... Lc7—b6
22. a2—a3. Weiss sprengt die feindlichen Bauern und gewinnt einen derselben, womit er das Spiel zum mindesten ausgleicht, es fragt sich aber, ob er nicht noch vortheilhafter mit 22. g2—g4 fortfahren konnte. Dabei käme Tf8—f7; 23. Tf1—g1, Sa5—b7; 24. g4—g5 oder 22. Sg6—f4; 23. Tf1—g1, Sf4—h3; 24. Tg1—g3 oder auch 22. Sg6—e5; 23. Ld4—b6:, Dd8—b6:; 24. Sf3—d4, Sa5—c4; 25. Sd4—e6 in Betracht. Schwarz konnte indessen im 21. Zuge besser Sg6—f4 spielen. Bauer a7 brauchte ja nicht gedeckt zu werden, weil 22. L—a7: wegen Tb8—a8 24. La7—d4 (e3), Sf4—e2:; 24. Dd1—e2:, Lc8—a6 nicht anging. Auf 21. ...., Sg6—f4 folgt dann noch am besten 22. g2—g4 oder a2—a3, und beide Züge lassen sich, wie es scheint, mit Dd8—e8 vortheilhaft beantworten.

Abgelehntes Evansgambit.

Fünfte Vertheidigung.

1. (e2—e4) (e7—e5)
2. (Sg1—f3) (Sb8—c6)
3. (Lf1—c4) (Lf8—c5)
4. (b2—b4) Lc5—b6

Als die letzte Vertheidigung betrachten wir nachher 4. d7—d5, das aber weniger gut ist.

Erste Fortsetzung.

5. a2—a4 a7—a6
6. 0—0 d7—d6
7. a4—a5 Lb6—a7
8. b4—b5 a6—b5:
9. Lc4—b5: Sg8—e7
10. d2—d4 e5—d4:
11. Sf3—d4: Lc8—d7

Vielleicht ist 11. ...., 0—0 (12. Sd4—c6:, Se7—c6:; 13. Lc1—b2, Dd8—g5) noch mehr zu empfehlen.

12. Sd4—c6: Se7—c6:
13. Lb5—c6: Ld7—c6:
14. Lc1—b2 0—0
15. Dd1—g4 f7—f6
16. Sb1—d2 Dd8—e7
17. Tf1—e1. Einem Angriff auf die Rochade mit 17. h2—h4 begegnet Schwarz durch De7—d7.

17. .... De7—f7
18. c2—c4 Df7—g6
19. Dg4—g6: h7—g6:
20. Kg1—f1 La7—c5

21. Lb2—c3 Tf8—e8
22. f2—f3 b7—b5
23. a5—b6: Lc5—b6:

Das Spiel steht gleich.

Zweite Fortsetzung.

(5. Vertheidigung.)

Schwarz.

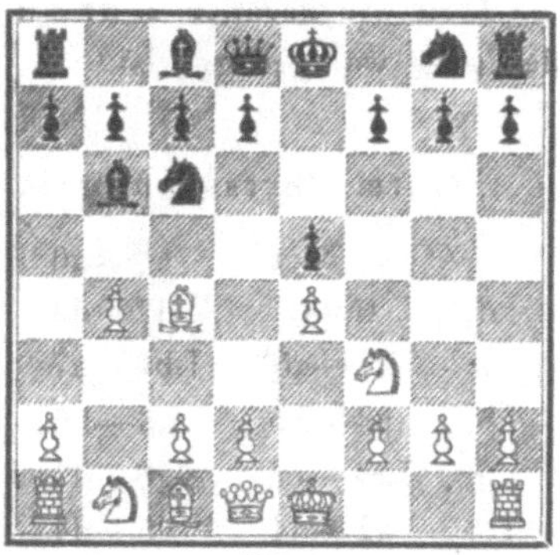

Weiss.

5. b4—b5. Dieser Zug führt ebenfalls zur Ausgleichung des Spieles.

5. .... Sc6—a5
6. Sf3—e5: Sg8—h6

In der ersten Veränderung betrachten wir 6. Dd8—g5, das auch genügt, in der zweiten 6. Dd8—f6 (von zweifelhaftem Werthe). Bestimmt nicht zu empfehlen ist aber 6. Lb6—d4, indem 7. Se5—f7:, Dd8—f6; 8. Dd1—e2, Sa5—c4:; 9. Sf7—h8:, Ld4—a1:; 10. De2—c4:, Sg8—e7; 11. c2—c3, d7—d5; 12. e4—d5:, Lc8—f5; 13. 0—0, 0—0—0; 14. d5—d6, Td8—d6:; 15. Sh8—f7, Td6—d7; 16. Tf1—e1 folgen könnte.

7. d2—d4. Bei 7. Lc1—b2, d7—d6; 8. Se5—f7:, Sh6—f7:; 9. Lc4—f7†, Ke8—f7:; 10. Dd1—h5†, Kf7—f8 würde die bessere weisse Stellung noch kein volles Aequivalent für das numerische Uebergewicht des Gegners bilden.

7. .... d7—d6
8. Lc1—h6: d6—e5:

Schwarz könnte wohl auch ein gleich gutes Spiel mit 8. g7—h6:; 9. Se5—f7:, Dd8—f6; (10. Dd1—h5, 0—0; 11. Sf7—h6†, Kg8—g7); 10. Sf7—h8:, Sa5—c4:; 11. c2—c3, Lc8—e6 erreichen.

9. Lh6—g7: Dd8—d4:!
10. Dd1—d4: Lb6—d4:
11. Lg7—h8:, oder 11. c2—c3, Th8—g8; 12. c3—d4:, Tg8—g7:; 13. Lc4—e2, e5—d4:; 14. g2—g3, Lc8—e6 u. s. w.

11. .... Ld4—a1:
12. Lc4—d3 Ke8—e7
13. Lh8—g7 Lc8—e6
14. g2—g3 Le6—a2:
15. Ke1—e2 mit gleichem Spiel.

Erste Veränderung.

(2. Fortsetzung. 5. Vertheidigung.)

[S. das nächste Diagramm.]

6. .... Dd8—g5

7. Lc4—f7†. Minder gut wäre wohl 7. Se5—f7:, hingegen führt 7. Dd1—f3, Dg5—e5:; 8.

(Stellung vor dem 6. Zuge von Schwarz.)

Schwarz.

Weiss.

Df3—f7†, Ke8—d8; 9. Lc1—b2, De5—e4†; 10. Ke1—d1, Sa5—c4:; 11. Lb2—g7:, De4—e7; 12. Df7—e7†, Sg8—e7:; 13. Lg7—h8:, Se7—g6; (d7—d5; 14. f2—f3) 14. Lh8—f6†, Kd8—e8 auch zu einem gleichen Spiel.

7.	....	Ke8—f8
8.	Lf7—g8:	Dg5—e5:
9.	Lg8—d5	c7—c6

Bei De5—a1: bekäme Weiss mit Sb1—c3 einen überwiegenden Angriff.

10.	Dd1—f3†	Kf8—e8
11.	Df3—f7†	Ke8—d8
12.	b5—c6:	b7—c6:
13.	d2—d4.	Lb6—d4:
14.	Lc1—f4	De5—f6
15.	Df7—f6†	Ld4—f6:
16.	e4—e5	Th8—e8
17.	Ld5—f7	Te8—e7
18.	0—0	Lf6—e5:
19.	Lf4—e5:	Te8—e5:

mit mindestens gleichem Spiel.

Zweite Veränderung.

(2. Fortsetzung. 5. Vertheidigung.)

[S. das vorige Diagramm.]

6.	....	Dd8—f6

Das Ergebniss dieses Zuges ist fraglich.

7.	Lc4—f7†	Ke8—f8

Oder Ke8—e7; 8. d2—d4, d7—d6; 9. Lc1—a3, Sg8—h6; 10. Lf7—b3 mit besserem Spiel. Noch ungünstiger für Schwarz wäre Ke8—d8; 8. d2—d4, d7—d6; 9. Lf7—g8:, Th8—g8:; 10. Lc1—g5.

8.	d2—d4	d7—d6
9.	Lf7—g8:	d6—e5:
10.	Lg8—d5	c7—c6

Es ist möglich, dass die im Zusatz ausgeführte Spielweise Lb6—d4: den Vorzug verdient.

11.	Lc1—a3†	Kf8—e8
12.	0—0	c6—d5:
13.	Sb1—c3	Lb6—d4:
14.	Sc3—d5:	Df6—f7
15.	La3—d6	Sa5—c4
16.	Sd5—c7†	Ke8—d8
17.	Ld6—e5:	Sc4—e5:
18.	Dd1—d4†	mit gutem Spiel.

Zusatz zur 2ten Veränderung.

(2. Fortsetzung. 5. Verth.)

[Siehe das nächste Diagramm.]

10.	....	Lb6—d4:
11.	f2—f4	Ld4—a1:
12.	f4—e5:	Df6—g6

(Stellung vor d. 10. Zuge v. Schwarz.)

Schwarz.

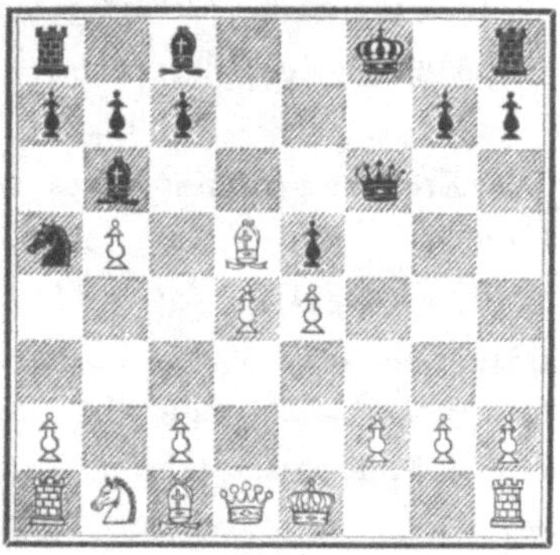

Weiss.

13.	Th1—f1†	Kf8—e8
14.	Ld5—f7†	Dg6—f7:
15.	Tf1—f7:	Ke8—f7:
16.	Dd1—h5†	g7—g6
17.	Dh5—f3†	Kf7—e8
18.	Lc1—g5	La1—e5:
19.	Df3—a3	Le5—d6
20.	Da3—a5:	Ke8—f7

und scheint sich vertheidigen zu können.

Sechste Vertheidigung.

1.	(e2—e4)	(e7—e5)
2.	(Sg1—f3)	(Sb8—c6)
3.	(Lf1—c4)	(Lf8—c5)
4.	(b2—b4)	d7—d5

Diese Vertheidigung ist vielleicht nicht ganz genügend.

5. e4—d5: Sc6—b4:

6. Sf3—e5:. Vermuthlich lässt sich durch 6. Lc1—a3, Dd8—d6; 7. Sb1—c3 etwas Vortheil erlangen; Schwarz spielt am besten Sg8—f6 dagegen.

6. .... Sb4—d5:

Unbefriedigend wäre Lc5—d4; 7. c2—c3, Ld4—e5:; 8. Dd1—a4†, ferner ist bei 6. Dd8—g5; 7. Dd1—e2, Sb4—c2‡; (etwas besser wohl 7. . . Sg8—e7) 8. Ke1—d1, Sc2—d4; 9. Lc4—b5†!, c7—c6 (oder 9. . ., Ke8—e7, da Kf8 wegen zweizügigem Mat nicht angeht; 10. Se5—f3†, Sd4—e2:; 11. Sf3—g5:, Lc5—d4; 12. Lc1—a3†, Ke7—f6; 13. Sg5—e4† etc.) 10. d5—c6:, b7—c6:; 11. Se5—f3† Weiss immer im Vortheil, Schwarz mag 11. . ., Sd4—e2: oder 11. . ., Dg5—e7 entgegnen. 11. Lb5—c6‡ wäre aber für Weiss nicht zu empfehlen, weil der Gegner dann nach Sd4—c6:; 12. Se5—c6:, Lc8—e6 den Angriff erhält. Die Spielart 6. Sg8—e7 wird in der Veränderung ausgeführt.

7. Lc4—b5† c7—c6. Der König musste gleich nach f8 gehen.

8.	Se5—c6:	Dd8—b6
9.	Dd1—e2†	Ke8—f8
10.	Sc6—b4	Lc8—e6
11.	Sb4—d5:	Le6—d5:
12.	0—0	Db6—g6

13. g2—g3 und bleibt im Vortheil.

Veränderung zur 6. Verth.

[S. das nächste Diagramm.]

6.	....	Sg8—e7
7.	Se5—f7:	Ke8—f7:

(Stellung vor dem 6. Zuge von Schwarz.)

Schwarz.

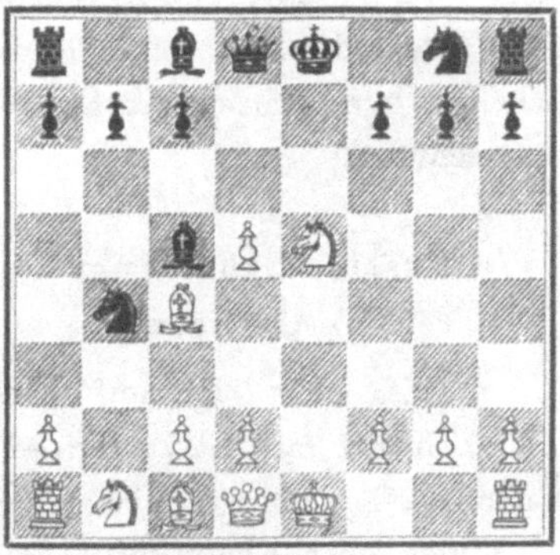

Weiss.

8. Dd1—h5† Kf7—f8
9. d5—d6 Se7—d5
10. Lc4—d5: Dd8—f6
11. Lc1—b2 Df6—f2‡

Oder Lc8—g4; 12. Lb2—f6:, Lg4—h5:; 13. Lf6—e7†, Kf8—e8; 14. Ld5—b3 u. s. w.

12. Ke1—d1 Sb4—d5:
13. Dh5—d5: Lc8—g4†
14. Kd1—c1 Ta8—e8
15. Lb2—g7‡ Lf8—g7:
16. Dd5—g5† Kg7—f8
17. Dg5—g4: Th8—g8
18. Dg4—f3† oder 18. Dg4—d1 und Weiss wird wohl um einen Bauern stärker bleiben.

Neunzehntes Spiel.

Das letzte Spiel dieses Abschnitts behandelt das „Schottische Gambit“, mit dem der Leser aber bereits durch Varianten des dritten Spiels, S. 68 bis 73, einigermassen bekannt ist. Es führt gewöhnlich zu interessanten Figurenpartien, indem Weiss durch Aufziehen seines Damenbauern den eigenen Königsbauern frei macht und, namentlich wenn der Gegner darauf ausgeht, einen oder selbst zwei Bauern zu gewinnen, eine leichte Entwickelung seiner Streitkräfte erlangt. Durch Rückgabe des Bauern kann Schwarz aber das Spiel auf bereits als sicher bekannte Stellungen zurückführen.

1. e2—e4 e7—e5
2. Sg1—f3 Sb8—c6
3. d2—d4. Zunächst entsteht die Frage, ob Schwarz diesen Bauern durch e5—d4: oder Sc6—d4: nehmen soll. Letzteres ist aber weniger zu empfehlen. Es wäre darauf eine doppelte Antwort: 4. Sf3—d4: oder Sf3—e5: zulässig, indess ist 4. Sf3—d4: für Weiss in mancher Beziehung vortheilhafter.

Erste Vertheidigung.

3. .... Sc6 - d4:
4. Sf3—d4: e5—d4:
5. Dd1—d4: Sg8—e7

Ginge die schwarze Dame nach f6, so geschähe 6. e4—e5, Df6—g6; 7. Sb1—c3 u. s. w.

6. Lf1—c4 Se7—c6
7. Dd4—d5 Dd8—f6
8. 0—0 Lf8—e7

Weiss hat einen kleinen Vorheil, welcher in der bessern Stellung seines Königslaufers und darin besteht, dass f2—f4 bald vorrücken kann. Bemerkt zu werden verdient noch, dass Weiss 4. Sf3—e5: desshalb vermied, weil Sd4—e6; 5. Lf1—c4, Sg8—f6, Dd8—f6 oder c7—c6 zur Ausgleichung der Partie führen konnte. Dasselbe Resultat ergiebt sich bei 4. Sf3—e5:, Sd4—e6; 5. f2—f4, Lf8—c5; 6. Se5—f3, c7—c6; 7. Lf1—c4, Sg8—e7, oder 6. Lf1—c4, d7—d6; 7. Lc4—b5†, c7—c6; 8. Se5—c6:, b7—c6:; 9. Lb5—c6‡, Lc8—d7 u. s. w.

Zweite Vertheidigung.

1. (e2—e4) (e7—e5)
2. (Sg1—f3) (Sb8—c6)
3. (d2—d4) e5—d4:

Nunmehr kann Weiss mit 4. Lf1 — c4 oder 4. c2 — c3 das Spiel zum Gambit werden lassen; beide Fortsetzungen werden aber von den heutigen Spielern weniger oft als 4. Sf3—d4: angewendet, und wir wollen ihre reichen Varianten desshalb erst in der zweiten und dritten Abtheilung betrachten.

Erste Abtheilung.
(2. Vertheidigung.)

4. Sf3—d4: Hierauf kann sich Schwarz mit 4. . . , Sg8—f6 oder 4. . . , Lf8—c5 sicher vertheidigen, oder er kann mit Dd8—h4 auf Bauerngewinn spielen, wobei er aber dem Gegner einen sehr starken Angriff überlassen muss. Wir betrachten diese letztere Spielweise zuerst, die anderen aber im Anhang.

4. (Sf3—d4:) Dd8—h4

5. Sd4—b5. Weiss hat auch Gelegenheit zur Deckung: 5. Dd1—d3, Sg8—f6; 6. Sb1—d2, Lf8—c5; 7. g2—g3 und das Spiel gleicht sich aus. Uebrigens ist es fraglich, ob 5. Sd4—b5 oder 5. Sd4—f3 oder endlich 5. Sd4—f5 (6. De4‡, Sf5—e3) der stärkste Angriffszug ist.

5. .... Dh4—e4‡

Minder gut würde Lf8—c5; 6. Dd1—f3, Sc6—d4; 7. Sb5—c7‡, Ke8—d8; 8. Df3 — f4 u. s. w sein.

6. Lf1—e2 Lf8—b4†
7. Lc1—d2! Ke8—d8

Falsch wäre 7. Sb1—d2? gewesen wegen der Combination De4—g2: 8. Le2—f3, Dg2—h3; 9. Sb5—c7†, Ke8—d8; 10. Sc7—a8:, Sg8—f6!; 11. c2—c3 (auch a2—a3 hilft nichts) Th8—e8† 12. Lf3—e2, Sf6—d5! u. s. w. Die Variante bildet ein lehrreiches Beispiel eines versteckten Angriffes, dessen Stärke leicht unterschätzt werden kann.

8. 0—0 Lb4—d2:

9. Sb1—d2: De4—f4

Dies scheint für die Dame das beste Feld zum Rückzuge zu sein. Im Ganzen ist es aber fraglich, ob die unvortheilhafte Stellung des schwarzen Königs nicht für Weiss den Verlust des Bauern compensirt.

10. c2—c4 Sg8—h6

11. g2—g3 Df4—f6

12. Sb5—c3 Th8—e8

13. Sd2—e4 Df6—g6

14. Le2—h5 Dg6—f5

15. Lh5—f3. Auf der weissen Diagonale zeigt sich der Laufer in diesem Spiele besonders wirksam. Für Schwarz hat namentlich das Aufziehen des Damenbauern und das Herausbringen des Thurmes a8 seine Schwierigkeit.

15. .... b7—b6

16. Lf3—g2 Lc8—b7

17. Dd1—d2 f7—f6

18. Ta1—d1 Sh6—f7

19. Tf1—e1 Ta8—b8

20. f2—f4

Schwarz.

Weiss.

Der letzte Zug des Weissen verhindert zwar das Vordringen des Springers Sc6—e5, deckt aber auch den eigenen König in einer Weise auf, die hier nachtheilige Folgen hat. In ähnlichen Fällen ist es übrigens rathsam, dem Könige durch Aufziehen des Thurmbauern einen neuen gesicherten Platz auf h2 zu schaffen. Im gegenwärtigen Spiel ist dieses Auskunftsmittel jedoch nicht versucht worden.

20. .... Sc6—a5

21. Dd2—d3 Sf7—d6!

Dieser Zug, der den Damenbauern verstellt, erscheint sehr unregelmässig, hat jetzt aber seine vollkommene Berechtigung, indem er die Absicht, einige Officiere zu tauschen, um die bedrängte schwarze Stellung zu erleichtern, möglichst fördert. Es könnte z. B. 22. Se4—d6·, Df5—c5†; 23. Kg1—h1, Te8—e1‡; 24. Td1—e1:, Lb7—

g2‡; 15. Kh1—g2:, c7—d6: folgen.

22. b2—b3 Lb7—e4:
23. Sc3—e4: Te8—e7
24. Kg1—h1 Sa5—b7
25. b3—b4 a7—a5
26. a2—a3 a5—b4:
27. a3—b4: Df5—e6,

in der Absicht, die Dame mit Vortheil für die beiden weissen Thürme hinzugeben.

28. c4—c5 b6—c5:
29. Dd3—b1 De6—c4
30. b4—c5: Sd6—e4:
31. Te1—e4:. Es ist fraglich, ob nicht 31. Lg2—e4: den Vorzug verdiente, weil dann folgende Variante möglich war: Kd8—c8; 32. Le4—b7‡, Tb8—b7:; 33. Db1—b7‡, Kc8—b7:; 34. Te1—e7: etc.

31. .... Te7—e4:
32. Lg2—e4: Kd8—c8
33. Le4—d5. Die Variante 33. c5—c6, Sb7—c5; 34. c6—d7‡, Sc5—d7:; 35. Db1—d3 hätte den Damentausch, aber zugleich doch ein für Weiss weniger ungünstiges Spiel herbeigeführt.

33. .... Dc4—c5:
34. Db1—h7: Dc5—f8
35. Dh7—d3 Df8—e8
36. Dd3—c3 Sb7—d6
37. Ld5—f3 De8—e6
38. Td1—c1 Sd6—b5
39. Dc3—d2 c7—c6
40. Tc1—e1 De6—f7
41. Dd2—b4 Df7—a2
42. Lf3—g2 Kc8—c7
43. Te1—b1 Tb8—a8
44. Tb1—c1 Da2—e2
45. Lg2—f1 De2—f3†
46. Lf1—g2 Df3—e3
47. Tc1—e1 De3—f2
48. Te1—f1 Df2—e2
49. Tf1—e1 De2—c2

und Schwarz befindet sich in entscheidendem Vortheil. Wir gaben hier die Züge einer Korrespondenzpartie Wien — London.

Auf 5. Sd4—f3, statt 5. Sb5 könnte z. B. folgen 5. . . , Dh4—e4‡; 6. Lf1—e2, Lf8—b4† (um Sb1—c3 zu hindern); 7. c2—c3, Lb4—c5; 8. 0—0, Sg8—f6; 9. b2—b4, Lc5—b6; 10. Le2—d3, De4—g4; 11. h2—h3, Dg4—h5; 12. Tf1—e1†, Ke8—d8; 13. b4—b5 und Weiss steht vortheilhaft.

Anhang.

1. (e2—e4) (e7—e5)
2. (Sg1—f3) (Sb8—c6)
3. (d2—d4) (e5—d4:)
4. (Sf3—d4:) Sg8—f6
5. Sd4—c6: b7—c6:
6. Lf1—d3 d7—d5
7. Dd1—e2 d5—e4:
8. Ld3—e4: Sf6—e4:
9. De2—e4‡ Dd8—e7

Schwarz hat zwar vereinzelte Bauern auf dem Damenflügel, seine beiden Läufer sind aber stark. Es geschieht nun auf 10. De4—e7†, Lf8—e7:; 11. 0—0, 0—0 auf 10. Sb1—c3, Lc8—f5 und auf 10. De4—e3, Lc8—a6. In allen Fällen dürfte beiderseitig correctes Spiel Remis herbeiführen.

Es bleibt uns nun noch übrig die meistgespielte Entgegnung auf 4. Sf3—d4:

4. . . Lf8—c5

5. Lc1—e3

Oder 5. Sd4—c6:, Dd8—f6, aber nicht 5. c2—c3, worauf Schwarz mit Dd8—e7! (6. f2—f3, Lc5—d4:; 7. c3—d4:, De7—b4† einen Bauern gewinnt. Auch 5. Sd4—b3 ist wohl zulässig, nach Lc5—b6 steht aber Sb3 nicht günstig.

5. . . . Dd8—f6

6. c2—c3 Sg8—e7

7. Lf1—c4 d7—d6

und das Spiel steht unseres Erachtens nach gleich. Minder gut wäre für Schwarz 7. . . , Sc6—e5, worauf 8. Lc4—e2 nebst f2—f4 folgt; schwächer für Weiss wäre:

7. Lf1—e2 d7—d5

8. Le2—f3! Lc5—d4:

9. c3—d4: d5—e4:

10. Lf3—e4: 0—0,

weil der Bauer d4 vereinzelt ist. Dagegen ist zulässig:

7. f2—f4 d7—d5

8. e4—e5 Df6—h6 mit gleichem Spiel.

[Nicht Df6—g6, weil Weiss darauf mit f4—f5 einen Officier gewinnt].

Zweite Abtheilung.

(2. Vertheidigung.)

1. (e2—e4) (e7—e5)
2. (Sg1—f3) (Sb8—c6)
3. (d2—d4) (e5—d4:)
4. Lf1—c4. Auf das Gambit kann Schwarz entweder eingehen, d. h. den Bauern d4 z. B. durch Lf8—b4† oder Lf8—c5; 5. c2—c3, Dd8—e7 zu behaupten suchen, oder er kann es durch Aufgeben des Bauern ablehnen. Die bedenkliche Spielart 5. Dd8—e7 mit einigen interessanten Verwickelungen, bei denen namentlich die Läufer des Angreifenden von den Feldern c4 und b2 aus sich wirksam erwiesen, haben wir bereits betrachtet. Ebenso war aber S. 68 schon die einfache ablehnende Antwort 4. Sg8—f6 erwähnt und, indem wir jetzt noch hinzufügen, dass 4. (Lf1—c4), Lf8—c5; 5. c2—c3, Sg8—f6! auf die sicherste Vertheidigung der italienischen Partie führt, könnten wir die Abhandlung für geschlossen halten. Einige Varianten jedoch, welche noch neben diesen Spielarten öfters vorkommen, wollen wir doch nicht unbeachtet lassen, da sie äusserst lehrreiche Beispiele

für Angriff und Vertheidigung von Figurenpartien enthalten, aus deren Studium der Leser Abstractionen gewinnen wird, die er leicht auf analoge Positionen übertragen kann.

Erstes Gegenspiel.

(2. Abtheilung. 2. Vertheidigung.)

4. .... Dd8—f6,

in der Absicht, d4 zu erhalten; besser wäre aber 4. Lf8—c5 oder 4. Sg8—f6. Die Dame steht auf f6 nicht gut, indess droht ihr weniger von dem Laufer c1—g5 (und desshalb kann h7—h6 unterbleiben) Gefahr, als von dem Spr. b1, der suchen wird, über c3 nach d5 zu gehen. Diese Gefahr würde verschwinden, wenn jetzt 5. c2-c3, d4—c3:; 6. Sb1—c3:, Lf8—b4; 7. 0—0, Lb4—c3: folgte. Daher spielt Weiss besser:

5. 0—0 Lf8—c5
6. c2—c3 d7—d6
7. Lc4—b5 Lc8—g4

Lc8—d7 hätte nicht allein den Bauern aufgegeben, sondern würde die Vereinigung zweier Bauern in Centrum gestatten. Das Spiel konnte dadurch in ein geschlossenes übergehen.

8. Lb5—c6† b7—c6:
9. Dd1—a4 Lg4—f3:
10. Da4—c6† Ke8—e7
11. Dc6—a8: Df6—g6
12. g2—g3

Schwarz.

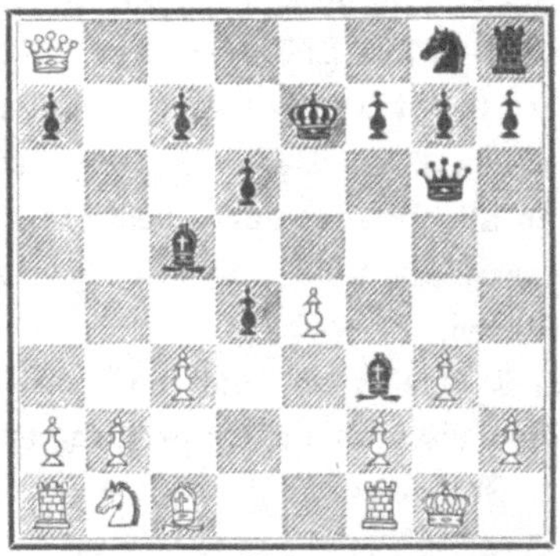

Weiss.

Der weisse König ist in dieser Stellung durch die Bauern weniger geschützt. Das Aufziehen des g-Bauern pflegt namentlich dann bedenklich zu sein, wenn f2 aufgehalten werden und die feindliche Dame h3 erreichen kann. Dem Könige fehlen dann die Mittel zu seiner Deckung. Beides kann hier aber nicht zugleich eintreten, da sehr bald Sb1—d2 den Punkt e4 decken und den gefährlichen Laufer angreifen wird. Wollte Schwarz auch noch durch Sg8—f6 den Thurm h8 opfern, um die Dame weiter zu entfernen und selbst mehr Stücke zum Angriff zu bringen, so würde Weiss doch Zeit behalten, nach Wegnahme des Eckthurmes über c8 zurückzukehren.

Zweites Gegenspiel.

(2. Abtheilung. 2. Vertheidigung.)

[S. das nächste Diagramm.]

4. .... Lf8—c5

5. Sf3—g5. Dies ist ein vorzeitiger Angriffszug.

Schwarz.

Weiss.

5. .... Sg8—h6

Mit dem Angriff 6. Dd1—h5 erreicht Weiss jetzt nichts, sondern kommt selbst in Nachtheil: 6. ...., Dd8—e7! (auch Df6 wäre genügend) 7. 0—0, d7—d6; 8. h2—h3, Lc8—d7; 9. f2—f4, 0—0—0; 10. Lc4—f7:, Sh6—g8; 11. Lf7—d5!, Td8—f8; 12. Dh5—d1, h7—h6; 13. Sg5—f3, Sg8—f6. Der verfrühte Angriff hat hier viel Tempi gekostet: Dd1—h5—d1, Sf3—g5—f3!

6. Sg5—f7: Sh6—f7:

Durch Lc5—b4†; 7. c2—c3, d4—c3:; 8. b2—c3:, Lb4—c3†; 9. Sb1—c3:, Ke8—f7: wird zwar der Bauer noch erhalten, aber die Stellung beträchtlich verschlechtert.

7. Lc4—f7† Ke8—f7:

8. Dd1—h5† g7—g6

9. Dh5—c5: d7—d6

Noch besser ist d7—d5; 10. 0—0, Lc8—e6 oder d5—e4:; 11. c2—c3, Th8—e8 u. s. w.

10. Dc5—b5 a7—a6

11. Db5—e2. Die Stellung der schwarzen Steine ist die günstigere, indess hätte Weiss den Angriff in folgender Weisse besser führen können.

[S. das vorige Diagramm.]

5. c2—c3 d4—d3

Hier konnte auf die italienische Partie mit Sg8—f6! eingelenkt werden, jedoch verdient auch d4—d3 Beachtung. Der Bauer c3 hat nun nicht mehr die Aussicht, sich an e4 anzuschliessen und hindert den Springer nach c3 zu gelangen. Weiss braucht den Bauern zwar nicht sogleich zu nehmen, später wird dies aber dennoch geschehen müssen und den Schwarzen dabei einen freien Moment gewähren. Dies Tempo zu gewinnen und dem Springer b1 das Eindringen in das Spiel zu erschweren, ist die Absicht, welche dem Zuge d4—d3 zu Grunde liegt. In einem Zusatz betrachten wir den Angriff 5. 0—0, der minder gut für Weiss ist, indem Schwarz, sobald später c2—c3 vorrückt, den gewonnenen Bauern behaupten, oder, wenn er ihn aufgiebt, dafür die bessere Stellung erlangen kann.

6. b2—b4 Lc5—b6

Weiss könnte den Angriff mit 7. b4—b5 fortsetzen. Hierauf würde Sc6—a5; 8. Lc4—d3, d7—d5; 9. e4—d5:, Dd8—d5:; 10. 0—0, Lc8—e6; 11. Dd1—c2, 0—0—0 für Schwarz ein sicheres Spiel ergeben.

7. a2—a4 a7—a6

8. Dd1—b3 Dd8—e7

9. 0—0 d7—d6

10. Lc1—g5. Vielleicht ginge dieser Laufer noch besser nach f4, überhaupt hat aber das weisse Spiel den höchsten Punkt seiner Entwickelung erreicht, ohne die Schwarzen verhindern zu können, dass auch sie ihre Steine allmählich entwickeln.

10. .... Sg8—f6

11. Sb1—d2 0—0

12. Lc4—d3: Lc8—e6

13. Db3—c2. Dame und Laufer stehen hier günstig zum Angriff gegen die Rochade. Noch vortheilhafter pflegt aber die umgekehrte Stellung (die Dame auf d3 und der Laufer c2) zu sein. Schwarz wird dahin trachten, den Bauern e4 auf diesem Felde als Schutz zurück zu halten, den Laufer g5 zu verdrängen und entweder durch Schlagenlassen des Sc6—e5 den Bauern d6 nach e5 zu bringen, oder durch d6—d5 im passenden Moment das Spiel aufzulösen.

13. .... h7—h6

14. Lg5—h4 Ta8—d8

15. h2—h3 Td8—d7

Ob man hier gut Sc6—e5 spielen konnte, wollen wir unerörtert lassen. T—d7 geschah, um für den andern Thurm das Feld d8 frei zu machen. Nachher könnte Schwarz mit Nutzen g7—g5 ziehen und den Damenbauern vorrücken.

16. a4—a5 Lb6—a7

Das Zurückdrängen des Laufers gewährt an sich, wie wir schon früher erwähnt haben, für Weiss keinen Vortheil, es ist aber die ganze Vertheidigung, obgleich sicher, dennoch, wie wir noch einmal bemerken müssen, weniger einfach als die S. 68 ausgeführte Spielart.

17. b4—b5 Sc6—b8

18. Sf3—d4 g7—g5:

Mit dem Vorrücken dieses Bauern muss man vorsichtig sein, weil man den König dadurch seines Schutzes beraubt. Es giebt aber doch viele Fälle, in denen der Zug rathsam ist.

19. Lh4—g3 a6—b5:

20. Sd4—b5: La7—c5

21. Kg1—h1 Sf6—h5

22. Lg3—h2 f7—f6

23. g2—g4 Sh5—g7

24. f2—f4 Sb8—c6

25. f4—g5: f6—g5:

26. Sd2—f3 De7—d8

27. Sf3—d4 Tf8—f1†

Wenn Thürme einander gegenüber stehen, lässt man gern den

Gegner nehmen, um den geschlagenen Thurm durch den zweiten zu ersetzen und sich im Besitze der offenen Linie zu erhalten.

28. Ta1—f1: Kg8—h8

29. Dc2—f2. Dieser Zug geschieht hier in der Absicht, das Entgegenstellen des Thurmes zu vermeiden und wo möglich mit der Dame nach f6 zu kommen. Zöge nun Schwarz dennoch den Thurm d7—f7, so folgte:

30. Sd4—e6: Tf7—f2:
31. Se6—d8: Tf2—f1†
32. Ld3—f1: Sc6—d8:
33. Sb5—c7: u. s. w. Wir kehren nun zum Hauptspiel in folgender Stellung zurück.

Schwarz.

Weiss.

29. .... Lc5—d4:
30. Df2—f8† Le6—g8
31. c3—d4: Dd8—f8:
32. Tf1—f8: Sg7—e6
33. Tf8—g8† Kh8—g8:
34. d4—d5 Se6—c5
35. d5—c6: b7—c6:
36. Ld3—c4† d6—d5
37. e4—d5: c6—b5:
38. d5—d6†. Vielleicht wäre 38. Lc4—b5:, Td7—d5:; 39. Lb5—c4, c7—c6; 40. Lh2—d6 u. s. w. besser.

38. .... b5—c4:
39. d6—c7: Td7—c7:
40. Lh2—c7: c4—c3
41. Lc7—e5 c3—c2
42. Le5—b2 Kg8—f7
43. Kh1—g2 Kf7—g6

Wenn Schwarz Kf7—e6 zieht, so folgt:

44. h3—h4 Sc5—d3
45. Lb2—a3 Ke6—d7
46. h4—g5: h6—g5:
47. Kg2—f3 c2—c1 D
48. La3—c1: Sd3—c1:
49. Kf3—e4 Sc1—e2
50. Ke4—f5 Remis.

Stellung des Hauptspiels nach dem 43. Zuge.

Schwarz.

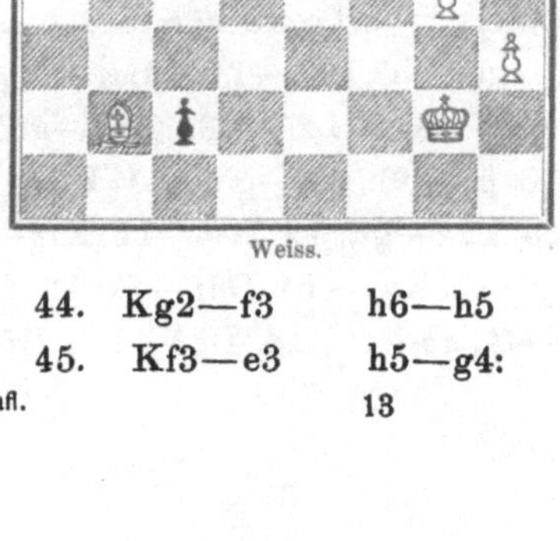

Weiss.

44. Kg2—f3 h6—h5
45. Kf3—e3 h5—g4:

46. h3—g4: Kg6—f7
47. Ke3—d4 Sc5—b3†
48. Kd4—c3 Sb3—a5:

Das Spiel bleibt unentschieden.

Zusatz zum 2. Gegenspiele.
(2. Abth. 2. Verth.)

Schwarz.

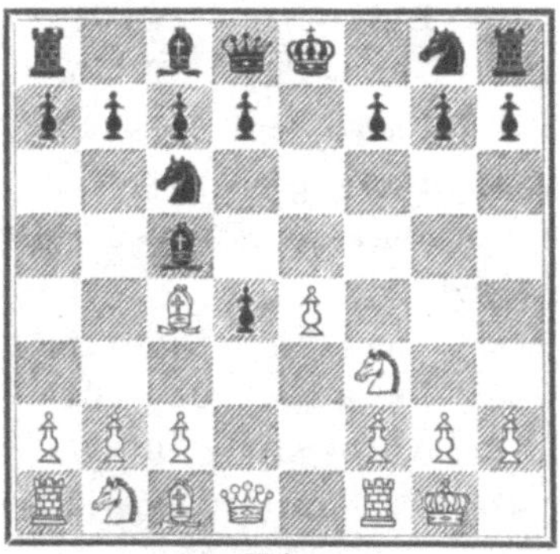

Weiss.

Der letzte Zug, welcher hier für Weiss die Rochade war, ist minder gut als das früher erwähnte 5. c2—c3.

5. .... d7—d6
6. c2—c3 Sg8—f6

Nach diesem Zuge kann Weiss die Bauern auf der Mitte vereinigen, es konnte aber d4—c3:; 7. Sb1—c3:, Sg8—e7 oder am besten folgendes Spiel gewährt werden: 6. Lc8—g4; 7. Dd1—b3, Lg4—f3:; 8. Lc4—f7†, Ke8—f8; 9. Lf7—g8:, Th8—g8:; 10. g2—f3:, g7—g5; (11. Db3—e6, Tg8—g6; 12. De6—h3, Kf8—g8) 11. Kg1—h1, Dd8—f6; 12. f3—f4, g5—f4:; 14. Db3—b7:, Df6—g5; 14. Db7—a8†, Sc6—d8; 15. e4—e5, c7—c6 und gewinnt.

7. c3—d4: Lc5—b6
8. Sb1—c3 Lc8—g4
9. Lc1—e3 0—0
10. a2—a3 Dd8—e7
11. Dd1—d3 Lg4—f3:

Die Verdoppelung des f-Bauern nach der Rochade ist zuweilen bedenklich, wenn das Weiterrücken des Bauern gehemmt und ein Angriff gegen den König gemacht wird. Hier hat Weiss aber bei einiger Vorsicht keine Gefahr zu befürchten.

12. g2—f3: De7—d7
13. Kg1—g2 Sf6—h5
14. Sc3—e2 Sc6—e7
15. Se2—g3 Sh5—g3:
16. h2—g3: d6—d5
17. Lc4—a2 Ta8—d8
18. Ta1—d1 c7—c6
19. Tf1—h1 Se7—g6
20. Th1—h5. Besser wäre e4—d5:

20. .... d5—e4:
21. f3—e4: Dd7—g4!
22. Td1—h1 Td8—d4:
23. Dd3—c3 Td4—e4:

Statt dessen konnte 23. Dg4—e4†; 24. f2—f3, De4—d3; 25. Le3—d4: (Dd3—d4:; 26. Dc3—c2, Tf8—d8; 27. Th1—e1 oder Th5—f5), Dd3—e2†; 26. Kg2—h3, Lb6—d4:; 27. Th1—e1 mit etwa gleichem Spiel geschehen. (Oder 27.

Dc3—d4:, De2—f3:; 28. Dd4—d1, Sg6—f4† Remis.)

24. Th5—h7: Lb6—d4
25. Le3—d4: Te4—d4:

Mit diesem Zug ist das Spiel verloren, indem 26. Th1—h4, Sg6—h4‡; 27. Th7—h4: folgt. Schwarz konnte aber durch 25. Sg6—f4† das Spiel unentschieden machen.

Schwarz.

Weiss.

26. Kg2—h2? Kg8—h7:
27. g3—f4: Te4—f4:

mit der Absicht nach f3 zu gehen. Weiss hat kein genügendes Gegenspiel mehr. Hingegen würde er bei Tf8—h8; 28. La2—f7:, Te4—f4:; 29. Dc3—g3 gewonnen haben. Folgende Spielart führt zum Remis.

26. Kg2—g1! Dg4—d1†
27. Kg1—h2 Dd1—d4:
28. Kh2—g1 Dd4—d1†

u. s. w.

Drittes Gegenspiel.
(2. Abtheilung. 2. Vertheidigung.)

Schwarz.

Weiss.

4. .... Lf8—b4†?

Dieses Schach, dessen wir schon auf S. 69 bei dem Anfange: 1. e2—e4, e7—e5; 2. d2—d4, e5—d4: Erwähnung thaten, ist unvorsichtig, denn es verwickelt Schwarz in eine sehr schwierige Vertheidigung.

5. c2—c3 d4—c3:

Erster Angriff.
(3. Gegensp. 2. Verth. 2. Abth.)

6. b2—c3:. Dieser Zug bietet sich zunächst dar und gewährt auch einen dauernden Angriff, jedoch scheint es noch besser, an dieser Stelle zu rochiren.

6. .... Lb4—a5

7. e4—e5. Es ist bereits mehrfach darauf hingewiesen worden, dass in den Figurenpartieen das Vorrücken des Centrums, oder wenn die Mitte unvollständig ist, das Vordringen des Königsbauern

der Entwickelung des Gegners sehr hinderlich wird. Hier würde aber 7. 0—0, d7—d6 oder Sg8—e7 für Weiss correcter sein.

7. .... Sg8—e7
8. Lc1—a3 0—0
9. 0—0 Kg8—h8

Es ist nicht nothwendig, dem Vordringen des Springers f3—g5 vorzubeugen, daher unterbleibt h7—h6, welches hier ein verlorener Zug sein würde.

10. Sf3—g5 Sc6—e5:

Zieht jetzt Dd1—h5, so geschieht h7—h6; 12. Lc4—f7:, d7—d6 zum Vortheil für Schwarz.

11. Sg5—h7: Se5—c4:!

Auch 11. La3—e7: hätte das weisse Spiel nicht gerettet.

12. Dd1—h5 g7—g6
13. Dh5—h6 Se7—f5
14. Dh6—h3 Dd8—h4
und gewinnt.

Zweiter Angriff.

(3. Gegensp. 2. Verth. 2. Abth.)

Schwarz.

Weiss.

6. 0—0. Der Vertheidigende kann jetzt durch c3—b2: sich den Mehrbesitz von 2 Bauern verschaffen, aber der Laufer c1—b2: gewinnt dann eine drohende Stellung. Die Analyse dieser Spielart wird nachher gegeben werden, zunächst nehmen wir an, dass sich Schwarz mit einem Bauern begnüge und desshalb 6. d7—d6 ziehe. 6. Dd8—f6 oder Sg8—f6 wäre weniger gut: auf Ersteres folgte b2—c3: oder e4—e5, auf Letzteres b2—c3:, Lb4—c5; 8. e4—e5, d7—d5; 9. e5—f6: u. s. w.

Erste Spielart.

(2. Angriff. 3. Gegensp. 2. Vertheidigung. 2. Abtheilung.)

6. .... d7—d6
7. a2—a3 Lb4—c5
8. b2—b4 c3—c2
9. Dd1—c2: Lc5—b6

Die Fortsetzung des Spieles gegen Lc5—d4 würde folgende sein:

10. Sf3—d4: Sc6—d4:
11. Dc2—c3 Dd8—f6
12. Lc1—b2 Sd4—c6
13. Dc3—c2 Df6—g6
14. f2—f4 u. s. w.

Wir fahren nun im Hauptspiel mit folgender Stellung fort:

[Siehe das nächste Diagramm.]

10. Dc2—b3 Dd8—e7
11. Sb1—c3 Lc8—e6
12. Sc3—d5 Le6—d5:
13. e4—d5:. Dieser Zug,

(Stellung nach dem 9. Zuge von Schwarz.)

Schwarz.

Weiss.

welcher den Angriffslaufer verstellt, bedarf der Erläuterung. Es nimmt nämlich nicht Lc4—d5:, weil der Vortheil, welchen die offene Königslinie für den Angriff gewährt, hier grösser ist. Auch wenn die feindliche Dame nicht gerade vor ihrem König stände, was z. B. der Fall sein würde, wenn Schwarz 10. Dd8—f6 statt D—e7 gezogen hätte, würde es wichtig sein für den Thurm die Linie e zu öffnen.

13.	....	Sc6—e5
14.	Lc1—b2	Se5—f3‡
15.	Db3—f3:	Ke8—f8
16.	Tf1—e1	De7—d7
17.	Te1—e4	Ta8—e8
18.	Ta1—e1	Te8—e4:
19.	Te1—e4:	f7—f6

Man achte wohl darauf, wie Weiss bedacht ist, der Entwickelung des Gegners fortdauernd durch vorsichtiges Manövriren mit seinen Figuren entgegen zu wirken. Der Fehler des schwarzen Spiels liegt darin, dass der Thurm h8 eingeschlossen ist und von Weiss in dieser Lage gehalten wird.

20.	a3—a4	a7—a6

Wenn Schwarz Dd7—a4: thut, so folgt 21. Df3—g4.

21.	a4—a5	Lb6—a7
22.	Te4—e6	Kf8—f7
23.	Lc4—d3	h7—h5
24.	Ld3—f5	Dd7—d8
25.	Te6—e4	c7—c6
26.	Lf5—e6†	Kf7—f8
27.	Te4—h4	Dd8—e8
28.	g2—g4	De8—g6
29.	d5—c6:	Sg8—e7
30.	c6—c7:	

Auf diesem Bauern beruht jetzt die Stärke des weissen Spieles.

30.	....	Dg6—b1†
31.	Kg1—g2	Db1—b2:
32.	g4—h5:	g7—g5
33.	h5—g6:	Th8—h4:
34.	g6—g7†	Kf8—g7:
35.	Df3—g3†	Kg7—h6
36.	Dg3—h4‡	Kh6—g6
37.	Dh4—g3†	Kg6—h6
38.	c7—c8D	Se7—c8:
39.	Le6—c8:	Db2—d2
40.	Dg3—h4†	Kh6—g7
41.	Lc8—b7:	La7—d4
42.	Lb7—a6:	Dd2—b4:
43.	La6—d3	Ld4—c5

Gewöhnlich bleiben Spiele mit Läufern auf Feldern von ungleicher Farbe unentschieden, hier gewinnt aber die stärkere Partei.

44. Dh4—b4: Lc5—b4:
45. a5—a6 Lb4—c5
46. f2—f4 Kg7—h6

Ginge der König nach der anderen Seite, so verlöre er ebenfalls, da er den Bauern h2 nicht aufhalten könnte.

47. Kg2—f3 Kh6—h5
48. Kf3—e4 Kh5—g4
49. f4—f5 Kg4—g5
50. Ke4—d5 Kg5—h6
51. Kd5—e6 Kh6—g7
52. h2—h3 und gewinnt.

Zweite Spielart.

(2. Angriff. 3. Gegenspiel. 2. Vertheidigung. 2. Abtheilung.)

Schwarz.

Weiss.

6. .... c3—b2:
7. Lc1—b2:. Die Vertheidigung ist jetzt nach Ansicht der meisten Autoritäten aussichtslos. Das Uebergewicht der Bauern auf der Damenseite wird sich kaum anders geltend machen können, als indem d7 nach d5 vorgerückt und dort behauptet wird. Dem kann sich jedoch Weiss wirksam widersetzen und zunächst muss sich auch Schwarz mit Deckung auf der andern Seite befassen. Sg8—f6 scheint für diesen Zweck passend, reicht aber schliesslich wohl auch nicht aus. Die erste Veränderung Lb4—f8 beschränkt Schwarz auf drei Reihen und die Züge Ke8—f8 oder f7—f6, deren Combinationen öfter dieselben sind, führen ebenfalls grosse Uebelstände mit sich.

7. .... Sg8—f6
8. Sf3—g5 0—0
9. e4—e5 d7—d5

Sf6—g4 hätte 10. Dd1—g4:, d7—d5; 11. e5—e6 u. s. w. zur Folge. Am besten thut Schwarz 9. Sc6—e5: um drei Bauern für einen Officier zu bekommen; in so frühem Stadium der Partie pflegt jedoch die Kraft der Figur zu überwiegen.

10. e5—f6: d5—c4:
11. Dd1—h5 h7—h6
12. Sg5—e4 c4—c3
13. Sb1—c3: und Weiss muss gewinnen.

Erste Veränderung.

(2. Spielart. 2. Angr. 3. Gegensp. 2. Verth. 2. Abth.)

[S. das vorige Diagramm mit Hinzufügung von 6. c3 — b2:; 7. Lc1 — b2:]

7. .... Lb4—f8

8. e4—e5. Man kann den Angriff auch auf andere Art, z. B. mit 8. Sf3—d4, Sg8—f6; 9. e4—e5 weiter führen.

8. .... d7—d6

9. e5—d6: Dd8—d6: oder c7—d6:, s. den Anhang.

10. Dd1—b3 Lc8—e6

11. Lc4—e6: f7—e6:

12. Tf1—d1 Dd6—b4

13. Db3—e6† Db4—e7

14. De6—h3 und gewinnt.

Anhang zur 1. Veränderung.

(2. Spielart. 2. Angr. 3. Gegensp. 2. Verth. 2. Abth.)

Schwarz.

Weiss.

9. .... c7—d6:

10. Tf1—e1† Sc6—e7

11. Sf3—g5 Sg8—h6

12. Dd1—h5 und gewinnt.

Bemerkt zu werden verdient, dass Schwarz vielleicht am besten 8. Lf8—e7 gethan hätte, aber die Fortsetzung 9. Sb1—c3, Sg8—h6; 10. Dd1—c2, 0—0; 11. Ta1—d1 hätte doch dem weissen Spiele eine bedeutende Entwickelung gegeben.

Zweite Veränderung.

(2. Spielart. 2. Angr. 3. Gegensp. 2. Verth. 2. Abth.)

Schwarz.

Weiss.

7. .... Ke8—f8

Weiss könnte nun durch a2—a3 und Dd1—b3 oder Sb1—c3 eine gute Entwickelung seiner Steine erlangen und darauf bedacht bleiben, den Flügel der Dame des Gegners zurück zu halten, aber es mag auch die folgende Spielart gewählt werden.

8. e4—e5 Dd8—e7

oder Lb4—e7, s. den Anhang.

9.	a2—a3	Lb4—c5
10.	Sb1—c3	d7—d6
11.	Sc3—d5	De7—d7
12.	Tf1—e1	d6—e5:
13.	Lb2—e5:	Sc6—e5:
14.	Sf3—e5:	Dd7—d8
15.	Se5—f7: und gewinnt.	

Anhang zur 2. Veränderung.

(2. Spielart. 2. Angr. 3. Gegensp. 2. Verth. 2. Abth.)

Weiss.

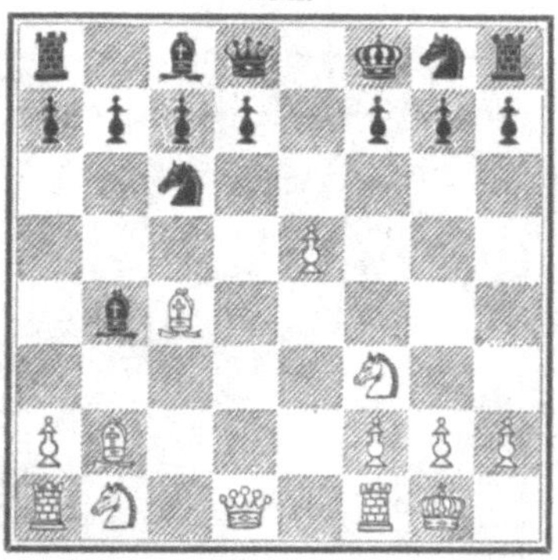

Schwarz.

8. .... Lb4—e7

Wir erwähnen diesen Zug, weil es häufig, wenn man ein wenig entwickeltes und bedeutenden Angriffen ausgesetztes Spiel hat, gut ist, sich möglichst zu concentriren, namentlich die entferntesten Stücke zurück zu ziehen, da sie vereinzelt doch von keiner grossen Wirkung sein können und ihre Deckung schwierig wird. Schwarz könnte sogar, da er um zwei Bauern stärker ist, einen derselben gelegentlich aufgeben, wenn er dadurch sein Spiel sichert, und dann Aussicht auf den Gewinn der Partie behalten. Der richtige Moment wird aber schwerlich zu treffen sein, denn Weiss wird ihn sorgfältig vermeiden.

9.	Dd1—d5	Dd8—e8
10.	Tf1—e1	f7—f6
11.	e5—f6:	g7—f6:
12.	Sb1—c3	h7—h5
13.	Sc3—e4	Sc6—b4
14.	Dd5—d2	De8—g6

15. h2—h3. Es wäre wohl noch besser, hier a2—a3 zu thun, weil dies den Springer zurückdrängt, und wenn derselbe nach c6 geht, c7—c6 hindert.

15.	....	c7—c6
16.	Sf3—h4	Dg6—h6
17.	Dd2—h6†	Th8—h6:
18.	Lc4—g8:	Kf8—g8:
19.	Sh4—f5	Th6—h7
20.	Sf5—e7†	Th7—e7:
21.	Se4—f6†	Kg8—f7
22.	Te1—e7†	Kf7—e7:
23.	Sf6—h5:	Ke7—f7
24.	g2—g3	d7—d5
25.	a2—a3	Sb4—a6

Schwarz befindet sich noch immer in der Defensive.

26. Sh5—f4 Sa6—c5
27. f2—f3 Sc5—e6
28. Sf2—d3. Weiss ist noch etwas im Vortheile; er vermeidet den Tausch, weil ungleiche Läufer im Spiele sind, welche, neben Bauern allein oder mit den Thürmen, keine Entscheidung zulassen möchten (s. aber auch S. 198).

Dritte Veränderung.

(2. Spielart. 2. Angr. 3. Gegensp. 2. Verth. 2. Abth.)

[S. das zweite Diagramm auf S. 199.]

7. .... f7—f6

Zöge jetzt Weiss Sf3—g5, so folgte Sg8—h6 und nach Dd1—h5†, Ke8—f8 würde Schwarz nicht übel stehen. Hingegen gewährt 8. Dd1—b3 oder e4—e5 einen nachhaltigen Angriff.

8. e4—e5 Lb4—e7
9. Sf3—h4 Sg8—h6

Wenn Schwarz den König nach f8 zöge, spielte Weiss 10. f2—f4. Wäre aber 9. d7—d5 geschehen, so folgte 10. Dd1—h5†, Ke8—d7; 11. Dh5—f7 und Weiss stände im Vortheile. 9. f6—e5: hätte hingegen 19. Dd1—d5, Sg8—h6; 11. Sh4—f5, Sc6—b4; 12. Sf5—g7‡, Ke8—f8; 13. Dd5—e5: zur Folge. Im Anhange betrachten wir 9. g7—g6.

10. Dd1—h5† Ke8—f8
11. Sh4—f5 Sc6—e5:
12. Lb2—e5: Dd8—e8

Schwarz versucht, 3 Bauern für einen Officier zu behalten.

13. Dh5—e8‡ Kf8—e8:
14. Sf5—h6: f6—e5:
15. Sh6—f7 Th8—f8
16. Sf7—e5: Le7—f6
17. Tf1—e1 Ke8—d8
18. Sb1—d2 d7—d6
19. Se5—f7† und ist im Vortheil.

Anhang zur 3. Veränderung.

(2. Spielart. 2. Angr. 3. Gegensp. 2. Verth. 2. Abth.)

Schwarz.

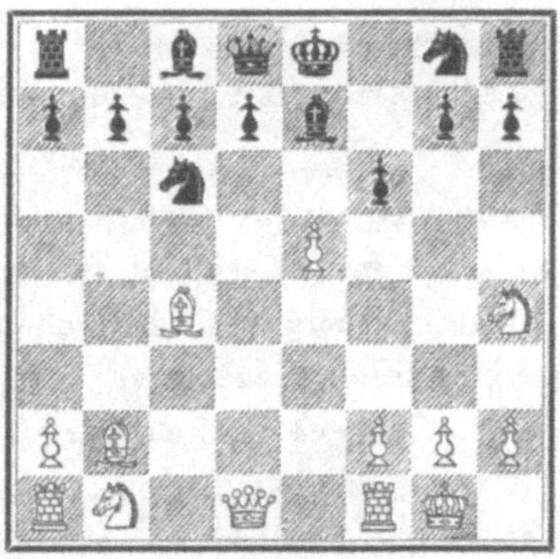

Weiss.

9. .... g7—g6
10. Dd1—d5. Wie an vielen Stellen dieses neunzehnten Spiels, ist der Angriff nicht nothwendig in der angegebenen Weise auszuführen; so könnte hier auch mit Vortheil 10. f2—f4 geschehen.

10. .... Sg8—h6
11. e5—f6: Le7—f6:
12. Lb2—c1 g6—g5
13. Tf1—e1† Ke8—f8
14. Sh4—f5 Lf6—a1:
15. Sf5—h6: Dd8—f6
16. Lc1—g5: Df6—g6
17. Dd5—f3‡ und Weiss gewinnt.

Dritte Abtheilung.
(2. Vertheidigung.)

1. (e2—e4) (e7—e5)
2. (Sg1—f3) (Sb8—c6)
3. (d2—d4) (e5—d4:)
4. c2—c3

Auch dieser Zug gewährt einen sehr starken Angriff.

Erstes Gegenspiel.
(3. Abtheilung. 2. Vertheidigung.)

4. .... d4—c3:

Die Ablehnung des Weiterschlagens mit d7—d5 ist nicht so gut, als es scheint. Wir betrachten sie im zweiten Gegenspiel.

5. Lf1—c4 c3—b2:

Analog wie bei der Spielart 4. Lf1—c4, Lf8—b4†; 5. c2—c3, d4—c3:; 6. 0—0, c3—b2: ist das Nehmen des zweiten Bauern sehr gefährlich. Den sicheren Zug 5. Sg8—f6 behandelt die Veränderung.

6. Lc1—b2: Lf8—b4†

Nach 6. d7—d6 hat Schwarz ein ausserordentlich beengtes Spiel.

7. Sb1—c3 Sg8—f6
8. 0—0 0—0

Mit 8. Dd1—c2 nebst 0—0—0, was ebenfalls stark ist, gelangt man zu einer Variante, die wir schon im dritten Spiele kennen lernten.

9. Sf3—g5 Sc6—e5!
10. Lc4—b3 d7—d6
11. f2—f4 Lb4—c5†
12. Kg1—h1 Sf6—g4
14. Sc3—a4 Dd8—e7
14. Sa4—c5: d6—c5:
15. f4—e5: De7—g5·
16. Tf1—f7: Tf8—f7:
17. Lb3—f7‡ Kg8—f7:
18. Dd1—d5† und das schwarze Spiel ist nicht zu halten.

Veränderung.
(1. Gegenspiel. 2. Vertheidigung. 3. Abtheilung.)

Schwarz.

Weiss.

5. .... Sg8—f6
6. 0—0 d7—d6
7. Sb1—c3: Lf8—e7

Nicht richtig wäre für Weiss 7·

Sf3—g5 wegen Sc6—e5; 8. Lc4—b3, h7—h6; 9. f2—f4, h6—g5:; 10. f4—e5:, d6—e5:

8.	Lc1—e3	0—0
9.	Sf3—d4	Sf6—g4
10.	Sd4—c6:	b7—c6:
11.	Le3—f4	Le7—f6
12.	Lc4—e2	Sg4—e5
13.	Lf4—e3	Lc8—e6
14.	f2—f4	Se5—c4
15.	Le3—c1	Sc4—b6
16.	f4—f5	Le6—c4

mit ungefähr gleichem Spiel.

Zweites Gegenspiel.

(3. Abtheilung. 2. Vertheidigung.)

4.	(c2—c3)	d7—d5
5.	e4—d5:	Dd8—d5:
6.	c3—d4:	Lc8—g4
7.	Lf1—e2!	

Weiss darf nicht sogleich Sb1—c3 thun, weil Lg4—f3:; 8. Sc3—d5:, Lg4—d1:; 9. Sd5—c7†, Ke8—d7; 10. Sc7—a8:, Ld1—h5; 11. Lc1—d2, Sg8—f6 folgen würde.

7.	....	0—0—0

Hier wäre ein grober Fehler von der Art möglich, wie sie auch geübteren Spielern noch unterlaufen können: 7. ...., Lg4—f3:? 8. Le2—f3: Dd5—d4: kostet die Dame, indem Weiss 9. Lf3—c6†, thut.

8.	Sb1—c3	Dd5—a5
9.	Lc1—e3	Lf8—c5
10.	0—0	Lg4—f3:
11.	Le2—f3:	Sc6—d4:
12.	Le3—d4:	Lc5—d4:
13.	Dd1—b3	Da5—b6
14.	Db3—f7:	Sg8—h6
15.	Df7—c4!	und hat noch

einen starken Angriff.

DRITTE ABTHEILUNG.

Gambit des Königs.

Beim Königsgambit besteht die Absicht, nach dem Zuge 1. e2—e4, e7—e5, um sich der Mitte zu bemächtigen, den feindlichen Bauern e5 von seinem Platze, mit Aufopferung eines Bauern f2—f4, zu entfernen und dadurch nach einem Felde zu bringen, auf welchem er leicht angegriffen, aber nur schwer vertheidigt werden kann. Schwarz ist zwar nicht gezwungen, den angebotenen Bauern zu nehmen, wie dies beim „abgelehnten Gambit" gezeigt werden soll, die Theoretiker sind jedoch meist der Ansicht, dass die Annahme des Gambits für den Fall, dass 3. Sg1—f3 darauf folgt, dem Nachziehenden zum Vortheil gereicht, während sich das Spiel bei 3. Lf1—c4 auf verschiedene Art sicher ausgleichen lässt. Die Vertheidigung ist allerdings nicht leicht, da sie im „Springergambit" häufig die Züge g7—g5, Lf8—g7, h7—h6 erfordert, durch welche die Entwickelung des Springers g8 und des Thurmes h8 erschwert wird. Die ersten Züge, von denen der Nachziehende hierbei, ohne sein numerisches Uebergewicht zu verlieren, nicht abweichen darf, lassen sich genauer vorschreiben, als bei irgend einer andern Eröffnung. Weiss hingegen wird nicht allein seine Bauern in der Mitte zu einem geschlossenen Spiele vereinigen, sondern behält auch die Fähigkeit, namentlich wegen der vielfach gegen den Punkt f7 zu richtenden Angriffe, sogleich zu einer Figurenpartie überzugehen. Der Gambitangriff vereinigt daher im Allgemeinen die Vortheile eines geschlossenen und eines freien Spiels, und beschränkt den Gegner ungemein lange auf einen geringeren Wirkungskreis. Durch die Aufopferung des Königsspringers kann diesem Spiel sogar zuweilen eine noch erhöhte Lebendigkeit verliehen werden. Charakteristisch ist auch für viele Fälle das Aufziehen der Bauern auf der Seite des Königs, zum Angriff gegen f4 und g5, damit der Damenlaufer nicht zu lange behindert werde. Aehnliches haben wir bereits im siebenten Lauferspiele (S. 98) durchgeführt.

Nach der Annahme des Gambits droht dem Anziehenden ein Schach, welches gefährlicher ist, als im Damengambit das Schach auf a5, denn es kann ohne Schaden jetzt nichts zwischen gesetzt werden. Daher muss der erste freie Zug zur Sicherung des Königs benutzt werden, d. h. es muss der Laufer f1, um Platz zu machen, bewegt werden, oder der Springer g1—f3 muss das Schach abwehren. Diese beiden Arten, das „Königslaufer-“ und „Königsspringergambit“, sind die gewöhnlichsten und stärksten; aber nur die erstere gilt zugleich als ein für den Angreifenden sicheres Spiel. Von den anderen Fortsetzungen dürfte noch h2—h4 Erwähnung verdienen, weil es ebenfalls das Feld h3 der feindlichen Dame unzugänglich macht und den Bauern des Gambits isolirt. Der Angriff wird dabei aber, wie das erste Spiel zeigt, bald auf Schwarz übergehen.

In der Praxis scheinen die Gambitspiele jetzt seltener vorzukommen, als dies im zweiten Drittel des Jahrhunderts der Fall war. Namentlich die Anwendung des Springergambits ist in letzter Zeit, wegen Verstärkung der Vertheidigungszüge, erheblich beschränkt worden.

Erstes Spiel.

1.	e2—e4	e7—e5
2.	f2—f4	e5—f4:
3.	h2—h4	Lf8—e7

Auch d7—d5 würde nicht übel sein, es scheint aber besser, dies als Gegenzug für den etwa erfolgenden Angriff 4. Dd1—g4 aufzusparen.

4.	Sg1—f3	Sg8—f6
5.	d2—d3	d7—d5,

welches auch auf 5. Sb1—c3 geschehen konnte. 5. e4—e5 hätte Sf6—h5 zur Folge gehabt.

6.	e4—d5:	Sf6—d5:
7.	c2—c4	Sd5—e3
8.	Lc1—e3:	f4—e3:
9.	d3—d4	Lc8—g4

und Schwarz hat den Vortheil der Stellung.

Das Königslaufergambit.

Zweites Spiel.

Im Laufergambit pflegt der Angriff meistens weniger heftig als im Gambit des Springers zu sein. Häufig löst sich das Spiel nach Entfernung der Bauern auf der Königsseite ganz auf, oder Weiss rückt nach Zurückerlangung seines Bauern mit dem Könige nach der Mitte, um sein Centrum zu unterstützen und das Spiel abgeschlossen zu halten. Das Laufergambit gehört zu den Partien, welche bei richtig geführtem Angriff gegen die besten Vertheidigungszüge unentschieden bleiben.

1.	e2—e4	e7—e5
2.	f2—f4	e5—f4:
3.	Lf1—c4	Dd8—h4†

Das Schach bietet sich am natürlichsten dar, obgleich eben so gut noch andere Züge, deren im vierten Spiele Erwähnung geschieht, gethan werden können. Bei Dd8—h4† muss der weisse König nach f1 ziehen und es ist, selbst für einen schon geübten Spieler, schwer, die Vortheile zu erkennen, welche dessenungeachtet dem Anziehenden bleiben. Wir werden indess sehen, dass zum Schutz des Bauern f4 der Zug g7—g5 sogleich nothwendig ist und dass die Deckung dessenungeachtet nicht für die Dauer bewirkt werden kann. Die Dame wird durch g7—g5 von der Mitte abgeschnitten, so dass sie nur mit Verlust von Zügen zurückkehren kann. Auch hat sie, da die weissen Bauern das Centrum besetzen, selten Aussicht auf einen nachhaltigen Angriff gegen den König. Zwar ist der weisse Thurm h1 ebenfalls behindert, jedoch hat dieser Stein viel weniger Bedeutung als die feindliche Dame, und überdies kann er beim Vorziehen des Bauern h2 wirksam werden. Es ist hier also der Nachtheil der Stellung auf der Seite des Schwarzen. Hierzu kommt noch, dass der Springer b1, wegen Entfernung der Dame von d8, leicht für c7 gefährlich werden und auch dort die Rochade stören kann. Die genauere Untersuchung zeigt, dass Weiss den Angriff gegen f4, welchen auch Sc3—e2 unterstützt, stets mit Erfolg durchsetzen wird, und dass Schwarz daher besser den Deckungszug 4. g7—g5 unterlässt. In dem gegenwärtigen zweiten und dem nächsten Spiele wollen wir die Versuche der Deckung widerlegen. Im vierten Spiele werden andere Vertheidigungen, z. B. 4. d7—d5 erörtert, mit denen

Schwarz aber auch nicht in Vortheil kommt.

4. Ke1—f1 d7—d6

Wir lassen hier diesen Zug in der, allerdings irrigen, Voraussetzung, geschehen; dass zu g7—g5 noch Zeit bleibt und dass letzterer Zug für die Deckung von f4 später genügt.

Zu bemerken ist, dass folgende Spielart für Schwarz gefährlich wäre: Lf8--c5; 5. d2—d4, Lc5—b6; 6. Sg1—f3, Dh4—g4?; 7. Lc4—f7‡, Ke8—f8; 8. h2—h3, Dg4—g3; 9. Sb1—c3, Kf8—f7:; 10. Sc3 — e2, Dg3 — g6; 11. Sf3—e5†.

5. Dd1—f3!, wegen d2—d4 s. die Veränderung.

5. .... g7—g5
6. g2—g3 Dh4—g4
7. d2—d3 Lf8—h6
8. Df3—g4: Lc8—g4:
9. h2—h4 g5—h4:
10. Th1—h4: Es war auf diese Art unmöglich für Schwarz, den Bauern zu behaupten. Er verliert ihn wieder und hat obenein die schlechtere Stellung.

Veränderung.

1. (e2—e4) (e7—e5)
2. (f2—f4) (e5—f4:)
3. (Lf1—c4) (Dd8—h4†)
4. (Ke1—f1) (d7—d6)
5. d2—d4. Dieser Angriffszug ist zwar weniger einfach als Dd1—f3, aber interessanter und ebenfalls genügend, um das Spiel zum wenigsten auszugleichen.

Erste Vertheidigung.

5. .... Lc8—g4

Es ist gewöhnlich nicht rathsam, im Gambit den Laufer c8 früh zu bewegen, weil er den Bauern b7 ungedeckt lässt. In dem Folgenden spielt Weiss auf den Angriff gegen diesen Punkt, aber gerade hier wäre zunächst 6. Sg1—f3 besser gewesen, worüber man den Anhang vergleiche. In der zweiten Vertheidigung führen wir 5. g7—g5 aus.

6. Dd1—d3? Sb8—c6
7. Lc4—f7‡ Ke8—f7:
8. Dd3—b3† Kf7—g6, wo der König gegenwärtig sicher steht.

9. Db3—b7:. Man achte auf die Unmöglichkeit, in solcher Stellung den Springer und den Thurm zugleich zu decken. Indem hier aber Sc6—d4: folgt, wird das weisse Centrum gebrochen und den schwarzen Steinen das Feld zu einem nachhaltigen Angriff gegen den König eröffnet. Die Stellung der weissen Dame auf a8 wird sehr ungünstig.

9. .... Sc6—d4:
10. Db7—a8: Sg8—f6

11. Sb1—a3 f4—f3
12. g2—g3 Lg4—h3†
13. Kf1—e1 Dh4—g4
14. Lc1—e3 d6—d5
15. Da8—a7: Sd4—c6
16. Da7—c7: d5—d4
17. Lc3—d2 Dg4—e4‡
18. Ke1—d1 f3—f2
19. Sg1—h3: De4—f3†

und giebt in weiteren drei Zügen Mat.

Anhang zur Veränderung.
(1. Vertheidigung.)

Schwarz.

Weiss.

6. Sg1—f3! g7—g5

7. Sb1—c3. Dieser Springer, der jetzt die Dame deckt, hat übrigens eine sehr wichtige und mehrfache Bestimmung. Entweder geht er nach d5 und bedroht c7, oder er wird zum Angriff gegen f4 und zur Deckung der Punkte g3 und d4 nach e2 gezogen. Noch vortheilhafter ist es und nicht selten ausführbar, den Springer, nachdem e4—e5 geschehen, nach e4 zum Angriff gegen g5 zu setzen, beziehentlich gleichzeitig Schach auf d6 und f6 zu drohen. Die richtige Verwendung des Springers ist oft für das weisse Spiel entscheidend.

7. .... Dh4—h5

8. h2—h4. Der richtige Zug, um die Reihe der feindlichen Bauern zu trennen. Schwarz kann verschieden antworten, den Verlust des Gambitbauern aber nicht mehr abwenden. 8. f7—f6 würde zu der Combination 9. Lc4—g8:, Th8—g8:; 10. Sc3—d5, Dh5—f7; 11. h4—g5:, h6—g5:; 12. Th1—h7, Tg8—g7 führen. 8. h7—h6, oder, zur Abwehr des Springers 8. c7—c6, sind, wie wir gleich sehen werden, ebenfalls unwirksam.

Erste Spielart.
(Anhang zur Veränderung.)

8. .... h7—h6
9. Kf1—f2 Lg4—f3:
10. g2—f3: Sg8—e7
11. h4—g5: Dh5—g5:
12. Sc3—e2 Se7—g6
13. c2—c3 mit der sicheren Aussicht, f4 zu gewinnen.

Zweite Spielart.
(Anhang zur Veränderung.)
[S. das nächste Diagramm.]

8. .... c7—c6
9. Kf1—f2 Lg4—f3:

(Stellung vor dem 8. Zuge von Schwarz.)

Schwarz.

Weiss.

Hier entsteht für Weiss die Frage, welchen Charakter er der Partie geben will. 10. g2—f3: schliesst durch Vereinigung der Bauern das Spiel nicht unvortheilhaft ab, lässt aber auch dem Gegner Zeit, mit Verlust von f4 seine Stücke in Thätigkeit zu setzen. Hingegen veranlasst 10. Dd1—f3: eine Figurenpartie, in der Weiss nicht allein ebenfalls den Bauern zurück erhält, sondern auch die Entwickelung des Gegners länger hemmt.

10. Dd1—f3: Dh5—f3†
11. Kf2—f3: Lf8—g7
12. h4—g5: Lg7—d4:
13. Lc1—f4: Ld4—e5

Ld4—c3: hätte zwar die weissen Bauern ganz getrennt, aber zugleich die Stellung für Schwarz sehr bedenklich gemacht.

14. Lf4—e5: d6—e5:
15. Ta1—d1 Sg8—e7
16. a2—a4 und hat das bessere Spiel.

Zweite Vertheidigung.

(Veränderung.)

Schwarz.

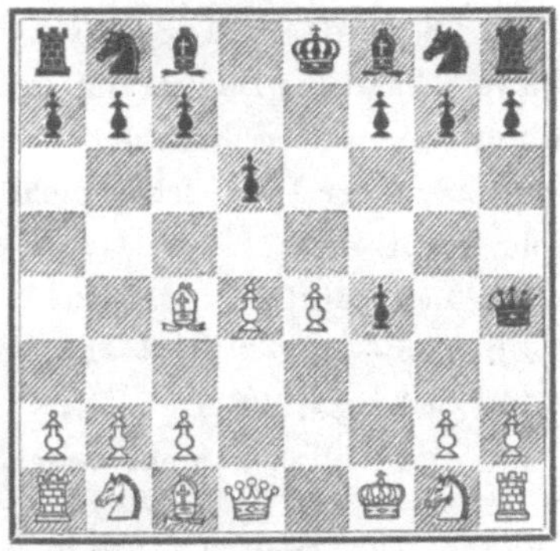

Weiss.

5. . . . . g7—g5
6. Sg1—f3 Dh4—h5
7. h2—h4 Lf8—g7

Hier würde uns Lc8—g4 auf den Anhang der Veränderung zurückführen. Auf 7. h7—h6 geschähe 8. Kf1—g1, und bei Lf8—h6; 8. Sb1—c3, g5—g4; 9. Sf3—e1, Sg8—e7; 10. Sc3—e2 gewänne Weiss den Bauern zurück.

8. Sb1—c3 h7—h6,

um, wo möglich, die Bauern sicher zu stellen.

9. e4—e5! d6—e5:

Im Zusatz betrachten wir 9. Dh5—g6. Im zweiten Spiele erwähnen wir bei der zweiten Vertheidigung den Zug 9. g5—g4.

10. Sf3—e5:. Hier könnte auch sehr wohl 10. Sc3—d5, Ke8—d8; 11. d4—e5:, wozu wir auch später durch Umstellung von Zügen wieder gelangen, geschehen.

10. . . . Dh5—d1†
11. Sc3—d1: Lc8—e6

Schwarz kann die Bauern auf der Königsseite, denen jetzt die Unterstützung der Dame fehlt, nicht mehr schützen.

12. Lc4—e6: f7—e6:
13. Se5—g6 Th8—h7
14. h4—g5: Lg7—d4:
15. g5—h6: und steht besser.

Zusatz zur zweiten Vertheidigung. (Veränderung.)

[S. das nächste Diagramm.]

9. . . . . Dh5—g6
10. Dd1—e2! Ke8—d8

Auf Sg8—e7 würde 11. Sc3—b5, Sb8—a6; 12. h4—h5, Dg6—f5; 13. e5—d6: u. s. w. folgen.

(Stellung vor dem 9. Zuge von Schwarz.)

Schwarz.

Weiss.

11. Lc4—d3 Lc8—f5

Bei f7—f5 wird die Bauernkette durch 12. e5—f6:, Dg6—f6:; 13. Sc3—e4, Df6—e7; 15. h4—g5: zerstört.

12. Ld3—f5: Dg6—f5:
13. e5—d6: c7—d6:
14. h4—g5: h6—g5:
15. Th1—h8: Lg7—h8:
16. Sc3—e4 Kd8—d7
17. Se4—g5: Lh8—d4:
18. Sf3—d4: Df5—g5:
19. De2—f3 und steht besser.

Drittes Spiel.

In diesem Spiele wollen wir den Gambitbauern f4 auf die ausdauerndste Art vertheidigen. Man wird aber sehen, dass auch diese nicht genügt.

1. e2—e4 e7—e5
2. f2—f4 e5—f4:
3. Lf1—c4 Dd8—h4†
4. Ke1—f1 g7—g5

Es sollen nun nach der Reihe

verschiedene Angriffe Dd1—f3?, d2—d4, Sb1—c3 und Sg1—f3 untersucht werden. Nur der erste verfehlt seinen Zweck und gestattet den Schwarzen das bessere Spiel.

Der Gegenangriff 4. d7—d5, statt g7—g5, der das Spiel ausgleicht, wird später bei Umstellung der Züge 3 und 4 berücksichtigt werden. Der Versuch, mit dem Springer 4. Sb8—c6 baldmöglichst einzugreifen, führt ebenfalls nur zu einem gleichem Spiel.

Erster Angriff.

5. Dd1—f3? Sb8—c6

Der Zug S—c6 oder c3 erweist sich oft wirksam, wenn die feindliche Dame nach f3 oder f6 gegangen ist.

6. g2—g3 Dh4—h6

Man könnte auf den Gedanken kommen, g2—g3 um einen Zug früher vorzurücken; bei der Variante 5. g2—g3, f4—g3:; 6. Dd1—f3, g3—g2†; 7. Kf1—g2:, Sg8—h6; 8. d2—d4, Sb8—c6; 9. c2—c3, Lf8—e7 behauptet Schwarz aber ebenfalls seinen Bauern.

7. g3—f4: g5—f4:

Der Anziehende sucht oft im Gambit den Bauern f4 zu vereinzeln, worauf er dann gewöhnlich erobert wird, da er über die Mitte des Bretes vorgerückt ist und nur durch Officiere gedeckt werden kann. In der gegenwärtigen Lage des Spiels wird ihn Weiss aber, weil sein König zu frei steht, nicht gewinnen können.

9. d2—d3 Lf8—d6!

Bei Sc6—d4 würde 9. Df3—f4:, Lf8—c5; 10. c2—c3 für Weiss günstig sein.

9. Sb1—c3 Sg8—e7

10. Sc3—d5 f7—f5

Dies wäre ebenfalls die richtige Entgegnung auf 10. Sc3—e2. Bei 19. Sc3—d5 ist auch 10. Ld6—e5 vortheilhaft für Schwarz.

11. Sg1—e2 Th8—f8

12. Lc1—f4: Ld6—f4:

13. Sd5—f4: Sc6—e5

Zweiter Angriff.

Schwarz.

Weiss.

5. d2—d4 Lf8—g7

Man wird in den früheren Abschnitten bemerkt haben, dass häufig, wenn von der einen Seite der Damenbauer gezogen wurde, dies auch von der andern geschah.

Jetzt wird dies indess unterlassen, um den Thurm h8 sogleich zu decken und h7—h6 als Antwort auf h2—h4 vorzubereiten. Bei d7—d6; 6. Sg1—f3, Dh4—h5; 7. h2—h4, Lf8—g7 wäre das Spiel der kurz vorhergehenden zweiten Vertheidigung gleich geworden.

6. Lc4—e2?, um der feindlichen Dame wo möglich den Rückzug abzuschneiden, oder sie zu dem Zuge nach h6 zu vermögen, welcher gewöhnlich den Verlust des Bauern f4 zur Folge hat, da er h7—h6 hindert. Der Zug des Laufers ist aber nicht gut und wird besser durch Sg1—f3 oder wie im Anhang durch Sb1—c3 ersetzt.

6.	....	d7—d6
7.	Sg1—f3	Dh4—h5
8.	h2—h4	g5—g4

Die ungünstige Stellung der Dame verhindert hier den Zug h7—h6.

9.	Sf3—e1	Sg8—f6
10.	Sb1—c3	Dh5—g6
11.	Le2—d3	Sf6—h5

und wird seine vorgerückten Bauern schützen können.

Anhang zum zweiten Angriff.
[S. das nächste Diagramm.]

6.	Sb1—c3	Sg8—e7

Durch d7—d6 oder h7—h6 würden wir auf schon analysirte Varianten kommen, denen wir durch Umstellung von Zügen auch noch

(Stellung nach dem 5. Zuge von Schwarz.)

Schwarz.

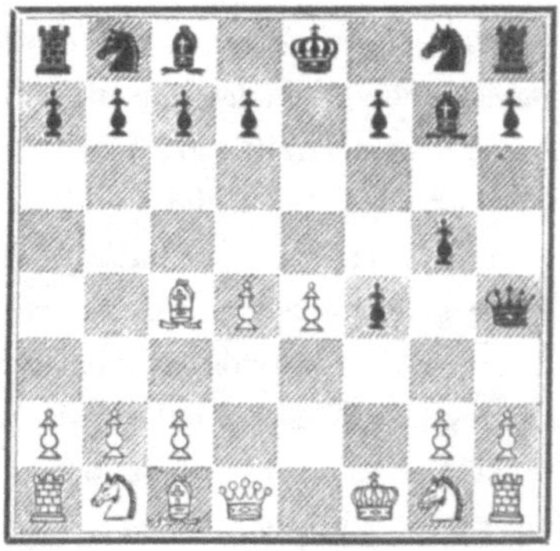

Weiss.

später begegnen werden. Gegen 6. c7—c6 ist der Angriff. 7. g2—g3, den wir sogleich erörtern, besonders stark, Sg8—e7 wäre aber auch 7. Sg1—f3 und 8. h2—h4, welches in der zweiten Spielart des folgenden dritten Angriffs erläutert wird, vollständig ausreichend.

7.	g2—g3	f4—g3:
8.	Kf1—g2	Dh4—h6

Die verhältnissmässig günstigste Entgegnung wäre wohl 8. g5—g4; 9. h2—g3:, Dh4—f6; 10. Dd1—g4:, (Df6—d4:; 11. Dg4—e2 oder Sg1—f3) d7—d5; 11. e4—e5, Lc8—g4:; 12. e5—f6:, Lg7—f6:; 13. Sc3—d5:, Se7—d5:: 14. Lc4—d5:, c7—c6; 15. Ld5—f3, Lg4—f5; 16. c2—c3, Sb8—d7, denn dabei gliche sich das Spiel aus.

9. h2—g3: Hier liesse sich übrigens auch ein anderes Spiel,

9. h2—h4, Dh6—f6; 10. Lc1—e3 zum Vortheil für Weiss machen. Bei 10. g5—h4: oder g5—g4 geschähe dabei 11. Dd1—d2.

9. . . . . Dh6—g6

10. Sg1—f3 h7—h6

Weiss hätte auch 10. Sg1—h3 thun können, um die f-Linie für den Thurm offen zu lassen. Der Springer steht aber besser auf f3.

11. Sc3—d5 Se7—d5:

12. e4—d5: Ke9—d8, oder 0—0; 13. d5—d6, Dg6—d6:; 14. Lc1—g5:, h6—g5:; 15. Dd1—d3, Tf8—e8; 16. Lc4—f7‡, Kg8—f7:; 17. Sf3—g5‡, Kf7—e7; 18. Ta1—e1† und gewinnt. Gleichfalls ungünstig für Schwarz wäre 12. d7—d6; 13. Dd1—e2†, Ke8—d8; 14. Lc1—g5:, h6—g5:; 15. Th1—h8‡, Lg7—h8:; 16. Ta1—e1.

13. Sf3—e5 Lg7—e5:

Bei Dg6—e4†; 14. Dd1—f3, De4—f3‡; 15. Kg2—f3: hat Weiss auch ein gutes Spiel.

14. d4—e5: Th8—e8

15. Dd1—d3 Dg6—d3:

16. c2—d3: Te8—e5:

17. d3—d4 Te5—f5

18. g3—g4 Tf5—f6

19. Lc1—g5: h6—g5:

20. Th1—h8† mit sehr starkem Spiel.

Der Angriff g2—g3 kann noch etwas früher, im 6. Zuge, und vermuthlich auch dann mit gutem Erfolge, versucht werden. Nach den vier ersten Zügen des gegenwärtigen Spiels kann 5. Sb1—c3, Lf8—g7 folgen. Demnächst vermag Weiss mit 6. d2—d4, 7. Sg1—f3 und 8. h2—h4 auf Varianten, in denen der Bauer zurückgewonnen wird, einzulenken; wir nehmen aber folgende Fortsetzung an:

Schwarz.

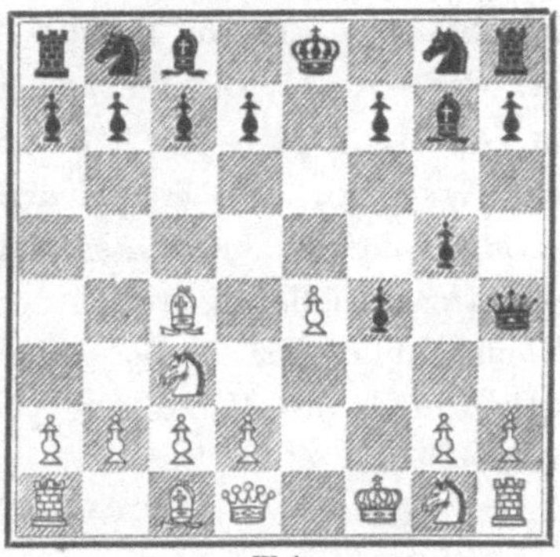

Weiss.

6. g2—g3 f4—g3:

Weiss kann den Angriff sehr gut mit 7. Dd1—f3, Sg8—f6; 8. h2—g3:, Dh4—g4; 9. d2—d4 fortsetzen, minder günstig ist hier aber folgende Spielweise:

7. Kf1—g2 Lg7—c3:

Die Wegnahme des Bauern h2 ist nicht empfehlenswerth. Bei 7. Dh4—h6; 8. h2—g3:, Dh6—g6; 9. d2—d4, Sg8—e7; 10. Sg1—f3, h7—h6; 11. Sc3—d5 gelangt man durch Umstellung von Zügen zu der kurz zuvor erläuterten Variante.

8. Sg1—f3 Dh4—g4

Auch 8. Dh4—h6; 9. h2—g3:, Dh6—g7; 10. d2—c3:, h7—h6; 11. Dd1—d4, f7—f6; 12. Lc1—e3, Sb8—c6 ist für Schwarz günstig.

9. h2—h3 Dg4—h5

Es darf nicht unbemerkt bleiben, dass Schwarz auf g4 die Dame verlieren konnte, nämlich durch die Züge: 9. Lc4—f7‡, Ke8—f7:; 10. Sf3—e5†, Lc3—e5:; 11. Dd1—g4:, Sg8—f6; 12. Dg4—e2, d7—d5 oder 12. Dg4—g5:, d7—d6 etc. Es wären auch hierbei drei leichte Officiere auf Seiten der Schwarzen geblieben, welche den König in diesem Falle sicher stellen und die Ueberhand gewinnen könnten.

10. d2—c3: h7—h6
11. Sf3—e5 Dh5—d1:
12. Lc4—f7‡ Ke8—e7
13. Th1—d1: d7—d6
14. Lf7—g8: d6—e5:

und Schwarz steht etwas im Vortheil.

Dritter Angriff.

1. (e2—e4) (e7—e5)
2. (f2—f4) (e5—f4:)
3. (Lf1—c4) (Dd8—h4†)
4. (Ke1—f1) (g7—g5)
5. Sg1—f3 Dh4—h5
6. h2—h4 Lf8—g7

Das Vorrücken des Bauern g5—g4 würde Sf3—e1 und demnächst den Verlust des Bauern f4 zur Folge haben.

Erste Spielart.
(3. Angriff.)

7. Th1—h2? g5—g4

Hätte Kf1—g1 den Thurm gedeckt, so wäre g5—g4 nicht sogleich vorgegangen, vielmehr konnte Lg7—d4†; 8. Kg1—h2, g5—g4; 9. Sf3—d4:, g4—g3†; 10. Kh2—h3, d7—d5†; 11. Sd4—f5, Dh5—d1:; 12. Th1—d1:, Sg8—h6; 13. Lc4—d5:, c7—c6 erfolgen.

8. Sf3—g5 Sg8—h6

Sf3—e1 betrachtet die Veränderung.

9. d2—d4 d7—d5!
10. Lc4—d5: g4—g3

Dieses wäre auch die Antwort auf e4—d5: gewesen, hingegen würde auf 9. Lc4—e2 f7—f6 gefolgt sein.

11. Ld5—f7‡ Dh5—f7:
12. Sg5—f7: Lc8—g4
13. Dd1—e1 g3—h2:

und gewinnt.

Schwarz.

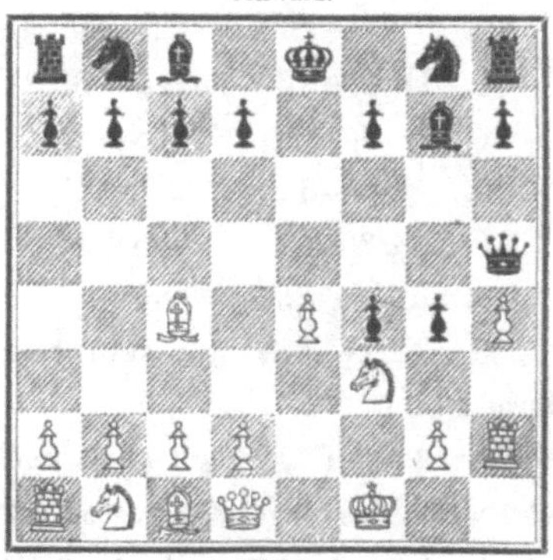

Weiss.

Veränderung zur 1. Spielart.
(3. Angriff.)

[S. das Diagramm S. 214.]

8.	Sf3—e1	Dh5—c5
9.	Dd1—e2	Sg8—f6
10.	d2—d3	Sf6—h5
11.	Lc1—f4:	Sh5—f4:
12.	De2—g4:	Dc5—h5
13.	Dg4—f4:	Lg7—e5

und gewinnt.

Zweite Spielart.
(3. Angriff.)

Schwarz.

Weiss.

7. d2—d4 h7—h6

8. Sb1—c3! Einen andern Charakter würde das Spiel annehmen, wenn 8. c2—c3 geschähe; dabei würde dann auch die Erhaltung des Gambitbauern für Schwarz möglich werden. 8. Sb1—c3 ist der richtige Zug. Schwarz kann darauf Sg8—e7 oder d7—d6 versuchen.

Erste Vertheidigung.
(2. Spielart. 3. Angriff.)

8. .... Sg8—e7

Erste Fortsetzung.
(1. Verth. 2. Spielart. 3. Angriff.)

9. e4—e5. Der vorgeschobene Königsbauer pflegt das Spiel des Gegners sehr einzuengen und öffnet dem Springer c3 das Feld e4, von wo aus er nach f6 oder d6 geführt werden kann. Gegenwärtig kann aber auch Se7 über f5 nach g3 vordringen. Dieser Angriff bleibt indess erfolglos. Hingegen kann 9. f7—f6 mit Nutzen geschehen. Weiss unterlässt desshalb besser 9. e4—e5 und spielt zuvörderst, wie in der zweiten Fortsetzung, 9. Kf1—g1. Hierdurch wird dann der Bauer zurückgewonnen.

9. .... Se7—f5

Wegen f7—f6! s. den Zusatz.

10. Sc3—e4 d7—d6

Bei Sb8—c6; 11. c2—c3, d7—d6; 12. e5—d6:, Sf5—d6:; 13. Se4—d6†, c7—d6:; 14. Lc4—d3, f7—f5; 15. Ld3—e2, Dh5—g6; 16. Sf3—e5, Dg6—f6; 17. Le2—h5† im Weiss im Vortheil.

11. e5—d6: c7—d6:

12. Kf1—g1! g5—g4

Die Spielart Lg7—d4† ist wegen 14. Dd1—d4:, Sf5—d4:; 15. Se4—f6† für Weiss nicht gefährlich.

13. Sf3—e1 d6—d5
14. Lc4—d5: Sf5—d4:
15. Se4—d6† Ke8—e7
16. Sd6—c8‡ Th8—c8:
17. Ld5—b7: und gewinnt.

Zusatz zur 1. Fortsetzung.
(1. Verth. 2. Spielart. 3. Angriff.)

Schwarz.

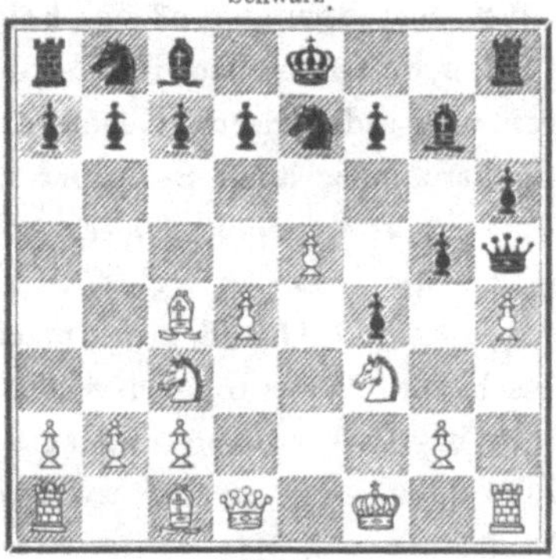

Weiss.

9. .... f7—f6!
10. Lc4—e2 g5—g4!
11. Sf3—h2. Auf e5—f6: folgt Lg7—f6: (12. Sc3—e4, Th8—f8); 12. Sf3—e5, f4—f3; 13. g2—f3:, Lf6—e5: u. s. w.
11. .... f4—f3

Bei 11. f6—e5: könnte mit Vortheil 12. Sh2—g4:, und auf 11. Dh5—h4:, 12. Kf1—g1 geschehen.

12. g2—f3: f6—e5:!
13. d4—e5: g4—f3:
14. Sh2—f3: Lg7—e5:
15. Sf3—g5 0—0†,

mit besserem Spiel für Schwarz.

Zweite Fortsetzung.
(1. Verth. 2. Spielart. 3. Angriff.)

1. (e2—e4) (e7—e5)
2. (f2—f4) (e5—f4:)
3. (Lf1—c4) (Dd8—h4†)
4. (Ke1—f1) (g7—g5)
5. (Sg1—f3) (Dh4—h5)
6. (h2—h4) (Lf8—g7)
7. (d2—d4) (h7—h6)
8. (Sb1—c3) (Sg8—e7)
9. Kf1—g1! Dh5—g6
10. e4—e5 f7—f5

Ungefähr dieselbe Spielart entsteht bei f7—f6; 11. Lc4—d3, f6—f5, s. A. Auf 10. d7—d6 folgt, wie uns bereits bekannt ist, 11. Sc3—b5, Sb8—a6; 12. h4—h5, Dg6—f5; 13. e5—d6:, c7—d6:; 14. Dd1—e2 mit gutem Spiel für Weiss.

11. h4—g5: h6—g5:
12. Th1—h8: Lg7—h8:
13. g2—g3! Sb8—c6
14. g3—f4: g5—f4‡
15. Kg1—f1 Dg6—g3
16. Dd1—e2 und erobert in einiger Zeit den Bauern f4.

A. Zur zweiten Fortsetzung.
(1. Verth. 2. Spielart. 3. Angriff.)

[S. das nächste Diagramm.]

12. h4—g5: h6—g5:
13. Th1—h8‡ Lg7—h8:
14. g2—g3 Sb8—c6
15. g3—f4: g5—g4
16. Sf3—g5 Sc6—d4:
17. Ld3—c4 Sd4—e6

Schwarz.

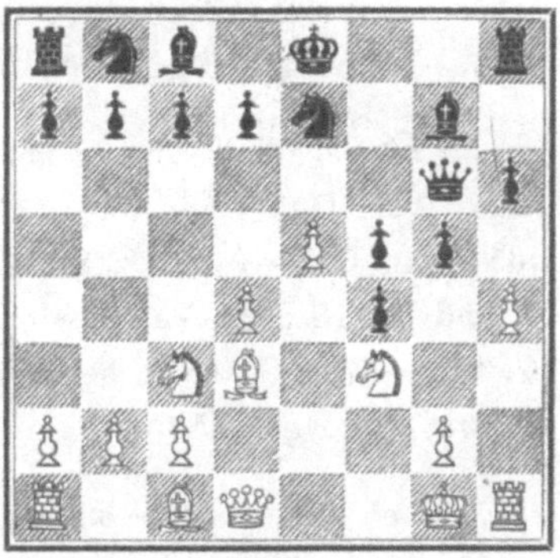

Weiss.

18. Sg5—e6: d7—e6:

19. Sc3—b5 und steht gut. Es können auch ganz ähnliche Varianten vorkommen, in denen aber der weisse König auf f1 steht. Für diese bemerken wir, dass die Fortsetzung 19. Dg6—h7, 20. Sb5—c7†, Ke8—f7; 20. Sc7—a8: oder, um sich sicher zu stellen, 20. Lc1—e3 für Weiss nicht ungünstig wäre.

Zweite Vertheidigung.

(2. Spielart. 3. Angriff.)

Schwarz.

Weiss.

8. . . . . d7—d6

Diese Vertheidigung gestattet dem Springer c3, den Punkt c7 zu bedrohen, wodurch die Rochade für Schwarz verloren geht.

9. e4—e5 d6—e5:

g5—g4 hätte hier keinen Erfolg gehabt, denn es folgte: 10. Sf3—e1, d6—e5:; 11. Sc3—d5, Ke8—d8; 12. d4—e5:, Lc8—d7; 13. Se1—d3 u. s. w. Nach dem Zuge 9. d6—e5: würde 10. Sf3—e5: das Spiel ausgleichen, aber folgender Angriff ist viel interessanter und ebenfalls sicher:

10. Sc3—d5 Ke8—d8

Geht 10. e5—e4 vor, so nimmt Weiss nicht sogleich auf c7, sondern es folgt 11. Dd1—e1, Ke8—d8; 12. De1—e4:, c7—c6; 13. Sd5-c3, Sg8—e7; 14. Sf3—e5, Lg7—e5:; 15. De4—e5:, Th8—e8 16. Lc1—f4: mit gutem Spiel.

11. d4—e5: Lc8—d7

Erste Fortsetzung.

(2. Verth. 2. Spielart. 3. Angriff.)

12. Lc1—d2 oder, um einen noch lebhafteren Angriff zu erwähnen, Kf1—g1, wie in der zweiten Fortsetzung.

12. . . . . Kd8—c8

Ungenügend wäre auch der Zug Sg8—e7, weil Sd5—e7: und Ld2—b4†—c3 dem weissen Spiele eine überwiegende Entwickelung geben würden. Auf 12. Sb8—c6 folgt 13. Ld2—c3, auf 12. c7—c6 hingegen 13. Ld2—a5†, b7—b6; 14. La5—c3.

13. Ld2—c3 Ld7—e6
14. Sf3—d4 Dh5—d1‡
15. Ta1—d1: Le6—d5:
16. Lc4—d5: Lg7—e5:
17. Ld5—f7: Sb8—d7
18. Lf7—e6 Sg8—f6
19. Sd4—f3 Le5—c3:
20. b2—c3: Th8—e8
21. Le6—d7‡ Sf6—d7
22. h4—g5: h6—g5:
23. Sf3—g5: und steht gut.

Zweite Fortsetzung.
(2. Verth. 2. Spielart. 3. Angriff.)

Schwarz.

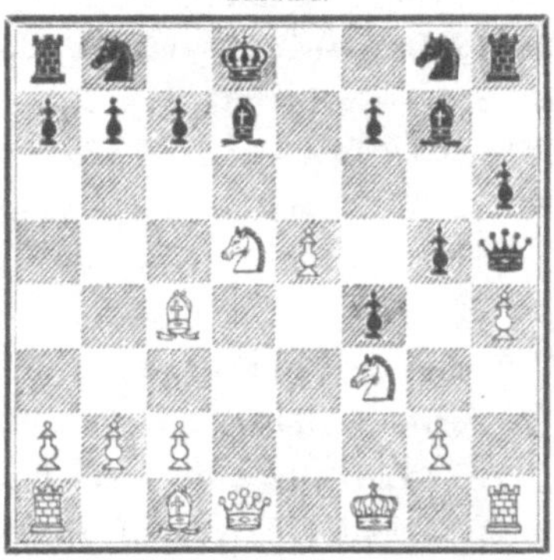

Weiss.

12. Kf1—g1 Dh5—g6
13. h4—g5: h6—g5:
14. Th1—h8: Lg7—h8:
15. Sf3—g5: Dieses Opfer ist für Weiss günstig. 15. Dd1—e1 wäre durch Kd8—c8 oder Lh8—g7 unwirksam gemacht worden.

15. .... Dg6—g5:
16. Lc1—f4: Dg5—g6,

um auf b6 Schach geben zu können. Auf Dg5—g4 folgt 17. Dd1—g4:, Ld7—g4:; 18. Sd5—c7: und bei 16. Dg5—g7 gewinnt 17. Sd5—c7:. Unter A. betrachten wir 16. Dg5—f5.

17. e5—e6 f7—e6:
18. Sd5—c7: e6—e5
19. Sc7—e6†! Kd8—e7

Ginge der König nach c8, so gewänne Weiss mit 20. Dd1—d6, Sb8—a6; 21. Lf4—g5, Lh8—f6; 22. Lc4—a6:, Ld7—e6:; 23. Dd6—c6† u. s. w. Bei 19. Kd8—e8 folgt: 20. Lf4—g5, Ld7—e6:; 21. Dd1—d8†, Ke8—f7; 22. Ta1—f1†, Sg8—f6; 23. Dd8—c7†, Kf7—e8; 24. Lc4—e6:, Sb8—d7; 25. Lg5—f6:, Sd7—f6:; 26. Dc7—b7:, Ta8—d8; 27. Db7—a7: und hat drei Bauern für einen Springer. Uebrigens konnte auch mit Vortheil 20. Dd1—d6 geschehen.

20. Lf4—g5†! Lh8—f6
21. Dd1—d5 Lf6—g5:
22. Dd5—c5† Ke7—f6
23. Ta1—f1† Lg5—f4
24. Se6—f4: e5—f4:
25. Dc5—f8† und gewinnt.

Wenn Schwarz, statt 20. Lh8—f6, auch anders spielt, wird er doch verlieren.

A. Zur 2ten Fortsetzung.
(2. Verth. 2. Spielart. 3. Angriff.)

Schwarz.

Weiss.

16.	....	Dg5—f5
27.	e5—e6	f7—e6:
18.	Sd5—c7:	Df5—c5†
19,	Kg1—h1	Dc5—c4:
20.	Dd1—d6	e6—e5
21.	Sc7—a8:	Dc4—f4:
22.	Dd6—b8‡	Kd8—e7

und das Spiel bleibt unentschieden. Es könnte indess Weiss bei 21. Ta1—d1 noch einen Officier opfern und dadurch einen überwiegenden Angriff erlangen.

Viertes Spiel.

Wir haben im vorhergehenden Spiele gesehen, dass im Laufergambit die Einschliessung der schwarzen Dame die Vertheidigung sehr schwer macht und doch den Bauern nicht dauernd zu schützen vermag. Es liegt daher nahe, zu versuchen, ob man nicht mit Vortheil die Dame unmittelbar nach dem Schach und augenscheinlich am besten nach f6 zurückziehen kann. g7—g5 vertheidigt dann nicht allein f4, sondern gewährt auch dem Thurme h8 sogleich die Deckung durch die Dame. Das gegenwärtige Spiel soll sich mit dieser, doch ungenügenden Vertheidigung, sowie mit 3. Dd8—h4†; 4. Ke1—f1, Sg8—f6 beschäftigen. Demnächst betrachten wir neben der Deckung 3. g7—g5 statt Dd8—h4†, noch vier andere Spielarten, 3. b7—b5, 3. d7—d5, 3. f7—f5 und endlich 3. Sg8—f6. Die letzteren Spielarten opfern einen Bauern, um dafür den Angriff auf Schwarz übergehen zu lassen, gleichen aber ebenfalls die Partie höchstens aus.

1.	e2—e4	e7—e5
2.	f2—f4	e5—f4:
3.	Lf1—c4	Dd8—h4†,

oder g7—g5, b7—b5, f7—f5, d7—d5 oder Sg8—f6, wie in den Veränderungen.

4.	Ke1—f1	Dh4—f6
5.	Sb1—c3	Sg8—e7

Der Zug c7—c6 würde Dd1—f3 und, wenn dann g7—g5 gechähe, den bereits mehrmals erwähnten Angriff mit h2—h4 und g2—g3 zur Folge haben.

6. d2—d4 d7—d6
7. Sg1—f3 g7—g5
8. h2—h4 h7—h6
9. e4—e5 Df6—g7
10. h4—g5: h6—g5:
11. Th1—h8: Dg7—h8:
12. Sc3—e4 d6—e5:
13. d4—e5: Dh8—h1†
14. Sf3—g1 Sb8—d7
15. Se4—g5: Sd7—e5:
16. Dd1—e2 u. ist im Vortheil.

Schliesslich sei noch bemerkt, dass auch der Vertheidigungszug 4. Sg8—f6 statt Dh4—f6 den Bauern nicht behauptet, indem alsbald h2—h4 darauf folgen kann. Nämlich: 5. Sg1—f3, Dh4—h5; 6. h2—h4, Sf6—e4:; 7. Dd1—e2, d7—d5; 8. Lc4—d5:, Dh5—d5:; 9. Sb1—c3, Dd5—e6; 10. Sc3—e4:, und f4 kann nicht mehr genügend geschützt werden. Oder: 6. e4—e5, Sf6—e4; 7. d2—d4, Se4—g3†; 8. Kf1—g1, Sg3—h1:; 9. Lc1—f4:, wobei der Vortheil der weissen Entwickelung den Verlust der Qualität aufwiegt.

Erste Veränderung.

1. (e2—e4) (e7—e5)
2. (f2—f4) (e5—f4:)
3. (Lf1—c4) g7—g5?

Dieses wäre die correcte Vertheidigung im Springergambit, hier ist sie aber unwirksam.

5. h2—h4 g5—g4
5. d2—d4

Erstes Gegenspiel.
(1. Veränderung.)

Schwarz.

Weiss.

5. .... Lf8—h6
6. Sb1—c3 d7—d6
7. Sg1—e2 f4—f3
8. g2—f3: g4—f3:
9. Se2—g1 und gewinnt den Bauern.

Zweites Gegenspiel.
(1. Veränderung.)

[Siehe das vorige Diagramm.]

5. .... Lf8—e7
6. Lc1—f4: Le7—h4†
7. g2—g3 Lh4—e7
8. c2—c3 h7—h5
9. Dd1—b3 Th8—h7
10. Th1—h5: und gewinnt.

Zweite Veränderung.

1. (e2—e4) (e7—e5)
2. (f2—f4) (e5—f4:)
3. (Lf1—c4) b7—b5

Mit diesem Opfer gewinnt Schwarz einige Züge, kann aber doch das Spiel kaum gleich stellen. Weiss spielte jetzt nicht gut 4. Lc4—f7‡, Ke8—f7:; 5. Dd1—h5†, g7—g6; 8. Dh5—d5†, Kf7—g7; 7. Dd5—a8:, da Schwarz mit Sb8—c6 in Vortheil käme.

4. Lc4—b5:! Dd8—h4†

Das Schach konnte um einen Zug eher geschehen und b7—b5 darauf folgen. Die Stellung würde dann aber die nämliche sein. Zu bemerken ist hier noch, dass 4. c7—c6; 5. Lb5—c4, d7—d5; 6. e4—d5:, Dd8—h4†; 7. Ke1—f1, f4—f3; 8. d2—d4, f3—g2‡; 6. Kf1—g2:, Lf8—d6; 10. Sb1—c3, Sg8—f6; 11. Dd1—e2†, Ke8—d8; 12. De2—f2 für Weiss vortheilhaft wäre.

5. Ke1—f1

Erste Fortsetzung.
(2. Veränderung.)

5. .... Lc8—b7

oder Sg8—f6, wie nachher.

6. Sb1—c3 Sb8—c6

Auf Lf8—b4 folgt 7. d2—d3, Lb4—c3:; 8. b2—c3:, Sg8—f6; 9. Ta1—b1 u. s. w.

7. d2—d4 Sg8—f6
8. d4—d5 Sc6—e5
9. Sg1—f3 Se5—f3:
10. Dd1—f3: Sf6—h5
11. g2—g4 f4—g3:
12. Kf1—g2 Lf8—d6
13. e4—e5 Ld6—e5:
14. Lb5—d7‡ Ke8—d7:
15. Df3—f5† Kd7—d6
16. Sc3—e4† Kd6—d5:
17. Th1—d1† Kd5—c6
18. Df5—d7† und gewinnt.

Auf 17. Kd5—c4 wäre 18. Df5—f1† geschehen.

Zweite Fortsetzung.
(2. Veränderung.)

Schwarz.

Weiss.

5. .... Sg8—f6

Die Spielart 5. g7—g5; 6. Sb1—c3, Lf8—g7; 7. d2—d4, Sg8—e7 8. Sg1—f3 würde den Varianten des dritten und zweiten Spieles sehr ähnlich werden.

6. Sg1—f3 Dh4—h6
7. d2—d3 Sf6—h5
8. Sf3—h4 g7—g6

Schlecht ist hier Dh6—g5, wie

z. B. der Verlauf der sogenannten „unsterblichen Partie“ (zwischen Anderssen und Kieseritzky) zeigt: 9. Sh4—f5, c7—c6; 10. g2—g4, Sh5—f6; 11. Th1—g1, c6—b5:; 12. h2—h4, Dg5—g6; 13. h4—h5, Dg6—g5; 14. Dd1—f3, Sf6—g8; 15. Lc1—f4:, Dg5—f6; 16. Sb1—c3, Lf8—c5; 17. Sc3—d5, Df6—b2:; 18. Lf4—d6!, Lc5—g1:; 19. e4—e5, Db2—a1‡, 20. Kf1—e2, Sb8—a6; 21. Sf5—g7‡, Ke8—d8; 22. Df3—f6†, Sg8—f6: Ld6—e7 ╪. Hier verbindet sich einmal höchste Eleganz mit tadelloser Correctheit, was im praktischen Spiele selten zu sein pflegt. Vergleiche die holländische Partie S. 39.

9.	g2—g4	Lf8—e7
10.	g4—h5:	Le7—h4:
11.	Dd1—g4	Dh6—g5
12.	Dg4—g5:	Lh4—g5:
13.	Sb1—c3 und steht besser.	

Dritte Veränderung.

1.	(e2—e4)	(e7—e5)
2.	(f2—f4)	(e5—f4:)
3.	(Lf1—c4)	d7—d5

Dieser Zug verschafft dem schwarzen Spiele einige Freiheit und gleicht die Partie aus.

4. Lc4—d5:! Nicht so gut ist e4—d5:, worauf 4. .... Dd8—h4†; 5. Ke1—f1, Sg8—f6, geschieht. Schwarz entwickelt sodann den Königslaufer nach d6 und erlangt ein gutes Spiel. Die Schwäche des Weissen liegt darin dass er die Mittelbauern doublirt hat und f4 jetzt nicht mehr gewinnen wird.

A.

4.	....	Sg8—f6

Die weitaus beliebteste Vertheidigung 4. .... Dd8—h4†, betrachten wir unter B.

5. Sb1—c3. Weiss könnte den zurückgewonnenen Bauern auch durch Dd1—e2 oder -f3 behaupten.

5.	....	Lf8—b4
6.	Sg1—f3	Lb4—c3:
7.	d2—c3:	c7—c6
8.	Ld5—c4	Dd5—d1‡
9.	Ke1—d1:	0—0
10.	Lc1—f4:	Sf6—e4:

11. Th1—e1 und das Spiel muss unentschieden bleiben. Das Opfer des Damenbauern hat also kein entscheidendes Resultat herbeigeführt.

B.

Schwarz.

Weiss.

4. .... Dd8—h4†
5. Ke1—f1 g7—g5

Neuerdings ist auch versucht worden, das schwarze Spiel mit 5. .. Lf8-d6; 6. d2—d4, Sg8—e7; 7. Sb1—c3, f7—f6 zu vertheidigen. Weiss setzt den Angriff mit 8. Dd1—e2 fort.

6. Sg1—f3 Dh4—h5

Weiss konnte hier allerdings mit 6. Dd1—f3 (droht g2—g3) c7—c6!; 7. Df3—c3, f7—f6; 8. Ld5—g8:, Th8—g8:, 9. Dc3—f6: einen Bauern gewinnen, Schwarz erlangt aber hierfür nach 9. .., Lf8—g7 10. Df6—d6, Lc8—g4 einen sehr starken Angriff. Weiss vermag nämlich die lange Rochade und die Besetzung des Feldes d4 durch den Laufer zugleich nicht abzuwehren.

7. h2—h4

Erstes Gegenspiel.

(B.)

7. .... h7—h6?
8. Ld5—f7‡ Dh5—f7:
9. Sf3—e5 Df7—f6
10. Dd1—h5† Ke8—d8
11. Se5—f7† Kd8—e7
12. Sf7—h8: Df6—h8:
13. h4—g5: Dh8—e5
14. g5—g6: De5—h5:
15. Th1—h5: Lf8—h6:
16. d2—d3 Sb8—c6
17. g2—g3 Lc8—g4
18. Th5—h4 Lg4—d1
19. Sb1—a3 Sc6—d4
20. Lc1—f4: Lh6—f4:
21. g3—f4: Ld1—c2:
22. Sa3—c2: Sd4—c2:
23. Ta1—c1 Sc2—b4
24. Tc1—c7‡ Ke7—d6
25. Tc7—b7: Sb4—d3:
26. Tb7—g7, wodurch der Springer g8 in Gefahr kommt. Weiss wird gewinnen.

Zweites Gegenspiel.

(B.)

7. .... g5—g4?
8. Sf3—g5 Sg8—h6
9. d2—d4 c7—c6

Oder f7—f6; 10. Sg5—h3.

10. Ld5—b3.

Wenn kein besonderer Grund für den Rückzug d5—c4 (—e2) spricht, pflegt man den angegriffenen Laufer nach b3 zu spielen.

10. .... f7—f6
11. Sg5—e6 Lc8—e6:
12. Lb3—e6: f4—f3
13. g2—f3: g4—f3:
14. Lc1—h6: Lf8—h6:
15. Kf1—f2 und ist im Vortheil.

Drittes Gegenspiel.

(B.)

7. .... Lf8—g7!
8. Sb1—c3

Ueber Kf1—f2 s. den Zusatz.

8. .... h7—h6
9. d2—d4 Sg8—e7
10. Kf1—g1

Auch 10. e4—e5 ist eine gute Fortsetzung. Schwarz könnte 0—0 oder Sb8—c6 erwidern.

10. ..... g5—g4

Vielleicht verdient hier Dh5—g6 noch den Vorzug.

11. Sf3—e1

Nach 11. Sf3—e5, Lg7—e5:; 12. d4—e5:, Se7—g6; 13. Sc3—e2, f4—f3; 14. Se2—f4, Dh5—e5:; 15. Sf4—g6:, f7—g6: 16. Lc1—e3! hat Schwarz einen Bauern mehr, Weiss aber die bessere Entwickelung.

11. .... f4—f3
12. g2—f3:

Ganz sicher ist 12. Lc1—e3.

12. .... g4—f3:
13. Kg1—f2! Sb8—c6
14. e4—e5 Lc8—f5!
15. Ld5—f3: Dh5—g6
16. Th1—g1 Dg6—h7
17. Lc1—e3 0—0—0
18. Lf3—c6: Se7—c6:
19. Dd1—f3

Weiss droht Tg1—g7:

19. .... Th8—g8
20. Sc3—e2 Lf5—c2:
21. Ta1—c1 Lc2—e4
22. Df3—g4† Kc8—b8
23. Se2—g3 Le4—d5

und die Vertheidigung befindet sich etwas im Vortheil.

Zusatz zum dritten Gegenspiel.

(B.)

8. Kf1—f2 g5—g4
9. Sf3—g5 g4—g3†

Auf Sg8—h6 käme Weiss in Vortheil.

10. Kf2—e1 Dh5—d1‡
11. Ke1—d1: Lc8—g4†
12. Kd1—e1 Sb8—c6
13. Ld5—f7‡

Auch 13. Ld5—c6‡, b7—c6:; 14. Sb1—c3, Sg8—f6; 15. d2—d3, Sf6—h5; 16. Sc3—e2, Lg7—e5 ist zu Gunsten von Schwarz, indem Weiss seinen Zweck, die schwarzen Bauern zu sprengen, nicht erreicht und in der Entwickelung zurückbleibt, z. B.: 17. d3—d4, Lg4—e2:; 18. d4—e5:, Le2—g4; 19. Th1—f1, h7—h6; 20. Sg5—h3, Lg4—h3:; 21. g2—h3:, 0—0—0 und Schwarz droht g3—g2!

13. .... Ke6—e7
14. Lf7—b3 Sc6—d4!
15. c2—c3

Auf 15. Th1—f1 oder 15. Sb1—c3 folgt Ta8—f8.

15. ...... Sd4—e2
16. Lb3—d1 Se2—c1:
17. Ld1—g4: Sc1—d3†
18. K∼ Sd3—f2!

und gewinnt.

That Weiss im 16. Zuge Sb1—a3, so folgte h7—h6; 17. Sg5—

f7, Th8—h7; 18. d2—d4, f4—f3; 19. Ke1—f1, Ta8—f8! u. s. w.

(Vierte Veränderung.)

1. (e2—e4) (e7—e5)
2. (f2—f4) (e5—f4:)
3. (Lf1—c4) f7—f5

Erste Spielart.
(4. Veränderung.)

4. Dd1—e2. Für noch empfehlenswerther halten manche Spieler 4. Sb1—c3. Auf 4. Lc4—g8: folgt Dd8—h4† mit Vortheil für Schwarz.

4. .... Dd8—h4†

5. Ke1—d1, indem der König hier für gewisse Varianten etwas besser als auf f1 steht.

5. .... f5—e4:

6. De2—e4‡. Bei 6. Sb1—c3 entgegnet Schwarz am stärksten mit Ke8—d8; 7. Sc3—e4:, c7—c6; 8. Sg1—f3, Dh4—e7 u. s. w.

6. .... Lf8—e7

7. Lc4—g8:. Bei 7. Sb1—c3, Sg8—f6; 8. De4—e2, Sb8—c6; 9. Sg1—f3, Dh4—h5; 10. Th1—e1, Ke8—d8 bleibt Schwarz im Vortheil und auch bei 7. d2—d4, Sg8—f6; 8. De4—f4:, Dh4—f4:; 9. Lc1—f4:, d7—d5 hat er ein gutes Spiel. Weiss könnte aber 7. Sg1—f3, Dh4—h5; 8. Th1—e1, Sb8—c6; 9. b2—b4 spielen, worauf Schwarz mit b7—b5 oder Sg8—f6 ausgleicht.

7. .... Th8—g8:

8. Sg1—f3 Dh4—h5,

oder Dh4—f6; 9. Sb1—c3, c7—c6; 10. d2—d4, d7—d5 u. s. w.

9. Th1—e1 Sb8—c6
10. Sb1—c3 d7—d6
11. Sc3—d5 Lc8—f5
12. De4—c4 Lf5—c2‡
13. Kd1—e2 Le7—h4
14. Sd5—c7‡ Ke8—d7
15. Sc7—a8: Tg8—e8†
16. Ke2—f1 Te8—e1‡
17. Sf3—e1: Dh4—d1
18. g2—g3 f4—g3:
19. Dc4—c2: Dd1—e1‡
20. Kf1—e1: g3—h2‡
21. Ke1—e2 Sc6—d4†

u. s. w.

Zweite Spielart.
(4. Veränderung.)

1. (e2—e4) (e7—e5)
2. (f2—f4) (e5—f4:)
3. (Lf1—c4) (f7—f5)
4. Sb1—c3 Dd8—h4†

Bei 4. Sg8—f6 ergiebt sich die Combination 5. e4—e5, Sf6—g4; 6. Sg1—f3, d7—d6; 7. d2—d4, d6—e5:; 8. d4—e5:, Dd8—d1‡; 9. Sc3—d1:, Sb8—c6; 10. Lc1—f4: u. s. w.

5. Ke1—f1 f5—e4:
6. Sc3—e4: c7—c6

Daneben wäre auch Sg8—f6; 7. Sg1—f3, Dh4—h6; 8. Dd1—e2, Lf8—e7; 9. d2—d4; d7—d5; 10. Se4—f6‡, Dh6—f6:; 11. Lc4—d5:, c7—c6; 12. Ld5—b3, Lc8—g4 in Betracht zu ziehen.

7. Sg1—f3 Dh4—e7
8. Lc4—g8: Th8—g8:
9. Kf1—f2 h7—h6,
oder d7—d5; 10. Se4—g5, De7—c7; 11. Th1—e1†, (Ke8—d8; 12. Sf3—e5), Lf8—e7; 12. Sf3—h4 u. s. w.
10. Th1—e1 Ke8—d8
11. c2—c4 De7—f7
12. d2—d4 d7—d5,
oder d7—d6; 13. d4—d5.
13. Sf3—e5 Df7—f5
14. c4—d5: c6—d5:
15. Se4—c3 g7—g5
16. Sc3—d5: Lf8—d6
17. Dd1—b3 Tg8—e8
18. Lc1—d2 mit gutem Spiel.

Dritte Spielart.
(4. Veränderung.)

1. (e2—e4) (e7—e5)
2. (f2—f4) (e5—f4:)
3. (Lf1—c4) (f7—f5)
4. Sg1—h3? Dd8—h4†
5. Sh3—f2 f5—e4:
6. Lc4—g8:. Auf 6. 0—0 folgt Lf8—c5.
6. .... Th8—g8:
7. Dd1—e2. Bei 7. Sb1—c3, c7—c6; 8. Sc3—e4:, d7—d5; 9. Se4—c3, Lc8—e6; 10. d2—d4, Lf8—d6 behält Schwarz den Bauern f4 und das bessere Spiel.
7. .... d7—d5
8. c2—c4 Sb8—c6
9. c4—d5: Sc6—d4
10. De2—e4‡ Dh4—e7

e4—e3 würde die Antwort auf 10. De2—c4 sein.
11. De4—e7‡ Lf8—e7:
12. Ke1—d1 Le7—h4
und gewinnt.

(Fünfte Veränderung.)

1. (e2—e4) (e7—e5)
2. (f2—f4) (e5—f4:)
3. (Lf1—c4) Sg8—f6
Dieser Zug ist vielleicht nicht völlig befriedigend.

Erste Spielart.
(5. Veränderung.)

4. e4—e5? Sf6—e4
Dies ist besser als 4. d7—d5.
5. Sg1—f3 d7—d5
6. Lc4—b3, oder d2—d3, Se4—g5; 7. Lc4—b3, Sg5—e6 und schützt den Bauern f4.
6. .... Se4—g5
7. d2—d4 od. 0—0 Sg5—e6
und Schwarz wird den Bauern f4 behaupten.

Zweite Spielart.
(5. Veränderung.)

Schwarz.

Weiss.

4. Sb1—c3! Lf8—b4

Schwarz könnte hier d7—d5; 5, Sc3—d5:, Lf8—d6 oder Lc8—e6 versuchen.

5. e4—e5 d7—d5

Bei Lb4—c3:; 6. d2—c3:, d7—d5 erlangt Weiss, sowohl mit 7. e5—f6:, als auch mit 7. Lc4—b3 den Bauern f4 bei guter Stellung zurück.

6. Lc4—b5† c7—c6
7. e5—f6: c6—b5:
8. Dd1—e2† Lc8—e6
9. De2—b5‡ Sb8—c6
10. Sg1—f3 Dd8—f6:
11. Db5—b7: Ta8—c8
12. Sc3—d5: Df6—f5
13. Sd5—c7† Tc8—c7:
14. Db7—c7: Df5—e4†
15. Ke1—d1 0—0
16. d2—d3 De4—g6
17. Dc7—f4: f7—f6
18. Df4—e4 Dg6—g2:
19. Th1—g1 u. ist im Vortheil.

Das Königsspringergambit.

Das Gambit des Königsspringers, zu dem wir jetzt übergehen, erscheint theoretisch betrachtet, insofern als incorrect, als Weiss den Gambitbauern f4 nicht bestimmt zurückgewinnt oder Schwarz ihn nur gegen einen Positionsvortheil aufzugeben braucht. Wenigstens ist dies jetzt die Ansicht fast aller Autoritäten, und nur einzelne Stimmen erheben sich noch zuweilen für die Correctheit des sogenannten Kieseritzky-Gambits. Der Angriff ist im Springergambit gegen die besten Vertheidigungszüge (3. g7—g5 u. s. w.) lebhafter als im Laufergambit und lässt meist erst spät einen sicheren Gegenangriff zu. Wir können uns übrigens nur auf die Anführung der hauptsächlichsten Varianten beschränken.

Es lassen sich zunächst zwei Systeme des Angriffs unterscheiden, je nachdem Weiss die Kette der Bauern f4 und g5 früh oder erst später zu trennen sucht. Das sechste Spiel mit dem Gambit des Allgaier gehört dem ersteren Systeme an und zeichnet sich dadurch aus, dass der Springer f3 dabei vertrieben wird und zum Angriff gegen f7 vordringt, was der Partie einen eigenthümlichen Charakter giebt. In den Spielen des zweiten Systems wird der Springer hingegen im Fall eines Angriffs fast immer auf f3 preisgegeben oder nach e1 zurückgezogen, denn Schwarz ist in diesem

Falle schon so weit entwickelt, dass der Springer auf g5 oder e5 keinen Platz mehr findet. Auch die Vertheidigung kennt aber innerhalb des zweiten Angriffssystems eine doppelte Spielart, die einerseits dahin zielt, die Bauern g5 und f4 auf diesen Feldern gegen alle Angriffe möglichst zu erhalten, wobei Lf8—g7 nothwendig wird, oder die andererseits und zwar in noch entscheidenderer Weise g5, ehe h2—h4 geschehen ist, gegen den Springer f3 vorrückt und dadurch z. B. das Opfer desselben im Gambit Muzio veranlasst, das aber für Weiss unzureichend ist.

Bevor wir jedoch auf diese Spielarten eingehen, müssen wir zunächst im fünften Spiele feststellen, dass überhaupt nach Annahme des Gambits die Deckung des Bauern durch g7—g5 nothwendig ist, wenn Schwarz Vortheil erringen will.

Das abgelehnte Gambit betrachten wir im elften Spiele. Bei ihm gleicht sich die Partie aus.

Fünftes Spiel.

1. e2—e4 e7—e5
2. f2—f4 e5—f4:
3. Sg1—f3. Um den Bauern genügend zu decken, ist jetzt 3. g7—g5 erforderlich, alle andern Züge würden mindestens die Ausgleichung des Spiels zur Folge haben. 3. Sg8—f6 ist schon wegen 4. d2—d3 unzureichend und 3. d7—d6 wird durch 4. Lf1—c4, Lc8—e6; 5. Lc4—e6: unwirksam. 3. Lf8—e7 kann zu interessanten Varianten führen, die wir wenigstens andeuten müssen.
3. .... Lf8—e7
4. Lf1—c4 Le7—h4
5. Ke1—f1! Mit diesem Zuge wird Weiss im Vortheil bleiben. Ueber 5. g2—g3 handelt die Veränderung.
5. .... Lh4—f6 Durch d7—d5; 6. Lc4—d5:, Sg8—f6; 7. Sf3—h4: gliche sich das Spiel aus. Weiss thut aber besser 7. Sb1—c3, anstatt den schlecht postirten Lh4 zu tauschen.
6. e4—e5 Lf6—e7
7. d2—d4 d7—d5
8. Lc4—e2 g7—g5
9. h2—h4 g5—g4
10. Sf3—h2 f4—f3
11. g2—f3: g4—g3

12. Sh2—g4 Le7—h4:
13. Sb1—c3 c7—c6
14. Kf1—g2 h7—h5
15. Sg4—e3 Lh4—g5
16. f3—f4 Lg5—f4:
17. Le2—h5: Sg8—h6
18. Dd1—f3 mit gutem Spiel.

Veränderung.

Schwarz.

Weiss.

5. g2—g3 f4—g3:
6. 0—0 g3—h2†

7. Kg1—h1. Diese Spielart der Weissen führt den Namen des „Gambit Cunningham", ist aber weniger correct. Interessant bleibt jedoch die Stellung des Königs hinter einem feindlichen Bauern, der ihm zum Schutze dient. Das beste Gegenspiel ist, wie öfters im Gambit, das Opfer des Damenbauern.

Erstes Gegenspiel.
(Veränderung.)

7. .... Lh4—f6

Auf Lh4—e7 erlangt Weiss mit 8. Lc4—f7‡ und 9. Sf3—e5† Vortheil. Der Zug 7. Lh4—f6 geschah, um den Punkt f7 zu decken. Wenn darauf 8. Sf3—e5 folgt, würde der Laufer nicht nehmen, wegen der Entgegnung 9. Dd1—h5, sondern es geschähe besser 8. d7—d5.

8. e4—e5 d7—d5
9. e5—f6: Sg8—f6:
10. Lc4—b3 Lc8—e6
11. d2—d4 h7—h6

Wir sind geneigt, die Partie mit den drei freien Bauern für etwas stärker zu halten. Weiss wird indess suchen, die Bauern in einer Position so fest zu stellen, dass sie nicht ohne Verlust weiter vorrücken können. Schwarz wird hingegen, um dies zu vermeiden, die Bauern nicht allein stets in ihrer sicheren Stellung erhalten, sondern, wenn er den einen oder andern als Spitze vorrückt, darauf achten, dass die eigenen Figuren namentlich der Laufer, die nächsten Felder vor den Bauern beherrschen und dadurch ihr weiteres Vordringen sichern.

Zweites Gegenspiel.
(Veränderung.)

[Siehe das nächste Diagramm.]

7. .... Lh4—g3

Die folgenden Züge mögen als einzelnes Beispiel für die vielen

(Stellung vor dem 7. Zuge von Schwarz.)

Schwarz.

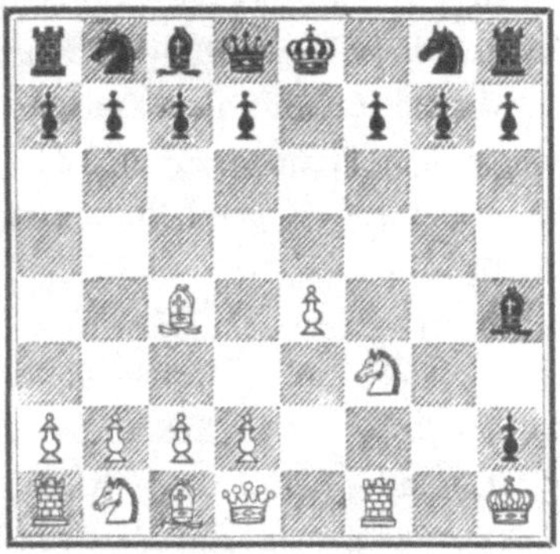

Weiss.

eleganten Varianten dieses Gambits dienen.

8.	Sf3—e5	Lg3—e5:
9.	Dd1—h5	Dd8—e7
10.	Tf1—f7:	De7—c5
11.	Tf7—f8†	Ke8—e7
12.	d2—d4	Dc5—d4:
13.	Lc1—g5†	Sg8—f6
14.	Lg5—f6‡	g7—f6:
15.	Dh5—f7†	Ke7—d6
16.	Sb1—c3	Th8—f8:
17.	Df7—f8‡	Kd6—c6
18.	Df8—b4	und gewinnt.

Drittes Gegenspiel.

(Veränderung.)

[Siehe das vorige Diagramm.]

7.	....	d7—d5!
8.	Lc4—d5:	Sg8—f6

Lh4—f6 würde die Antwort auf 8. e4—d5: gewesen sein.

9. Ld5—f7‡. Bei 9. Sf3—h4:, Sf6—d5:; 10. e4—d5:, Dd8—h4:; 11. Dd1—e2†, Ke8—d8; 12. De2—h2:, Dh4—h2‡; 13. Kh1—h2:, f7—f6 gewinnt Schwarz durch seine Freibauern.

9.	....	Ke8—f7:
10.	Sf3—h4:	Th8—f8
11.	d2—d4	Kf7—g8

Gegenwärtig ist Weiss zwar im Besitz des Centrums, hingegen hat Schwarz eine sichere Stellung mit dem Könige hinter zwei ganz freien Bauern. Wir geben unter diesen Umständen dem schwarzen Spiele den Vorzug.

Sechstes Spiel.

1.	e2—e4	e7—e5
2.	f2—f4	e5—f4:
3.	Sg1—f3	g7—g5!

Dieser Zug giebt dem Spiele auf der Seite des Königs eine gewisse Schwäche, ist aber nothwendig, wenn man den Bauern oder anderen Vortheil behaupten will.

4.	h2—h4	g5—g4

Lf8—e7 oder f7—f6 wären ungenügende Züge. Letzterer hätte 5. Sf3—g5: zur Folge.

Erster Angriff.
„Gambit des Allgaier."

5. Sf3—g5 h7—h6

Der stärkste Zug, welcher Weiss zum Figuropfer zwingt. Will man aber dem hiernach folgenden Angriffe entgehen, so kann man mit Vortheil 5. ...., d7—d5; 6. e4—d5:, h7—h6; 7. Sg5—e4, f7—f5; 8. Se4—c3, Lf8—d6; 9. d2—d4, Sg8—f6 spielen.

6. Sg5—f7: Ke8—f7:

7. Lf1—c4†!

Schwach ist 7. Dd1—g4:, worauf Sg8—f6; 8. Dg4—f4:, Lf8—d6!; 8. Lf1—c4†, Kf7—g7; 10. Df4—f3, Sb8—c6 den Angriff der Weissen vernichtet.

7. .... d7—d5!

8. Lc4—d5‡ Kf7—e8

Auch der Zug des Königs nach g7 verdient volle Beachtung. Weiss kann darauf 9. Ld5—b7: versuchen, um auf Lc8—b7: mit 10. Dd1—g4‡, Kg7—f7; 11. Dg4—h5†, Kf7—g7 Remis zu erlangen. Bei 11...., Kf7—e6; 12. Dh5—f5†, Ke6—d6; (oder Ke6—e7; 13. Df5—e5†, Ke7—d7; 14. De5—h8:) 13. d2—d4, Sb8—d7; 14. Lc1—f4‡, Kd6—e7; 15. Sb1—c3 gefällt uns das weisse Spiel besser; Schwarz wird zweifelsohne alsbald einen Officier für einen der Mittelbauern zurückverlieren. Dagegen hat Schwarz auf 9. Ld5—b7: noch den feinen Gegenzug f4—f3! mit günstiger Folge: 10. Lb7—c8:!, Dd8—c8:; 11. g2—f3:, Lf8—d6; 12. Th1—g1, g4—g3; 13. d2—d4, Dc8—h3; 14. Dd1—e2 (wenn 14. e4—e5, so Dh3—h2; 15. Lc1—e3, Sb8—c6; 16. e5—d6:, Ta8—e8; 17. Dd1—e2, Te8—e3:; 18. De2—e3:, Sg8—f6 u. s. w.) Sb8—c6; 15. Lc1—e3 oder c2—c3, Sg8—f6 etc.

9. d2—d4 Sg8—e7

Die Theorie empfahl bisher auch 9. ...., f4—f3 (damit Weiss nicht die f-Linie für den Thurm frei bekomme) 10. g2—f3:, Lf8—e7; 11. 0—0, g4—g3; 12. f3—f4, h6—h5. Der Angriff 13. f4—f5! scheint uns aber sehr bedenklich.

10. Sb1—c3 Lf8—g7

11. Lc1—f4: c7—c6

und Schwarz wird den Angriff 12. Dd1—d3 mit Th8—f8; 13. Dd3—g3, c6—d5:; 12. Lc4—b3 aber mit Lg7—d4: vortheilhaft abweisen.

Zweiter Angriff.
„Gambit des Kieseritzky."

Schwarz.

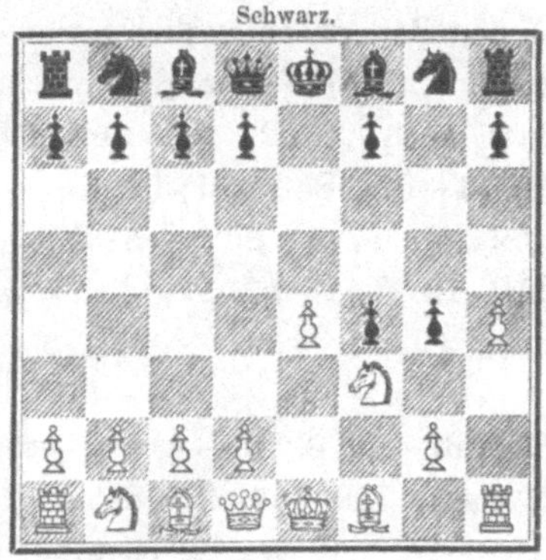

Weiss.

5. Sf3—e5. Dieser Zug gewährt einen nachhaltigeren Angriff als Sf3—g5. Die besten Vertheidigungen dagegen sind 5. d7—d6 und Lf8—g7, wir betrachten aber auch 5. h7—h5 und die Gegenangriffe 5. Lf8—e7 und 5. Sg8—f6.

5. .... h7—h5

Es ist zweifelhaft, ob dieser Zug genügt, den Bauern zu behaupten.

6. Lf1—c4 Th8—h7

Hier entsteht die Frage, ob man nicht besser mit Sg8—h6 deckt, aber abgesehen davon, dass 7. d2—d4, d7—d6; 8. Se5—d3, f4—f3; 9. g2—f3:, Lf8—e7; 10. Lc1—e3 oder —f4, analog wie in einer späteren Variante bei 6. Th8—h7, dann folgen kann, würde auch die Fortsetzung 10. Lc1—g5, Le7—g5:; 11. h4—g5:, Dd8—g5:; 12. Dd1—d2, Dg5—d2†; 13. Sb1—d2:, Sh6—g8; 14. Sd3—f4, h5—h4; 15. f3—g4:, Lc8—g4:; 16. Ke1—f2 den Bauern schliesslich zurückgewinnen. Wir bemerken noch, dass auch 9. g2—g3, d6—d5; 10. e4—d5:, Sh6—f5; 11. Ke1—f2, (Lf8—e7; 12. Sd3—e5) Sf5—d4:; 12. Lc1—g5 für Schwarz nicht günstig wäre.

7. d2—d4 f4—f3

Bei Dd8—f6; 8. Sb1—c3, (c7—c6; 9. 0—0, Lf8—h6; 10. Se5—f7:, Th7—f7:; 11. e4—e5 oder auch 10. Lc1—f4:, Lh6—f4:; 11. g2—g3 zum Vortheil für Weiss) Sg8—e7; 9. 0—0, Lf8—h6; 10. Lc1—f4: oder 10. g2—g3, d7—d6; 11. Se5—f7:, Th7—f7:; 12. Lc4—f7†, Df6—f7:; 13. Lc1—f4:, Lh6—f4:; 14. Tf1—f4:, Df7—g7; 15. Dd1—d3, Lc8—e6; 18. Dd3—b5†, Sb8—d7; 17. d4—d5, Le6—g8; 18. Db5—b7:, Dg7—d4† mit gleichem Spiel.

8. g2—g3. Wenn der Bauer genommen würde, was uns besser scheint, so folgt d7—d6; 9. Se5—d3, Lf8—e7; 10. Lc1—e3 oder —f4, wie im Zusatz zum zweiten Angriff.

Erstes Gegenspiel.
(2. Angriff.)

8. .... d7—d6

9. Se5—d3. Auf den ersten Blick hält man die Position der Schwarzen wegen des vorrückenden Bauern f3 für günstig. Auch scheint dem Angriffe gegen den Punkt f7 durch Lc8—e6; 10. d7—d5, Le6—d7 vorgebeugt werden zu können, aber es folgt sogleich, um das Spiel wieder frei zu machen, e4—e5 und Weiss behauptet dann seinen Angriff. Auch bei jeder anderen Vertheidigung bleibt die Stellung der schwarzen Stücke namentlich des Thurmes auf h7 und des Königs, sowie das drohende

Vorrücken der feindlichen Mittelbauern sehr unbeqnem. Dessen ungeachtet halten wir das schwarze Spiel bei umsichtiger Führung für etwas stärker. Uebrigens sei noch bemerkt, dass auch das Opfer von Springer und Laufer gegen f7 und den Thurm Weiss nicht die Oberhand geben konnte. Wenn Schwarz statt 7. f4—f3 sogleich d7—d6 zöge, so würde jenes Opfer wirksamer sein, denn Weiss könnte noch den Bauern f4 gewinnen und mit dem Thurme bei der Rochade nach g1 eine freie Linie besetzen. Die Spielart 9. Lc1—g5, Lf8—e7; 10. Lg5—e7:, Sg8—e7:; 11. Se5—d3, Se7—g6 ist für Schwarz günstig.

9.	....	Sg8—e7
10.	Sd3—f4	Sb8—d7
11.	Sb1—c3	c7—c6

Der letzte Zug von Schwarz ist natürlich, aber nicht nothwendig. Die beste Methode der Vertheidigung besteht darin, die Springer nach g6 und h6 zu bringen, und wo möglich die Rochade nach c8 zu erreichen. Die Auflösung des Centrums oder dessen Schwächung durch veranlasstes Vorziehen eines der beiden Bauern wird demnächst erstrebt werden müssen. Schwarz sucht dadurch die Gleichheit der Position insofern herzustellen, als das Spiel für beide Theile entweder abgeschlossen oder geöffnet wird, während es bisher nur nach dem Belieben von Weiss geschlossen gehalten wurde.

12.	Ke1—f2	Lf8—g7

Den Zug des Königs wollen wir nicht tadeln, aber es scheint uns noch vortheilhafter, nach c1 zu rochiren, was allerdings die Züge Lc1—e3 und Dd1—d2 voraussetzt. Es wird dabei aber der Thurm der Dame und leicht auch der des Königs das Centrum unterstützen. Alle Stücke sind dann für den Angriff in der Mitte gegen den feindlichen König vortrefflich disponirt und Weiss kann oft mit Vortheil in seine offene Figurenpartie übergehen.

13.	Dd1—d3	Th7—h8
14.	Lc1—d2	Ke8—f8
15.	Ta1—e1	Dd8—b6
16.	Ld2—e3	Db6—c7
17.	Lc4—e6	b7—b5
18.	b2—b4	Sd7—b6
19.	Le6—b3	a7—a5
20.	a2—a3	a5—a4
21.	Lb3—a2	Lc8—b7
22.	e4—e5	d6—d5
23.	e5—e6	Lb7—c8
24.	Le3—c1	Dc7—d6
25.	e6—f7:	Kf8—f7:
26.	Sc3—e4	Dd6—c7
27.	Se4—g5†	Kf7—g8
28.	Te1—e7:	Dc7—e7:
29.	Th1—e1	De7—f6
30.	Te1—e8†	Lg7—f8

31. Sf4—g6 Lc8—f5
32. Dd3—f5: und gewinnt.

Zweites Gegenspiel.
(2. Angriff.)

Schwarz.

Weiss.

8. .... Sb8—c6!
9. Se5—c6: d7—c6:
10. Lc1—f4 Dd8—e7

Die Position ist jetzt für Schwarz weit weniger bedrängt, als im vorigen Gegenspiel, auch ist bereits eine Figur getauscht, Weiss konnte aber, wie der folgende, schon vorher erwähnte Zusatz zeigt, den Angriff vom 8. Zuge ab anders leiten.

Zusatz zum zweiten Angriff.

[S. das nächste Diagramm.]

8. g2—f3: statt 8. g2—g3.
8. .... d7—d6
9. Se5—d3 Lf8—e7
10. Lc1—e3. Für manche Fälle mag es noch vortheilhafter

(Stellung vor dem 8. Zuge von Weiss.)

Schwarz.

Weiss.

sein, Lc1—f4 zu ziehen. Diese beiden Varianten sind stärker als 10. Lc1—g5, Le7—g5:; 11. h4—g5:, Dd8—g5:; 12. f3—f4, Dg5—g7, welches den Schwarzen, wegen der frei werdenden Bauern h5 und g4 das bessere Spiel einräumt.

10. .... Le7—h4†
11. Ke1—d2 g4—f3:

Die Spielart 11. Lh4—g5; 12. Dd1—g1 oder f3—f4 würde für Schwarz nicht bequem sein.

12. Dd1—f3: Lc8—g4
13. Df3—f4. Falls der Laufer auf f4 stände, würde die Dame nach e3 gehen.
13. .... Sb8—c6

Besser mag Sb8—d7 sein. Vermuthlich kann Schwarz dann seinen Bauern mit Erfolg behaupten.

14.. Sb1—c3 Sc6—d4:
15. Ta1—f1 Lh4—f6
16. Sc3—d5 Lf6—h8

17.	Df4—g4:	h5—g4:
18.	Th1—h7:	Sd4—f3†
19.	Tf1—f3:	g4—f3:
20.	Th7—h8:	und gewinnt.

Erste Veränderung.

(2. Angriff.)

Schwarz.

Weiss.

5. .... d7—d6

Schwarz sucht durch diesen Zug den Angriff zu erlangen, während f4 isolirt wird. Das Spiel dreht sich dabei um Vertheidigung dieses Bauern.

6.	Se5—g4:	Lf8—e7
7.	d2—d4	Le7—h4†
8.	Sg4—f2	Lh4—g3

9. Sb1—c3. Wenn die Dame nach f3 ging, ergab sich 9. Dd8—f6; 10. Sb1—c3!, Df6—d4:; 11. Lc1—f4:, Dd4—f2†; 12. Df3—f2:, Lg3—f2†; 13. Ke1—f2:, Lc8—e6, wobei Weiss schliesslich den Bauern zurückgewinnen wird. 9. Dd1—f3 musste hingegen erfolgen, wenn 8. Dd8—g5! geschehen wäre. Es konnte dann etwa folgen: Sb8—c6! 10. Df3—f4:, Lh4—f2†; 11. Ke1—f2:, Dg5—f4†; 12. Lc1—f4:, Sc6—d4: und hat einen Bauern mehr; oder 10. c2—c3, Lh4—g3; 11. Sb8—a6 oder Lf1—d3 (c4), Sg8—f6 und Schwarz steht immer besser.

9.	....	Sg8—f6
10.	Lf1—e2	Sb8—c6
11.	Le2—f3	Dd8—e7
12.	Ke1—f1	Lc8—d7
13.	Sc3—d5	Sf6—d5:
14.	e4—d5:	Sc6—d8
15.	Sf2—e4	f7—f5
16.	Se4—g3:	f4—g3:
17.	Lc1—f4	Sd8—f7
18.	Lf4—g3:	0—0—0
19.	Lg3—h4	Sf7—g5

Das Spiel scheint ausgeglichen zu sein.

Zweite Veränderung.

(2. Angriff.)

[S. das vorige Diagramm.]

5. .... Lf8—e7

Dieser anscheinend starke Zug gleicht in der That, ebenso wie Dd8—e7; 6. d2—d4, f7—f5; 7. Lf1—c4! die Partie nur aus. Das beste Gegenspiel besteht in 6. Lf1—c4, Le7—h4†; 7. Ke1—f1, d7—d5; 8. Lc4—d5: u. s. w.

Weiss kann indess auch das Spiel durch 6. Se5—g4:, Le7—h4†; 7. Sg4—f2 gleich machen, unrichtig wäre aber folgende Spielart:

6. Dd1—g4:? d7—d6
7. Dg4—g7 Le7—h4‡

Auf d6—e5: würde 7. Lf1—b5† und dann Dg7—h8: folgen.

8. Ke1—d1 d6—e5:
9. Dg7—e5‡ oder Dg7—h8:, wie unter A.

9. .... Dd8—e7
10. De5—h8: Lc8—g4†
11. Lf1—e2 Lg4—e2‡
12. Kd1—e2: De7—e4‡
13. Ke2—d1 De4—g2:
14. Dh8—e5† Lh4—e7
15. De5—b5† Sb8—c6
16. Db5—f1 Dg2—g4†
17. Df1—e2 f4—f3
18. De2—f1. Auf De2—f2 geschähe Le7—c5.

18. .... f3—f2†
19. Df1—e2 Dg4—g2
20. Th1—f1 Sc6—d4

und Schwarz bleibt im Vortheil.

A. (2. Veränderung. 2. Angriff.)

[S. das nächste Diagramm.]

9. Dg7—h8: Lc8—g4†
10. Lf1—e2 Dd8—g5!
11. Th1—h4:. Auf Sb1—c3 geschähe Sb8—c6.

11. .... Lg4—e2‡
12. Kd1—e2: Dg5—g2‡
13. Ke2—d3 Sb8—c6
14. c2—c3 0—0—0†

Schwarz.

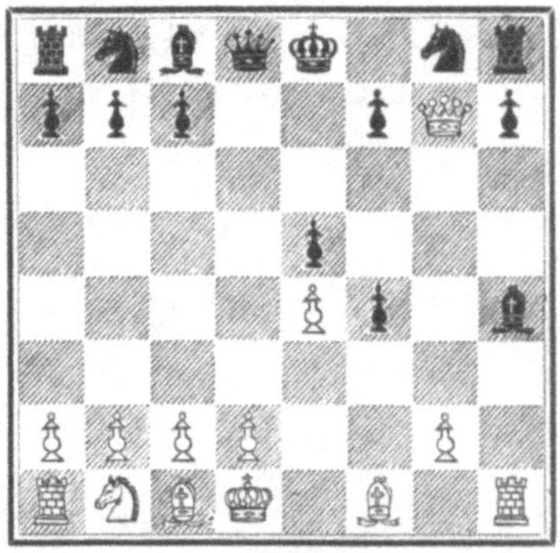

Weiss.

15. Kd3—c2 Dg2—e4‡
16. Kc2—d1 De4—f3†
17. Kd1—c2 Df3—d3†
18. Kc2—d1 Sg8—h6

Der Springer kann ungedeckt herauskommen, da Schwarz durch f4—f3 gewinnen würde, wollte Weiss seine Dame jetzt für Thurm und Springer aufgeben.

19. Dh8—f6 Sh6—f5
20. Th4—h1 f4—f3

und gewinnt.

Dritte Veränderung.
(2. Angriff.)

[S. das Diagramm auf S. 235.]

5. .... Sg8—f6

Dieser Gegenangriff ist stärker als die früheren Varianten, aber ihm vorzuziehen bleibt doch 5. d7—d6 oder 5. Lf8—g7.

Erste Fortsetzung.

6. Lf1—c4 Dd8—e7?
7. d2—d4 d7—d6

8. Se5—f7:!. Mit 8. Lc4—f7†, Ke8—d8; 9. Lf7—b3 oder Lc1—f4: würden sehr verwickelte Verhältnisse eintreten.

8. .... De7—e4†

9. Ke1—f1! f4—f3

Wenn 9. Lf8—g7 oder Sf6—h5 geschieht, so spielt Weiss mit Vortheil 10. Sf7—h8: oder 10. Kf1—f2. Auf 9. Th8—g8 folgt 10. Sf7—g5, De4—f5; 11. Lc4—d3, Df5—d7; 12. Lc1—f4:

10. g2—g3 f3—f2

11. Kf1—f2 De4—f5

12. Lc1—f4 Sf6—e4†

13. Kf2—g2 d6—d5

14. Sf7—h8: d5—c4:

15. Th1—e1 Lc8—e6

16. Dd1—e2 Ke8—d7

17. Kg2—h2 Se4—d6,

oder Se4—f6; 18. Lf4—g5 mit gutem Spiel.

18. d4—d5 Df5—d5:

19. Sb1—c3 Dd5—f5

20. Te1—f1 und gewinnt.

Anhang der ersten Fortsetzung.
(3. Veränderung. 3. Angriff.)

[S. das nächste Diagramm.]

6. .... d7—d5

7. e4—d5:. Unter A ist 7. Lc4—d5: ausgeführt.

7. .... Lf8—d6

An dieser Stelle würde Lf8—g7 für Schwarz vermuthlich vortheilhaft sein. Führt man mit 7. d2—d4, 0—0 fort, so kommt man dann zu einer Variante der 4. Vertheidigung (2. Fortsetzung).

(Stellung vor dem 6. Zuge von Schwarz.)

Schwarz.

Weiss.

8. d2—d4. Auf 8. Lc4—b5† würde c7—c6; 9. d5—c6:, 0—0 mit Verlust von Bauern, aber mit gutem Angriff folgen.

8. .... Sf6—h5

Auch hierauf kann Lc4—b5† geschehen, aber die Opfercombination c7—c6; 10. d5—c6:, b7—c6:; 11. Se5—c6:, Sb8—c6:; 12. Lb5—c6†, Ke8—f8; 13. Lc6—a8:, Sh5—g3 wäre wiederum für Schwarz günstig.

9. 0—0 f4—f3

und Schwarz steht gut; Weiss muss wohl 10. Dd1—e1 entgegnen. Minder gut wäre 9. . . ., Dd8—h4:, worauf sich das Spiel mit 10. Dd1—e1, Dh4—e1:; 11. Tf1—e1:, 0—0; 12. Lc4—d3, Tf8—e8 gewiss ausgleicht.

A. (Anhang der ersten Fortsetz. 3. Vertheidigung. 2. Angriff.)

[S. das vorige Diagramm mit Hinzufügung von 6. d7—d5.]

7. Lc4—d5: Sf6—d5:
8. e4—d5: Lf8—e7
9. Se5—g4: Am besten wäre wohl 9. 0—0.
9. .... Th8—g8
10. Sg4—f2 Dd8—d5:
11. Dd1—f3 Dd5—f3:
12. g2—f3: Sb8—c6
13. c2—c3, oder 13. Sb1—c3, Sc6—d4; 14. Sc3—d5, Sd4—c2‡; 15. Ke1—d1, Lc8—f5 und steht besser.
13. .... Sc6—e5
14. d2—d4 Se5—f3‡
15. Ke1—e2 Sf3—h4:
16. Lc1—f4: Lc8—g4†
17. Sf2—g4: Tg8—g4:

und Schwarz ist im Vortheile.

Zweite Fortsetzung.

(3. Veränderung. 2. Angriff.)

Schwarz.

Weiss.

6. Se5—g4: Sf6—e4:

Bemerken wollen wir beiläufig, dass 6. d7—d5; 7. Sg4—f6‡, Dd8—f6:; 8. Sb1—c3, Df6—g6; 9. Dd1—f3, Lf8—d6; 10. Sc3—d5: für Schwarz verfehlt wäre, da nun Lc8—g4 nicht ohne Verlust dieses Laufers geschehen kann.

7. d2—d3. Wenn jetzt 7. Dd1—e2 geschähe, so folgte Dd8—e7, auf 8. d2—d4 antwortet Schwarz hingegen mit Lf8—e7.

7. .... Se4—g3
8. Lc1—f4: Sg3—h1:!
9. Dd1—e2† Dd8—e7
10. Sg4—f6† Ke8—d8
11. Lf4—c7‡ Kd8—c7:
12. Sf6—d5† Kc7—d8
13. Sd5—e7: Lf8—e7:
14. Sb1—c3 Th8—e8

und ist beträchtlich im Vortheil. Weiss kann den Springer h1 nicht erobern. Bei 14. De2—g4 wäre ebenfalls Th8—e8 geschehen, indess konnte dann auch folgendes Spiel, um die Officiere rascher zu entwickeln, gemacht werden: d7—d6; 15. Dg4—f4, Th8—g8; 16. Df4—f7:, Tg8—f8; 17. Df7—h7:, Sh1—g3; 18. Lc1—d2 oder Sb1—d2, Lc8—f5 u. s. w. Wir müssen übrigens noch eine andere Spielart beim 9ten Zuge erwähnen und gehen desshalb auf die hier dargestellte Position zurück.

Schwarz.

Weiss.

9. Lf4—g5 Lf8—e7

Auf f7—f6 folgt 10. Sg4—f6‡ und Dd1—e2 mit starkem Angriff.

10. Dd1—e2 h7—h5!

11. Sg4—f6† Ke8—f8

Bei 11. De2—e5, f7—f6; 12. Sg4—f6‡, Ke8—f7; 13. De5—d5†, Kf7—g7 gewinnt Schwarz.

12. De2—e5 Sb8—c6!, oder auch d7—d6.

13. Sf6—d7‡ Kf8—g8 und hat ein gutes Spiel.

Vierte Veränderung.

(2. Angriff.)

[S. das nächste Diagramm.]

5. .... Lf8—g7!

Der Zug des Laufers beabsichtigt nicht die Behauptung des gewonnenen Bauern, sondern will nur dem schwarzen Spiel die freiere Entwickelung verschaffen.

(Stellung vor dem 5. Zuge von Weiss.)

Schwarz.

Weiss.

Erste Fortsetzung.

(2. Angriff. 4. Vertheidigung.)

6. Se5—g4:. Ausserdem kommt 6. d2—d4 in Betracht.

6. .... d7—d5

7. Sg4—f2. Bei 7. e4—d5:?, Dd8—e7†; 8. Ke1—f2 Lg7—d4†; 9. Kf2—f3, Lc8—g4‡; 10. Kf3—g4:, Sg8—f6† gewinnt Schwarz. Gegen 7. d2—d3 oder 7. Sb1—c3 geschieht d5—e4: Auf 6. c2—c3 könnte verschieden fortgefahren werden, z. B. mit d5—e4:; 8. Dd1—a4†, Sb8—c6; 9. Da4—e4‡, Dd8—e7 u. s. w.

7. .... d5—e4:

Es könnte auch 7. Sg8—e7; 8. e4—d5:, 0—0 oder 8. Dd1—f3, d5—e4: und dann 0—0 folgen.

8. Sf2—e4: Sg8—f6

9. d2—d3 0—0

Auch Sf6—e4:; 10. d3—e4:, Dd8—d1‡; 11. Ke1—d1:, Sb8—

c6 giebt für Schwarz ein gutes Spiel.

10.	Sb1—c3	Tf8—e8
11.	Lf1—e2	Sb8—c6
12.	Lc1—f4:	Sf6—e4:

13. d3—e4: oder 13. Sf2—e4:, Sc6—d4.

13.	. . . .	Lg7—c3†
14.	b2—c3:	Te8—e4
15.	Dd1—d8†	Sc6—d8:
16.	Lf4—c7:	Lc8—g4
17.	0—0—0	Te4—e2:
18.	Td1—d8†	Ta8—d8:
19.	Lc7—d8:	Lg4—f5
20.	Kc1—d1	Te2—c2:
21.	Th1—f1	Lf5—e4
22.	Tf1—f4	Tc2—c3:
23.	Ld8—f6	Tc3—c6

In Partien, in denen Läufer auf Feldern von ungleicher Farbe, mit einem Bauern auf der einen Seite mehr, übrig bleiben, ist eine Entscheidung des Spieles nicht wahrscheinlich, aber immerhin befindet sich die numerisch stärkere Partei im Vortheil. Der Gegner wird dahin trachten, den Laufer zu behalten, denn nach dem Abtausch der Läufer gewönne das Uebergewicht des Bauern sehr an Bedeutung.

Zweite Fortsetzung.
(2. Angriff. 4. Vertheidigung.)
[S. das nächste Diagramm.]

6.	d2—d4	Sg8—f6

7. Lf1—c4. Nähme Weiss 7. Lc1—f4:, so folgte d7—d6; 8.

(Stellung vor dem 6. Zuge von Weiss.)

Schwarz.

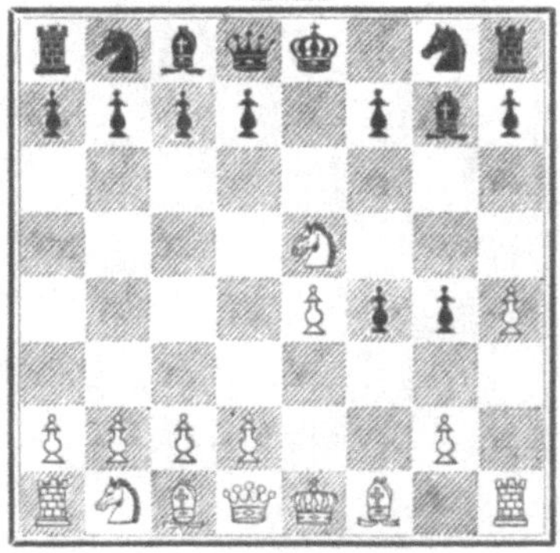

Weiss.

Se5—c4, Sf6—e4:. Auf 7. Se5—g4: geschähe Sf6—e4:; 8. Lc1—f4:, Dd8—e7; 9. Dd1—e2, Lg7—d4:; 10. c2—c3, h7—h5 mit günstigem Spiel für Schwarz. Thäte Weiss endlich 7. Sb1—c3, so ergäbe sich daraus d7—d6; 8. Se5—d3, 0—0; (in Betracht käme freilich noch Sf6—h5) 9. Lc1—f4:, Sb8—c6 oder 9. Sd3—f4:, Sf6—e4:; 10. Sc3—e4:, Tf8—e8; 11. Ke1—f2! Te8—e4: 12. c2—c3. Weiss behält in diesem letzteren Falle einen guten Angriff für den Bauern.

7.	. . . .	0—0

Schwarz kann auch sehr gut mit d7—d5 fortfahren und die Combination 8. e4—d5:, 0—0; 9. Lc1—f4:, Sf6—d5: 9. 0—0, c7—c5 veranlassen.

8. Se5—f7: oder Lc1—f4:, d7—d6.

8.	. . . .	Dd8—e7

Hiermit entzieht sich Schwarz dem Angriff, den Tf8—f7:; 9. Lc4—f7†, Kg8—f7:; 10. e4—e5 zur Folge gehabt haben würde, der aber an sich für Weiss auch noch keinen Vortheil brächte.

9. Sf7—g5†. Bei 9. e4—e5, d7—d5; 10. 0—0, De7—f7:; 11. e5—f6:, Lg7—f6:; 12. Lc4—b3, Sb8—c6; 13. c2—c3, Lf6—h4:; 14. Tf1—f4:, Lc8—f5 bleibt Weiss auch im Nachtheil.

9. . . . . d7—d5

10. Lc4—b3 h7—h6

11. Sb1—c3, oder 11. e4—e5, h6—g5:; 12. h4—g5:, Sf6—h7; 13. Dd1—d3, Sh7—g5:; 14. Lb3—d5†, Lc8—e6; 15. Ld5—b7:, De7—b4†; 16. Sb1—c3, Db4—b7: u. s. w.

11. . . . . c7—c6

12. Dd1—e2 h6—g5:

13. h4—g5: Sf6—e4:, denn wird der Springer durch Sc3—e4 genommen, so gewinnt ihn Tf8—e8 zurück.

14. Sc3—d5: c6—d5:

15. Lb3—d5† Lc8—e6

16. Ld5—e4: Sb8—c6

17. d4—d5 Le6—f5

und behält den gewonnenen Officier.

Siebentes Spiel.

Das vorige Spiel lehrte die Vertheidigung gegen den frühen Durchbruch der Bauernkette. Gegenwärtig soll der Angriff geändert werden, zunächst wollen wir dabei aber auf einige fehlerhafte Gegenzüge hinweisen. Die Erläuterung der correcten Vertheidigung gegen den ausdauernsten Angriff versparen wir für die folgenden Spiele.

1. e2—e4 e7—e5

2. f2—f4 e5—f4:

3. Sg1—f3 g7—g5

4. Lf1—c4. 4. c7—c6 hätte die Rochade oder h2—h4 zur Folge. Das freiwillige Auflösen der Bauern durch g5—g4 wird aber Gegenstand des 9ten und 10ten Spieles sein. Es gilt, gerade im 4ten Zuge, für die stärkste Art der Vertheidigung.

Erstes Gegenspiel.

4. . . . . Dd8—e7?

Der Zweck dieses Zuges, augenblicklich eine Deckung des Bauern e4 zu erheischen, bleibt unerreicht, da Schwarz nach Wegnahme des Bauern, wegen der Stellung von Dame und König auf einer Linie, in Verlegenheit geräth.

5. d2—d4! De7—e4†, oder Lf8—g7 wie im Anhange.

6.	Ke1—f2	De4—f5
7.	Th1—e1†	Lf8—e7
8.	Te1—e5	Df5—g4

Df5—f6 hätte Sb1—c3 zur Folge.

9.	Lc4—f7‡	Ke8—f8
10.	Lf7—g8:	Th8—g8:
11.	Dd1—d3	Tg8—g7
12.	Te5—f5†	Kf8—g8
13.	h2—h3	Dg4—g3†

Die Dame steht jetzt ungünstig.

14.	Kf2—f1	d7—d6
15.	Sb1—c3	Lc8—f5:
16.	Dd3—f5:	g5—g4
17.	Lc1—f4:	Tg7—f7
18.	Df5—c8†	Tf7—f8
19.	Dc8—e6†	u. s. w.

Anhang zum ersten Gegenspiel.

Schwarz.

Weiss.

5.	....	Lf8—g7
6.	Sb1—c3	g5—g4

Gewöhnlich, wenn der Springer f3 angegriffen wird und auf g5 oder e5 keinen guten Platz findet, lässt man ihn nehmen, um Zeit zu einer starken Entwickelung der übrigen Streitkräfte zu gewinnen. Einige Beispiele hier und bei späteren Gelegenheiten werden den Angriff, für welchen sich keine ganz bestimmten Regeln im Voraus geben lassen, doch im Allgemeinen anschaulich machen. Schwarz muss den Punkt f7 decken, seine Steine möglichst concentriren und gegen die des Gegners abtauschen, vor Allem aber dahin streben, den König sicher zu stellen. Der Charakter der Partie ist durch das Opfer entschieden. Weiss muss schnell zu einer Figurenpartie übergehen und sein Centrum desshalb zur Unterstützung des Angriffs vorrücken und öffnen. Nur selten tritt der Fall ein, dass Weiss drei Bauern für den Officier erhält. Ist er dann noch im Besitze seines Centrums, so wird er das geschlossene Spiel beizubehalten suchen und sich auf die Stärke der Bauern verlassen.

7.	0—0	g4—f3:
8.	Sc3—d5	f3—g2:
9.	Tf1—f2	De7—d8
10.	Lc1—f4:	d7—d6
11.	Dd1—h5	Lc8—e6

c7—c6 hätte auch Lf4—g5 zur Folge.

12.	Lf4—g5	Dd8—d7
13.	e4—e5	d6—e5:
14.	Sd5—c7‡	Dd7—c7:

15. Lc4—e6: mit der Aussicht auf den Gewinn der Partie.

Zweites Gegenspiel.

1.	(e2—e4)	(e7—e5)
2.	(f2—f4)	(e5—f4:)
3.	(Sg1—f3)	(g7—g5)
4.	(Lf1—c4)	d7—d6?
5.	h2—h4	g5—g4
6.	Sf3—g5	Sg8—h6
7.	d2—d4	Lf8—g7

Wenn hier f7—f6 geschah, so konnte der Springer nach e6 gehen; noch stärker wäre aber in diesem Falle Lc1—f4: gewesen.

8.	Lc1—f4:	Sb8—c6
9.	c2—c3	Sc6—a5
10.	Lc4—d3	f7—f6
11.	Dd1—d2	Sh6—g8
12.	d4—d5	c7—c5
13.	Ld3—b5†	Ke8—e7
14.	b2—b4	c5—b4:
15.	c3—b4:	f6—g5:
16.	Lf4—g5‡	Lg7—f6
17.	b4—a5:	h7—h6
18.	Lg5—f6‡	Sg8—f6:

19. 0—0 und ist im Vortheil.

Achtes Spiel.

1.	e2—e4	e7—e5
2.	f2—f4	e5—f4:
3.	Sg1—f3	g7—g5
4.	Lf1—c4	Lf8—g7

Der Angriff kann auf zweierlei Art fortgesetzt werden. Zuvörderst erörtern wir 5. h2—h4, welches direct auf Sprengung der Bauern und auf Vereinzelung von f4 abgesehen ist. Später betrachten wir g2—g3, dem aber noch andere, das weisse Spiel zunächst mehr entwickelnde Züge voraus gehen müssen. Die Vertheidigung 4. Lf8—g7 ist vollständig genügend, aber langwieriger als 4. g5—g4.

Erster Angriff.

5.	h2—h4	h7—h6

Das Vorrücken des Bauern nach h4 nöthigt Schwarz zu dem Gegenzuge h7—h6, obgleich danach der Springer g8 auf seinem Platze eingeschlossen steht.

6.	d2—d4	d7—d6

Der nächste Zug des Weissen wird entweder die Rochade oder c2—c3 sein. Sb1—c3 ist weniger gut, weil der Springer dort keine bedeutende Wirksamkeit hat und das Centrum ohne Unterstützung bleibt.

Erste Spielart.

7. Sb1—c3 c7—c6

Diese Abwehr ist üblich, aber nicht durchaus nöthig; es könnte statt dessen Sb8—c6 oder Lc8—e6 in Frage kommen. Gegen Letzteres spielt Weiss am besten 8. Dd1—e2.

8. h4—g5: h6—g5:
9. Th1—h8: Lg7—h8:
10. Ke1—f2 od. s. den Zusatz.
10. . . . , g5—g4
11. Dd1—h1 Lh8—g7

Dieser Zug ist besser als Dd8—f6 oder g4—f3:

12. Dd1—h5 d6—d5
13. Sc3—d5: c6—d5:
14. Lc4—d5: Dd8—e7
15. Sf3—g5 Sg8—f6
16. Ld5—f7‡ Ke8—f8
17. Dh5—g6 Sf6—e4‡
18. Dg6—e4: De7—e4:
19. Sg5—e4: Lg7—d4‡
20. Kf2—f1 Kf8—f7:
21. Se4—d6† Kf7—e6

und Schwarz gewinnt.

Zusatz zur ersten Spielart.

[S. das nächste Diagramm.]

10. Sf3—e5 d6—e5:
11. Dd1—h5 Dd8—f6
12. d4—e5: Df6—g7
13. e5—e6 Lc8—e6:

(Stellung vor dem 10. Zuge von Weiss.)

Schwarz.

Weiss.

Es kann auch Sg8—f6 gezogen werden, nur muss dann auf 14. e6—f7‡ nicht Ke8—f8 (wegen 15. Lc1—f4:), sondern Ke8—e7 geschehen.

14. Lc4—e6: Sg8—f6
15. Le6—f7‡ Ke8—e7
16. Dh5—g6 Dg7—f7:

und Schwarz gewinnt.

Zweite Spielart.

Schwarz.

Weiss.

7. c2—c3. Dieser Zug ist im Gambit sehr wesentlich. Er deckt nicht allein d4, sondern gestattet der Dame auf b3 den Laufer c4 zu verstärken, b7 anzugreifen und auf b5 Schach zu drohen. Letzteres giebt zuweilen der Dame Gelegenheit, nach g5 zu gelangen. Uebrigens konnte Weiss den Angriff auch mit 7. Dd1—d3 fortsetzen. Hieraus hätte sich dann Sb8—c6; 8. h4—g5:, h6—g5:; 9. Th1—h8:, Lg7—h8:; 10. e4—e5, (Lh8—g7; 11. Sb1—c3, Sg8—h6) Ke8—f8; 11. Dd3—h7, Lh8—g7; 12. Dh7—h5, Sg8—h6; 13. Sf3—g5:, Lc8—g4 nebst Sc6—d4: ergeben, wobei Schwarz im Vortheil bleibt.

Die Vertheidigung nach 7. c2—c3 kann auf verschiedene Art erfolgen. Entweder rückt g5—g4, was gerade jetzt zu empfehlen ist, vor, oder es wird Dd8—e7, Sb8—d7—b6, S—c6 oder c7—c6 gezogen. g5—g4 hat zum Zweck, eine Figurenpartie mit rascher Entscheidung herbeizuführen, die andern Züge suchen hingegen das Spiel geschlossen zu halten und ohne Erweiterung des Terrains die schwarzen Streitkräfte besser zu ordnen. Sb8—d7—b6 entspricht, da es den Laufer c4, welcher ohne Zweifel im Gambit der lästigste Angriffsstein ist, bedroht, diesem letzteren Zwecke am besten.

Erstes Gegenspiel.

7. . . . . g5—g4

Hört für Weiss der Vortheil der bequemeren Position, ohne den Rückgewinn des Gambitbauern, auf, so ist der Ausgang der Partie theoretisch entschieden, denn das Uebergewicht des Bauern kann sich dann geltend machen. Dies würde eintreten, wenn gegenwärtig der Springer nach g1 zurückginge und Dd8—e7; Dd1—e2, Sg8—f6 darauf folgte. Weiss wird desshalb, um den Angriff nicht aufzugeben, den Springer opfern und Lc1—f4: nehmen. Auch Dd1—b3 könnte geschehen und Dd8—e7; 0—0, g4—f3: zur Folge haben.

8. Lc1—f4: g4—f3:

9. Dd1—f3: Lc8—e6

Die Veränderung wird in einer gespielten Partie die Folgen des etwas weniger guten Zuges Dd8—e7 betrachten.

Nach Lc8—e6 entsteht die Frage, ob Weiss, da er bereits um eine Figur schwächer ist, dem Tausche ausweichen soll? d4—d5 und Lc4—d3 bieten sich in dieser Beziehung dar, aber das Erstere würde dem Centrum seine Kraft nehmen und das Spiel in der Mitte zum Vortheil für den Vertheidigenden absperren. Der Rückzug Lc4—d3 wäre ein bedeutender Zeitverlust. Daher wird Weiss dem Tausche nicht ausweichen und sich weiter zu entwickeln suchen.

10. Sb1—d2 Sg8—e7

Le6—c4: und 11. Sb8—d7 wäre minder gut, wie folgende Variante zeigen mag: 11. Sd2—c4:, Sb8—d7; 12. 0—0, Dd8—e7; 13. Lf4—d6:, c7—d6:; 14. Sc4—d6†, Ke8—d8; 15. Sd6—f7†, Kd8—e8; 16. Sf7—d6†, Ke8—d8; 17. Sd6—f7†, Kd8—e8 oder Kd8—c8; 18. e4—e5, Ta8—b8; 19. Df3—g4, Th8—h7; 20. Dg4—f5, Th7—h8; 21. Df5—g6 und gewinnt.

11. h4—h5 Le6—c4:

Hätte Weiss rochirt, so that dies Schwarz nach dem Tausche auf c4 ebenfalls.

12. Sd2—c4: b7—b5

13. Sc4—e3 Sb8—c6

und Schwarz bleibt im Vortheile.

Veränderung des ersten Gegenspiels.

Schwarz.

Weiss.

9. .... Dd8—e7

10. Sb1—d2 Sb8—c6

11. Df3—g3 f7—f6

Das Spiel, in welchem eine Partei um einen Officier stärker ist, lässt sich nicht an gewisse Regeln binden. Das Uebergewicht des Steins entschuldigt die unregelmässigen Züge, wenn sie nur auf Abtausch der Figuren oder darauf hinzielen, die eigenen Stücke zu concentriren und möglichst unter einander zu decken. Es kommt zunächst darauf an, den drohenden Angriffen des Gegners zu widerstehen und die Zahl der Blössen zu vermindern. Der Sieg der Uebermacht ist sicher, wenn man Zeit zur allmäligen Entwickelung der Streitkräfte gewinnt, jede Uebereilung muss dabei sorgsam vermieden werden. Indess glückt die Vertheidigung darum doch nicht in allen Fällen.

Die Kunst des Angriffs besteht besonders in der schnellen Vereinigung überlegener Kräfte gegen einen Punkt, und wenn dies nicht für den Augenblick möglich ist, in der fortdauernden Beschäftigung der bereits thätigen Stücke des Feindes.

12. Dg3—g6† Ke8—f8

13. 0—0 Lc8—d7

14. Ta1—e1 Ld7—e8

15. Dg6—g3 Ta8—d8

16. e4—e5 ....

Bereits wiederholt haben wir darauf hingewiesen, dass ein Unterschied zwischen der Benutzung des Centrums in einem geschlossenen Spiele und in einer Figurenpartie existirt. Das Vorrücken der Mittelbauern in einer sich zum offenen Spiele eignenden Partie, wohin in der Regel alle starken Angriffe führen müssen, bedingt fast immer die Auflösung des Centrums. Es bildet gewöhnlich den Wendepunkt des Spieles, darf aber erst dann mit Aussicht auf Erfolg vorgenommen werden, wenn die Unterstützung des Angriffs im Centrum bereits gehörig vorbereitet ist.

16. . . . . d6—e5:
17. d4—e5: f6—f5

e5 hätte als vereinzelter Bauer in einer wenig lebhaften Partie geringere Bedeutung. Hier verleiht aber das Zusammenwirken mit den Officieren dem Bauern grossen Werth.

Schwarz.

Weiss.

18. Lf4—g5 h6—g5:
19. Tf1—f5‡ Le8—f7
20. Tf5—f7‡ De7—f7:
21. Lc4—f7: Kf8—f7:
22. Dg3—g5: Sg8—e7
23. Te1—f1† Kf7—g8
24. Sd2—e4 Th8—h6
25. h4—h5 Th6—e6
26. Se4—f6† Kg8—h8
27. h5—h6 Lg7—f8
28. Dg5—g4 Te6—e5:
29. Sf6—d7 Lf8—h6:
30. Sd7—e5: Sc6—e5:
31. Dg4—h5 und entscheidet das Spiel. Führer der Partie waren Hanstein (Weiss) und Mayet (Schwarz).

Zweites Gegenspiel.
(1. Angriff. 2. Spielart.)

Schwarz.

Weiss.

7. . . . . Dd8—e7

Der Zug der Dame wird nöthig, sobald Dd1—b3 geschieht, er mag also auch jetzt, wo Schwarz einen freien Moment hat, statt Sb8—c6 oder —d7 oder c7—c6 geschehen. Gewöhnlich wird es dabei nur auf eine Umstellung der Züge hinauskommen, wenn die weisse Dame später nach b3 geht.

8. 0—0. Auf den ersten Blick scheint die Rochade nach der Seite, auf welcher der Thurmbauer gezogen ist, gewagt zu sein; wenn man aber bedenkt, dass Schwarz nicht ohne Nachtheil den Bauern h4 nehmen kann und für den Fall, dass er mit seinem Bauern nach g4 vorrückt, Weiss den Springer nach e1 zurückzieht oder ihn auf f3 opfert, so wird man sich überzeugen, dass das Rochiren in der gegenwärtigen Lage des Spiels wohl das Beste war, was Weiss thun konnte.

8. .... Sb8—d7

Der Springer hat die Absicht, auf 9. Dd1—b3 nach b6 vor den Bauern b7 zu gehen, um den Laufer c4 zu bedrohen und den Laufer c8 verfügbar zu machen. Demnächst empfehlen wir die Rochade nach c8 und halten die Vertheidigung für überwiegend. Wenn nämlich der König sicher gestellt ist, kann der Angriff gegen die Rochade des Anziehenden mit Nachdruck unternommen und der Vortheil des Gambitbauern geltend gemacht werden.

8. Sb8—c6 mag ebenfalls geschehen, nur muss dann auf 9. Dd1—b3, a7—a6 zum Schutz des Feldes b5 folgen, während der Laufer c8 erst nach dem Zuge Sc6—d8 frei wird. Die Steine des Schwarzen scheinen hierbei weniger gut als nach der andern Spielart geordnet zu sein.

Endlich ist der ebenfalls schon erwähnte Zug c7—c6, obgleich dadurch b7 gedeckt ist und b7—b5 möglich wird, mit dem Uebelstande verknüpft, dass er d6 ohne Stütze lässt. Die Vertheidigung wird dadurch wenig gefördert.

8. .... c7—c6
9. Dd1—b3 b7—b5

Wir empfehlen auch hier 9. Sb8—d7. Der Zug Lc8—e6 wäre unzeitig gewesen, nämlich: 10. Lc4—e6:, f7—e6:; 11. h4—g5:, h6—g5:; 12. Sf3—g5:, De7—g5:; 13. Db3—b7:, Dg5—h4; 14. Lc1—f4: u. s. w. Uebrigens sei noch bemerkt, dass, statt Dd1—b3, a2—a4 kein übler Zug gewesen wäre.

10. Lc4—b5:. Der Laufer konnte auch nach d3 zurückgehen und das Trennen der Bauern dem Zuge a2—a4 überlassen. Geschähe aber nachher g5—g4, so müsste sich auch dieser Springer nach e1 zurückziehen.

10. .... c6—b5:
11. h4—g5: h6—g5:
12. Db3—b5† Sb8—d7
13. Db5—g5: De7—g5:
14. Sf3—g5: Lg7—h6

15. Lc1—f4: Lh6—g5:
16. Lf4—g5: f7—f6

Weiss hat drei Bauern für den Officier gewonnen, es stehen aber die vereinzelten schwarzen Bauern gerade günstig, um die weissen am geschlossenen Vordringen zu hindern. Das Spiel mag daher ungefähr gleich sein.

Zweiter Angriff.

1. (e2—e4) (e7—e5)
2. (f2—f4) (e5—f4:)
3. (Sg1—f3) (g7—g5)
4. (Lf1—c4) (Lf8—g7)
5. d2—d4 d7—d6

Bei den vorhergehenden Varianten war h2—h4 geschehen, um die Bauern zu trennen; die folgenden Spiele unterscheiden sich namentlich dadurch, dass die Sprengung mit dem Zuge g2—g3 versucht wird. Weiss hätte auch im 5. Zuge rochiren können. Die Fortsetzung g5—g4; 6. Lc1—f4:, g4—f3:; 7. Dd1—f3: würde ihm dann einen guten Angriff gewähren. Schwarz spielt desshalb auf 5. 0—0 besser 5. h7—h6. Demnächst lenken die Züge 6. d2—d4, d7—d6; 7. c2—c3 auf unsere Hauptvariante ein.

6. c2—c3 h7—h6

Der Zug c7—c6 wäre für Schwarz minder bequem, denn Weiss könnte dagegen folgenden Angriff machen: 7. Dd1—b3, Dd8—e7; 8. Sf3—g5:, De7—g5:; 9. Lc4—f7†, K—f8 oder d8; 10. 0—0 und hat ein gutes Angriffsspiel.

7. 0—0

Erstes Gegenspiel.
(2. Angriff.)

7. .... Sg8—e7

Am besten scheint Dd8—e7 zu sein, welches wir nicht näher erörtern. Dieser Zug würde gezwungen gewesen sein, wenn Weiss vorher 7. Dd1—b3 that. Auch Sb8—c6; 8. Dd1—a4, Ke8—f8 könnte geschehen. Nicht gut ist aber 7. c7—c6 und 7. Lc8—e6. Ebenso ist 7. Sb8—d7; 8. g2—g3 für Schwarz nicht ganz unbedenklich.

8. g2—g3 g5—g4!

Der Zusatz betrachtet f4—g3:?. Hätte Weiss 8. h2—h4 gethan und auf Se7—g6 9. h4—h5 vorgerückt, so ging Sg6 nach e7 zurück und auf g2—g3 folgte dann mit Vortheil Lc8—h3. Uebrigens giebt es in ähnlichen Positionen noch eine andere Spielart, durch welche Schwarz, jedoch mit Verlust seines Bauern mitunter zum Angriff gegen den König g1 gelangen kann. Er wartet nämlich, bis f4 mit g3—f4: genommen wird, und zieht erst dann g5—g4. Lässt sich aber der Angriff damit nicht durchsetzen, so kann das Gewicht der weissen Mittelbauern für Schwarz sehr lästig werden.

9. Sf3—h4 f4—f3

Weiss hat nun noch die Wahl, den Springer zu opfern, wobei die f-Linie ganz offen wird, oder er kann sein Spiel geschlossen halten und einen günstigen Moment für h2—h3 abwarten. Wir führen Letzteres nicht aus, weil bereits mehrere Beispiele eines geschlossenen Spieles mitgetheilt sind. Der Nachziehende wird hier lange Zeit brauchen, bis er die feste weisse Stellung durchbrechen und endlich zum Angriff übergehen kann. Das Uebergewicht des Bauern muss aber bei gehöriger Vorsicht zuletzt doch für ihn zur Geltung kommen.

10. Sh4—f3: g4—f3:
11. Dd1—f3: 0—0
12. Lc4—f7‡ Kg8—h8

In einigen Fällen ist es vortheilhafter mit dem Könige nach h7 (oder h2) zu gehen, weil dadurch der Bauer h6 gedeckt wird, und wenn es nach Abtausch der Figuren zur Entscheidung durch die Bauern kommt, der König bereits um eine Reihe näher steht, also gewöhnlich ein Tempo dadurch gewonnen haben wird. Die Felder h7 und h2 sind aber vor den feindlichen Angriffen weniger als die Ecken geschützt, daher wird man sie meist nur dann benutzen können, wenn wenigstens im Centrum kein Durchbruch des Gegners zu gewärtigen ist.

13. Df3—h5 Se7—g8

Schwarz wird sich in seiner Position behaupten.

Zusatz zum ersten Gegenspiel.

Schwarz.

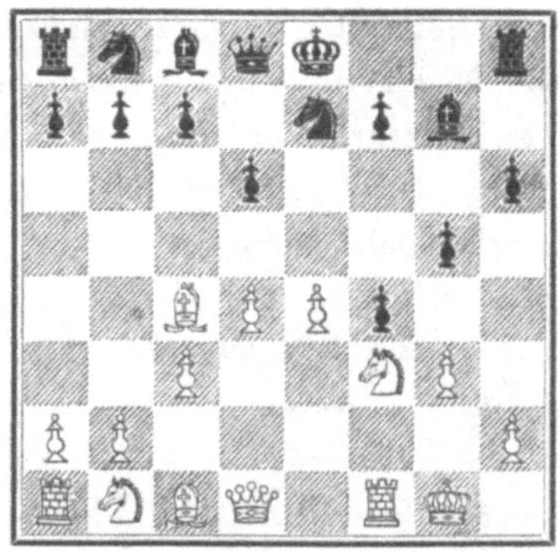

Weiss.

8. . . . . f4—g3:?
9. Sf3—g5: g3—h2‡
10. Kg1—h1 h6—g5:
11. Lc4—f7‡ Ke8—d7
12. Lf7—e6† Kd7—e8
13. Le6—f7† Ke8—d7
14. Lc1—g5: c7—c6
15. e4—e5 d6—d5
16. e5—e6† Kd7—c7
17. Lg5—f4† Kc7—b6
18. Dd1—b3† Kb6—a6
19. Db3—a3† Ka6—b6
20. b2—b4 a7—a5
21. Lf4—b8: Th8—h6
22. b4—b5 Kb6—b5:
23. Lb8—d6 und steht günstig.

Zweites Gegenspiel.

(2. Angriff.)

1. (e2—e4) (e7—e5)
2. (f2—f4) (e5—f4:)
3. (Sg1—f3) (g7—g5)

4. (Lf1—c4) (Lf8—g7)
5. (d2—d4) (d7—d6)
6. (c2—c3) (h7—h6)
7. (0—0) c7—c6?
8. g2—g3 g5—g4
9. Lc1—f4; g4—f3:
10. Dd1—f3: Dd8—f6
11. Df3—h5 Df6—g6
12. Dh5—g6: f7—g6:
13. Lf4—d6: Sg8—f6
14. Sb1—d2. Weiss besitzt zwar nur zwei Bauern gegen einen Springer, hat aber dennoch kein übles Spiel, da diese Bauern gerade das Centrum einnehmen. Uebrigens brauchte Weiss auch nicht die Dame zu tauschen, sondern konnte 11. e4—e5 oder 11. Sb1—d2 ziehen.

Drittes Gegenspiel.
(2. Angriff.)

Schwarz.

Weiss.

7. .... Lc8—e6?
8. Sb1—a3. Man würde durch Lc4—e6: die Auflösung des Doppelbauern herbeiführen, aber zugleich einen stärkeren Angriff erlangen. Wir geben darüber eine Variante im Anhange. In anderen ähnlichen Fällen ist aber die Deckung des Laufers durch Sb1—a3 das Vortheilhafteste, weil dadurch der sonst schwer zu verwendende Springer thätig wird. Wir führen desshalb auch diese Spielart hier aus.

8. .... Le6—c4:
9. Sa3—c4: Sb8—d7
10. h2—h4 g5—g4

Die Spiele des gegenwärtigen 2. Angriffs können durch h2—h4 in die Kategorie des ersten Angriffs übergehen; g5—g4 ist hier nicht rathsam, jedoch wollen wir damit noch nicht behaupten, dass es den Verlust des Spieles herbeiführen müsste.

11. Lc1—f4: g4—f3:
12. Dd1—f3: Dd8—f6
13. e4—e5 d6—e5:
14. d4—e5: Df6—c6
15. Df3—g3 Lg7—f8
16. e5—e6 f7—e6:
17. Sc4—e5 Dc6—c5†
18. Kg1—h1 0—0—0
19. b2—b4 Dc5—b6
20. Se5—f7 Th8—h7
21. Sf7—d8: Th7—g7
22. Dg3—d3 Kc8—d8:
23. Lf4—e5 Tg7—g4
24. Tf1—f8‡ Kd8—e7
25. Tf8—g8: Tg4—h4‡
26. Le5—h2 und gewinnt,

Anhang zum 3. Gegenspiel.
(2. Angriff.)
[Siehe das vorige Diagramm mit Hinzufügung von 7. Lc8—e6.]

8.	Lc4—e6:	f7—e6:
9.	Dd1—b3	Dd8—c8
10.	h2—h4	g5—g4
11.	Sf3—h2	g4—g3
12.	Sh2—f3	e6—e5
13.	d4—e5:	d6—e5:
14.	Sb1—a3	Sg8—e7
15.	Sa3—c4	Sb8—c6
16.	Sc4—e5:	Sc6—e5:
17.	Sf3—e5:	Lg7—e5:
18.	Lc1—f4:	Le5—d6
19.	Db3—b5†	Dc8—d7
20.	Db5—h5†	Ke8—d8
21.	Ta1—d1	Dd7—e8

Auf Kd8—c8 folgt 22. b2—b4 und der Laufer d6 kommt in Gefahr.

22.	Dh5—f3	Kd8—c8
23.	Lf4—d6:	c7—d6:

24. Df3—g3: und erlangt drei Bauern für einen Springer.

Neuntes Spiel.

1.	e2—e4	e7—e5
2.	f2—f4	e5—f4:
3.	Sg1—f3	g7—g5
4.	Lf1—c4	g5—g4

Das Vorrücken des Bauern erweist sich als das wirksamste Gegenspiel. Allerdings bekommt Weiss, wenn er den Springer f3, wie im nächsten Spiele, preisgiebt, einen sehr starken und dauernden Angriff, dieser reicht aber doch nicht hin, um das Spiel unentschieden zu machen. 4. Sf3—e5, welches uns jetzt beschäftigen soll, ist noch weniger genügend, zumal der Angriff dabei alsbald auf Schwarz übergeht. Die Combinationen sind indess sehr verwickelt, aber auch so zahlreich, dass wir nur durch einige derselben den Charakter der Spielart, welcher meistens der einer Figurenpartie ist, hier andeuten können.

5.	Sf3—e5	Dd8—h4†
6.	Ke1—f1	....

Erste Spielart.

6.	....	f4—f3!

Die Stärke des schwarzen Spiels beruht in dem Angriff gegen den König. Desshalb kann man den Punkt f7 unbeschützt lassen, obgleich auch mit demselben Erfolge zunächst Sg8—h6 geschehen könnte. 6. f4—f3, welchem man den Namen des „Gambit Cochrane“ beigelegt hat, ist jedoch darum vortheilhafter für Schwarz, weil sich dabei dem Weissen mehr Gegenzüge darbieten, die sämmtlich zu seinem Nachtheile und meistens in sehr glänzenden Varianten ausgehen.

Erstes Gegenspiel.
(1. Spielart.)

7. Lc4—f7† Ke8—e7
8. Lf7—g8:. Auf Lf7—b3 würde Lf8—g7 folgen.
8. .... Th8—g8:
9. g2—f3: d7—d6
10. Se5—g4: Tg8—g4:
11. f3—g4: Lc8—g4:
12. Dd1—e1 Dh4—h3†
13. Kf1—g1 Lf8—g7
14. De1—e3 Lg4—f3
und gewinnt.

Man sieht, dass namentlich die Läufer in Verbindung mit der Dame dem weissen König lästig sind. Auf die schnelle und passende Entwickelung dieser Steine muss Schwarz daher vorzugsweise Bedacht nehmen.

Wollte Weiss den Damentausch früher herbeiführen und 8. Dd1—e1 ziehen, so geschah f3—g2†; 9. Kf1—g2:, Dh4—h3† und demnächst Lf8—g7.

Zweites Gegenspiel.
(1. Spielart.)

[Siehe das nächste Diagramm.]

7. Se5—f7: Sg8—f6
8. g2—g3. Wenn der Thurm h8 genommen würde, so folgte

(Stellung vor dem 7. Zuge von Weiss.)

Schwarz.

Weiss.

Sf6—e4:; 9. Dd1—e1, f3—g2†; 10. Kf1—e2, Dh4—h3 u. s. w.

8. .... Dh4—h3†
9. Kf1—f2 d7—d5
10. Lc4—f1 Sf6—e4†
11. Kf2—e1 Dh3—h5
12. Sf7—h8: f3—f2†
13. Ke1—e2 Dh5—e5
14. d2—d4 Se4—c3†
15. Ke2—d3 De5—e1
und gewinnt.

Drittes Gegenspiel.
(1. Spielart.)

[S. das vorige Diagramm.]

7. g2—f3: Sg8—f6
8. Se5—g4:. Auf Se5—f7: folgt d7—d5; 9. Sf7—h8:, g4—f3: etc. 8. d2—d4 betrachtet der Zusatz.
8. .... Sf6—g4:
9. f3—g4: Dh4—h3†
10. Kf1—e1. Der Zug Kf1—f2

würde Sb8—c6; 11. d2—d4, Th8—g8 zur Folge haben.

10.	....	d7—d5
11.	Lc4—e2	Dh3—h4†
12.	Ke1—f1	h7—h5

und Schwarz behauptet den Vortheil der Stellung.

Zusatz zum 3. Gegenspiel.

(1. Spielart.)

Schwarz.

Weiss.

8.	d2—d4	d7—d6
9.	Se5—g4:	Sf6—g4:
10.	f3—g4:	Lc8—g4:
11.	Dd1—d3	Lg4—h3†
12.	Kf1—e2	Lh3—g2
13.	Th1—e1	Lg2—e4:
14.	Dd3—b3	Lf8—e7

und gewinnt.

Viertes Gegenspiel.

(1. Spielart.)

[S. das Diagramm S. 253.]

7.	g2—g3	Dh4—h3†
8.	Kf1—f2	Sg8—f6
9.	Sb1—c3.	Auf d2—d3

folgt d7—d6; 10. Se5—f7:, d6—d5 etc.

9.	....	Dh3—g2†
10.	Kf2—e3	Lf8—h6†
11.	Ke3—d3	Sb8—c6
12.	Se5—f7:	Sc6—b4†

und gewinnt.

Fünftes Gegenspiel.

(1. Spielart.)

[S. das Diagramm S. 253.]

7.	d2—d4	Sg8—h6

Die gegenwärtige Spielart ist sehr merkwürdig, weil Weiss, obgleich vollständig im Besitz des Centrums, dennoch das Spiel nicht gesperrt zu halten vermag. Vermöge des Angriffs gegen den König f1 kann Schwarz die Mitte umgehen und die Entscheidung durch die Manöver der Officiere herbeiführen, oder wenigstens nach Auflösung des Spieles den Vortheil seines Bauern behaupten. Dass Weiss den Springer h6 nicht nehmen darf, ergiebt sich leicht, aber die Züge Dd1—d2, g2—f3: und g2—g3 erfordern eine genauere Entwickelung.

Beiläufig wollen wir auch erwähnen, dass 7. Sg8—f6 ebenfalls eine für Schwarz gute Spielart wäre.

A. (5. Gegenspiel. 1. Spielart.)

8.	Dd1—d2	f3—g2†

Dies wäre auch der Gegenzug auf Lc1—f4 oder —h6: gewesen.

9.	Dd2—g2:	d7—d6
10.	Se5—d3	Sb8—c6
11.	Lc1—e3	Lf8—g7
12.	c2—c3	Lc8—d7
13.	Sb1—d2	0—0—0

und Schwarz ist im Vortheil.

B. (5. Gegenspiel. 1. Spielart.)

Schwarz.

Weiss.

8.	g2—f3:	d7—d6
9.	Se5—g4:	Sh6—g4:
10.	f3—g4:	Lc8—g4:
11.	Dd1—d3	Lg4—h3†
12.	Kf1—e2	Th8—g8
13.	Lc1—f4	Tg8—g2†
14.	Ke2—d1	Sb8—d7
15.	Sb1—d2	Lh3—g4†
16.	Kd1—c1	0—0—0
17.	Lc4—f7:	Lf8—g7

und Schwarz steht besser.

C. (5. Gegenspiel. 1. Spielart.)

[S. das vorige Diagramm.]

8.	g2—g3	Dh4—h3†
9.	Kf1—f2	Dh3—g2†
10.	Kf2—e3	f7—f5

Wenn der Angriff gegen den König nicht ein günstiges Resultat für Schwarz gäbe, würde dessen Dame in Gefahr kommen.

11. e4—f5:, oder Se5—d3, wie im Anhange. Auf 11. Sb1—c3 folgt c7—c6; 12. Ke3—d3, d7—d6; 13. Lc1—h6:, d6—e5:; 14. Lh6—f8:, Th8—f8: und Schwarz steht besser.

11.	....	d7—d6
12.	Lc4—f1	Sh6—f5‡

Schwarz wird das Spiel gewinnen. Z. B.:

13.	Ke3—e4	d6—d5†
14.	Ke4—f4	Lf8—h6†
15.	Kf4—g4:	Th8—g8†
16.	Se5—g6	Tg8—g6‡
17.	Kg4—h5	Sf5—g3‡ etc.

Anhang zu C.

(5. Gegenspiel. 1. Spielart.)

Schwarz.

Weiss.

11. Se5—d3. Bei 11. Ke3—d3, f5—e4‡; 12. Kd3—e4: würde

d7—d5; 13. Lc4—d5:, f3—f2†, entscheidend sein.

11. .... f5—e4:
12. Sd3—f4 Sh6—f5†
13. Ke3—e4: Dg2—f2
14. Dd1—e1 Df2—d4‡
15. Ke4—f5‡ Lf8—e7
16. Kf5—g4: Dd4—c4:
17. Kg4—f3: b7—b6
18. De1—e4 Dc4—e4‡
19. Kf3—e4: Lc8—b7†
20. Sf4—d5 Sb8—a6

mit besserem Spiel.

Wenn man im fünften Gegenspiele den 7. und 6. Zug der Schwarzen vertauscht, kommt man auf die folgende zweite Spielart.

Zweite Spielart.

Schwarz.

Weiss.

6. .... Sg8—h6
7. d2—d4 d7—d6?

Dieser Zug ist nur anscheinend gut, weil er den Springer e5 zum Rückzuge nöthigt; f4—f3 wäre stärker.

8. Se5—d3 f4—f3
9. g2—g3 Dh4—h3†

Am besten ginge die Dame nach e7 zurück, indess würde auch hierbei durch 10. Sb1—c3, c7—c6; 11. h2—h3 u. s. w. mindestens der Bauer f3 verloren gehen.

10. Kf1—e1 Dh3—g2
11. Sd3—f2 und nachher Lc4—f1.

Wir können dieses Spiel nicht schliessen, ohne noch einer besonderen, obgleich weniger guten Vertheidigung des Salvio, Sg8—f6, in der folgenden Spielart zu gedenken.

Dritte Spielart.

[S. das vorige Diagramm.]

6. .... Sg8—f6

Wenn Weiss danach 7. Lc4—f7‡ thäte, so folgte mit Vortheil Ke8—e7.

7. Dd1—e1! Dh4—e1‡
8. Kf1—e1: d7—d6
9. Se5—f7: d6—d5
10. Lc4—d5: Sf6—d5:
11. Sf7—h8: Sd5—f6

Weiss hat bei diesem Tausche keinen Schaden gehabt, weil er Thurm und 2 Bauern für seine beiden Officiere bekömmt.

13. Sb1—c3 c7—c6
14. Lc1—f4: Lg7—h8:

Das Spiel steht ungefähr gleich.

Zehntes Spiel.

Wenn im Springergambit der Bauer 4. g5—g4 vorgezogen wird, bieten sich drei Spielarten dar, von denen wir die eine, Sf3—e5, soeben erläutert haben. Es bleibt jetzt noch übrig, die Folgen des Zuges 5. Lc4—f7† und das Opfer des Springers f3 zu betrachten, durch welches das „Gambit Muzio"[1] gebildet wird. 5. Lf4—c7† giebt keinen besonders starken Angriff und findet desshalb nur selten Anwendung.

1. e2—e4 e7—e5
2. f2—f4 e5—f4:
3. Sg1—f3 g7—g5
4. Lf1—c4 g5—g4
5. Lc4—f7† Ke8—f7:
6. Sf3—e5† Kf7—e8!

Kf7—e6; 7. Dd1—g4†, Ke6—e5:: 8. Dg4—f5†, Ke5—d6; 9. d2—d4 wäre für Schwarz verderblich.

7. Dd1—g4: Sg8—f6

Die Veränderung erwähnt den minder guten Zug Dd8—f6.

8. Dg4—f4! Lf8—d6

Bei 8. d7—d6, 9. Se5—f3, Lf8—g7; 10. 0—0 hätte Schwarz eine sehr beschränkte Stellung.

9. 0—0. Auf 9. d2—d4 folgt Sb8—c6; 10. c2—c3, Dd8—e7; 11. 0—0. Sc6—e5: u. s. w.

9. .... Th8—f8
10. d2—d4 Sb8—c6
11. Se5—c6:. Bei 11. c2—c3, entscheidet Sc6—e5:; 12. d4—e5:, Ld6—c5†; (13. Lc1—e3, Sf6—d5); 13. Kg1—h1, Sf6—g4. Auf 11. Lc1—e3 thut Schwarz Dd8—e7.

11. .... Ld6—f4:
12. Sc6—d8: Lf4—c1:
13. Tf1—c1: Sf6—e4:
14. Tc1—e1 d7—d5
15. Sb1—c3 Ke8—d8:
16. Sc3—d5: Lc8—f5

und Schwarz ist bedeutend im Vortheil.

Veränderung.

[S. das nächste Diagramm.]

7. ..... Dd8—f6
8. Dg4—h5† Ke8—e7
9. Se5—f7 Df6—f7:
10. Dh5—e5† Df7—e6
11. De5—h8: Sg8—f6

Gewöhnlich kann man in ähnlichen Stellungen die eingeschlossene Dame gewinnen.

[1] Wir behalten den einmal eingebürgerten Namen bei, obwohl es feststeht, dass dies geistreiche Gambit durch den Italiener Polerio seine erste Ausbildung erhielt.

(Stellung vor dem 7. Zuge von Schwarz.)

Schwarz.

Weiss.

12.	0—0	d7—d6
13.	Sb1—c3	c7—c6
14.	Tf1—f4:	Sb8—d7
15.	d2—d4	De6—f7
16.	e4—e5	Lf8—g7

Nach d6—e5:; 17. d4—e5:, Sd7—e5: würde b2—b3 die Dame befreien.

17.	e5—d6‡	Ke7—d6:
18.	Dh8—d8	b7—b6

19. Tf4—f3 und bleibt im Vortheil. Man kann für Schwarz noch einige andere Varianten versuchen, die Dame wird aber stets gerettet werden, wesshalb es überhaupt nicht rathsam ist, auf ihre Einschliessung zu spielen. Wenn Schwarz die eigene Dame bereits nach f6 gesetzt hat, scheint er am besten als Antwort auf das spätere Dh5—e5† nach d8 mit dem Könige auszuweichen.

Gambit Muzio.

1.	e2—e4	e7—e5
2.	f2—f4	e5—f4:
3.	Sg1—f3	g7—g5
4.	Lf1—c4	g5—g4

Drei Arten, den Angriff bei Aufopferung des Springers fortzusetzen, sind hier gebräuchlich, liefern aber sämmtlich ein für den ersten Spieler nicht vortheilhaftes Ergebniss. Indess erfordert die Vertheidigung viel Umsicht und Ausdauer. Zunächst kommt die Rochade in Frage, dann in zweiter Linie 5. d2—d4 und 5. Sb1—c3.

Es kann nicht die Absicht sein, hier die fast unzähligen Combinationen dieser Figurenpartien zu erschöpfen: einige Andeutungen müssen hinreichen. Auch ganze Spiele sollen nicht aufgestellt werden, weil die Entscheidung gewöhnlich schon in der Eröffnung herbeigeführt wird.

Erster Angriff.

5.	0—0	g4—f3:

6. Dd1—f3:. Man könnte hier die Spielart 6. d2—d4, f3—g2:; 7. Lc4—f7‡ versuchen, Schwarz würde aber durch 6. d7—d5; 7. Lc4—d5:, Lc8—g4 verhindern, dass die Linie f für den Thurm der Weissen frei wird.

Erste Vertheidigung.

(1. Angriff.)

6. . . . . Dd8—e7

Wir werden später Dd8—f6! in der Absicht thun lassen, die Vereinigung der feindlichen Mittelbauern zu hindern.

7. d2—d4. Am besten mag 7. Df3—f4:, De7—c5†; 8. Kg1—h1, Dc5—c4:; 9. Df4—e5†, Dc4—e6; 10. De5—h8:, De6—g6; 11. Dh8—e5†, Ke8—d8; 12. De5—f4, Sg8—h6; 13. d2—d4 oder 8. d2—d4, Dc5—d4‡; 9. Lc1—e3, Dd4—c4:; 10. Df4—e5† sein.

7. . . . . Sb8—c6

Wäre f4 durch Lf8—h6 gedeckt worden, so würde Lc1—f4 dennoch nehmen. 7. d7—d6 betrachtet der Anhang.

8. Df3—f4: Lf8—h6

Unrichtig wäre Sc6—d4:; 9. Lc4—f7‡, Ke8—d8; 10. Sb1—c3, Sg8—h6; 11. Df4—f2, c7—c5; 12. Sc3—d5, De7—f7:; 13. Lc1—g5†, Lf8—e7; 14. Df2—h4 und gewinnt.

9. Lc4—f7‡. Bei 9. Df4—c7:, Lh6—c1:; 10. Lc4—f7‡, De7—f7: erlangte Schwarz eine entscheidende Uebermacht.

9. . . . . Ke8—d8

10. Df4—f2. Ungünstig für Weiss ist auch 10. Df4—g3, Lh6—c1:; 11. Dg3—g7, Lc1—e3†—d4:

10. . . . . Lh6—c1:
11. Tf1—c1: De7—f6
12. Lf7—g8: Df6—f2‡
13. Kg1—f2: Th8—g8:

und Schwarz ist im Vortheil.

Anhang zur ersten Vertheidigung. (1. Angriff.)

Schwarz.

Weiss.

7. . . . . d7—d6

Schon einen Zug früher konnte d7—d6 geschehen und veranlasste dann ungefähr dasselbe Spiel. Wäre aber 6. d7—d5; 7. Lc4—d5:, c7—c6 gezogen worden, so konnte mit Vortheil 8. Ld5—f7‡ nehmen. Auch schon im 5. Zuge konnte d7—d5 geschehen, es würde dann aber am besten e4—d5: genommen haben. Weiss wird nachher d2—d3 thun, f4 dabei gewinnen und, je nachdem sich Schwarz vertheidigt, f7 oder c7 mit überlegener Macht angreifen. Der Gewinn von drei Bauern scheint dabei sicher zu sein.

8.	Lc1—f4:	Lc8—e6:
9.	d4—d5	Le6—d7
10.	e4—e5	d6—e5:
11.	Lf4—e5:	f7—f6
12.	Le5—d4	mit gutem

Spiele.

Zweite Vertheidigung.

(1. Angriff.)

Schwarz.

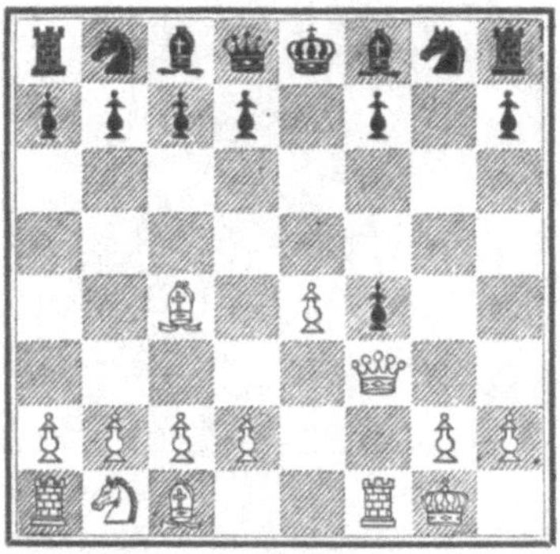

Weiss.

6. . . . . Lf8—h6

Hiermit hindert Schwarz die Vereinigung der Mittelbauern nicht und gestattet desshalb dem Bauern e4 später gedeckt vorzudringen, wodurch Schwarz, zumal wenn der weisse Springer über c3 oder d2 nach e4 gelangt, in seiner Entwickelung beträchtlich aufgehalten wird.

7. d2—d4 Dd8—f6

Ginge die Dame nach h4, so folgte 8. Sb1—c3, Sg8—e7; 9. g2—g3, f4—g3:; 10. h2—g3:, Dh4—h3; 11. Tf1—f2, d7—d5; 12. Sc3—d5:, Se7—d5:; 13. Lc4—d5:, Lc8—g4; 14. Df3—f7‡, Ke8—d8; 15. Df7—f6†, Ke8—e7; 16. Lc1—h6: u. s. w.

8. e4—e5 Df6—f5

Ginge die Dame nach b6, so nöthigte sie zwar zu dem Zuge c2—c3, welcher den Springer b1 von c3 ausschliesst, sie entfernte sich aber auch von der Seite des Königs, auf welcher später der Angriff unwiderstehlich werden möchte.

9.	Sb1—c3	Sg8—e7
10.	Sc3—e4	Lh6—g7
11.	Lc4—d3	Df5—e6
12.	Lc1—f4:	Se7—g6
13.	Se4—g5	De6—e7
14.	Lf4—e3	0—0

Die Rochade nach der Königsseite ist in diesem Gambit oft bedenklichen Angriffen ausgesetzt. Das Fehlen des Bauern g7 macht die Deckung des Königs noch schwieriger, als wenn dieser Bauer nach g6 gezogen wäre und dadurch eine, bereits S. 190 als gewöhnlich minder günstig bezeichnete Stellung veranlasst hätte.

15.	Df3—h5	h7—h6
16.	Sg5—f7:	Tf8—f7:
17.	Dh5—g6:	De7—e6
18.	Dg6—h7†	Kg8—f8
19.	Ld3—g6	Tf7—f1‡
20.	Ta1—f1‡	Kf8—e7
21.	Dh7—g7‡ u. s. w.	

Dritte Vertheidigung.

(1. Angriff.)

[S. das vorige Diagramm.]

6. . . . . Dd8—f6!,

um womöglich, wenn f4 genommen wird, die Dame zu tauschen. Diese Vertheidigung ist wirksamer als die früheren, obwohl auch bei ihr besondere Uebelstände nach dem Zuge e4—e5 hervortreten. Den Königsbauern wird nämlich Weiss sogleich ebenfalls preisgeben, um die feindliche Dame noch ungünstiger zu stellen und eine offene Linie zum Angriff gegen den König zu gewinnen, oder, falls der Bauer nicht genommen würde, die Möglichkeit zur Vereinigung der Mittelbauern zu erlangen. Schwarz kann indess alle Schwierigkeiten überwinden.

7. e4—e5

Weiss unterliegt zwar zu dem Ende, giebt aber den Angriff noch lange nicht aus der Hand, wenn er nur auf Bauerngewinn spielt und den Damentausch nicht scheut: 7. d2—d3, Lf8—h6; 8. Lc1—f4:, Lh6—f4:; 9. Df3—f4:, Df6—f4:; 10. Tf1—f4:. Schwarz muss hiernach noch sehr vorsichtig spielen. 7. c2—c3, Sb8—c6 wäre günstig für Schwarz.

7. . . . . Df6—e5:

8. d2—d3. Ein anderer Angriff, 8. b2—b3, bei welchem wir dahin gestellt sein lassen, ob der Thurm a1 mit Vortheil genommen werden kann, ist schon wegen folgender Variante nicht rathsam: 8. b2—b3, Sb8—c6; 9. Sb1—c3, Sc6—d4; 10. Df3—f2, Lf8—c5; 11. Kg1—h1, Sd4—e6 etc.

Erste Spielart.

(3. Vertheidigung. 1. Angriff.)

8. . . . . Lf8—c5†?

Der Laufer musste nach h6 zur Deckung des Bauern f4 gezogen werden.

9. Kg1—h1 d7—d6

oder Lc5—e3, s. den Anhang.

10. Lc1—f4: De5—f6

11. Sb1—c3 und hat alle Officiere thätig gemacht, während Schwarz sehr behindert ist.

Anhang zur ersten Spielart.

(3. Vertheidigung. 1. Angriff.)

[S. das vorige Diagramm.]

6.	. . . .	(Dd8—f6)
7.	(e4—e5)	(Df6—e5:)
8.	(d2—d3)	(Lf8—c5†)
9.	(Kg1—h1)	Lc5—e3
10.	Lc1—e3:	De5—e3:
11.	Df3—h5	De3—e7
12.	Sb1—c3	Sg8—f6
13.	Dh5—h6	d7—d6
14.	Dh6—f4:	Sf6—g4
15.	Sc3—d5	De7—d7
16.	Ta1—e1†	Ke8—d8
17.	Te1—e7	Dd7—a4
18.	Te7—c7: u. s. w.	

Zweite Spielart.

(3. Vertheidigung. 1. Angriff.)

Schwarz.

Weiss.

8. .... Lf8—h6!

9. Lc1—d2. Hier könnte auch 9. Sb1—c3 geschehen.

9. .... Sg8—e7

10. Sb1—c3. Ld2—c3 würde De5—c5† und Th8—g8 veranlasst haben, wodurch Schwarz zum Angriff gegen die weisse Rochade gelangt wäre. Jetzt hingegen bleibt Schwarz allein auf die Vertheidigung beschränkt, während Weiss alle Officiere thätig gemacht hat.

Erstes Gegenspiel.

(2. Spielart. 3. Verth. 1. Angriff.)

10. .... 0—0

Die Rochade ist bedenklich.

11. Ta1—e1 De5—c5†

12. Kg1—h1 Se7—g6

d7—d5 würde durch Lc4—d5: genommen werden, ohne dass Schwarz seine Stellung wesentlich verbessert hätte. Sb8—c6 wird im Anhange betrachtet werden.

13. Sc3—e4 Dc5—b6

Dc5—f5 hätte g2—g4 zur Folge gehabt.

14. Df3—h5 Lh6—g7

15. Se4—g5 h7—h6

16. Sg5—f7: Tf8—f7:

17. Te1—e8† Kg8—h7

18. Lc4—f7: Sb8—a6

19. Lf7—g8† Kh7—h8

20. Ld2—c3 Sg6—f8

21. Te8—f8: u. s. w.

Anhang zum ersten Gegenspiel.

(2. Spielart. 3. Verth. 1. Angriff.)

Schwarz.

Weiss.

12. .... Sb8—c6

Gegen c7—c6 gewänne 13. Sc3—e4, Dc5—f5; 14. g2—g4, Df5—g6; 15. g4—g5.

13. Ld2—f4: Lh6—g7

14. Lf4—e3 Sc6—d4

15. Lc4—f7‡ Kg8—h8

16. Le3—d4: Lg7—d4:

17. Df3—e4 Se7—c6

18. Tf1—f5 Sc6—e5

19. Te1—f1 d7—d5

20. De4—h4 Se5—f7:

21. Tf5—f7: Tf8—f7:
22. Tf1—f7: Lc8—f5
23. Tf7—f5: Ld4—c3:
24. b2—c3: Dc5—c3:

und die Spiele sind gleich stark.

Zweites Gegenspiel.
(2. Spielart. 3. Verth. 1. Angriff.)

Schwarz.

Weiss.

10. .... c7—c6

Schwächer als Sb8—c6.

11. Ta1—e1 De5—c5†
12. Kg1—h1 d7—d5
13. Df3—h5 Dc5—d6
14. Lc4—d5: c6—d5:

Im Anhang wird der Laufer nicht genommen werden.

15. Sc3—d5: Sb8—c6

Wenn Weiss jetzt Te1—e7‡ nimmt, so schlägt Sc6—e7: und auf 17. Tf1—e1 folgt dann mit Vortheil die Rochade oder Lc8—g4; 18. Dh5—h4, Lg4—e6; 19. Ld2—b4, Se7—f5 u. s. w.

16. Ld2—c3! Lc8—d7

Letzterer Zug kann auffallend erscheinen, aber Schwarz erreicht, wenn er den Thurm wegzieht, höchstens Remis: 16...., Th8—f8; 17. Lc3—f6, Lc8—g4!; 18. Dh5—g4:!, Dd6—d5:; 19. Te1—e7‡, Sc6—e7:; 20. Tf1—e1, Dd5—e6 (es giebt nichts Besseres); 21. Te1—e6:, f7—e6:; 22. Dg4—h5†, Tf8—f7; 23. Lf6—e7:, Ke8—e7:; 24. Dh5—h6:. Auch 16...., Dd6—g6 wäre nur gut, wenn Weiss dem Damentausch auswiche und 17. Te1—e7‡ spielte; 17. Dh5—g6: gliche die Partie aus.

17. Lc3—h8: 0—0—0
18. Sd5—e7‡ Sc6—e7:
19. Dh5—f7: Td8—h8
20. Te1—e7: ....

Die Kräfte beider Parteien sind gleich, es entsteht aber die Frage, ob Schwarz wegen des Bauern f4, in seiner Verbindung mit beiden Läufern, nicht einen überwiegenden Vortheil bei dem Angriff auf die Rochade erreichen kann. Wir führen desshalb das Spiel aus der folgenden Stellung noch etwas weiter:

Schwarz.

Weiss.

20. .... Ld7—c6,
oder Th8—f8, um dem Damentausch auszuweichen. Es kommt Weiss aber dabei mit 21. Df7—h7:, Ld7—c6; 22. Te7—f7, Dd6—d5; 23. Tf7—f8‡, Lh6—f8:; 24. Dh7—h3†, wegen des Uebergewichts seiner Bauern in Vortheil.

21. Df7—e6† Dd6—e6:
22. Te7—e6: Lh6—g5
23. h2—h4 Lg5—h4:
24. Tf1—f4: Lh4—g3
25. Tf4—g4 Lc6—d7
26. Tg4—c4† Kc8—d8
27. Te6—e3 Th8—g8
28. d3—d4 mit gleichem Spiel.

Weiss braucht den Abtausch eines Thurmes nicht zu fürchten, denn es liegt für ihn eine Aussicht, das Spiel unentschieden zu halten, auch noch darin, dass er, wenn dem Gegner allein ein Eckbauer geblieben ist, den letzten Thurm für einen Laufer hingeben kann. Ein Eckbauer gewinnt mit einem Laufer nur dann, wenn dieser den feindlichen König vom letzten Felde verdrängen kann.

Anhang zum 2. Gegenspiel.
(2. Spielart. 3. Verth. 1. Angriff.)

Wir haben auf den Anhang für den Fall verwiesen, dass Schwarz das Opfer des zweiten Officiers nicht annimmt. Er kann dann rochiren und das Spiel unentschieden machen. 14. Dd6—g6 zieht hingegen den Verlust seiner Partie nach sich.

Nr. 1.

Schwarz.

Weiss.

14. .... 0—0
15. Te1—e7: c6—d5:

Auf Dd6—e7: würde 16. Dh5—h6:, c6—d5:; 17. Sc3—d5: gewinnen.

16. Sc3—d5: Sb8—c6
17. Ld2—f4:. Minder gut ist Ld2—c3, weil f7—f5 darauf das schwarze Spiel befreit.

17. .... Lh6—f4:
18. Tf1—f4: Dd6—f4:

Schwarz könnte auch, jedoch nicht mit besserem Erfolge, den Thurm e7 nehmen.

19. Sd5—f4: Sc6—e7:
20. Dh5—g5† Se7—g6
21. Sf4—h5 f7—f5
22. Sh5—f4 Kg8—f7
23. Sf4—h5 Kf7—h7

etc. Vielleicht wäre 22. Sh5—f6† stärker, denn würde dieser Springer genommen, so käme die Dame nach f6 und könnte in Verbindung mit dem heranrückenden Bauern h2 eine drohende Stellung gewinnen.

Nr. 2. (Anhang.)
[S. das vorige Diagramm.]

14. .... Dd6—g6?
15. Te1—e7‡! Ke8—e7:
16. Dh5—e5† Lc8—e6

Ginge der König nach d8, so gewänne Weiss durch 17. Tf1—e1.

17. Ld5—e6: Sb8—d7

Die Folge von f7—e6: ist wenigstens der Verlust des Thurmes h8 und des Bauern f4.

18. Sc3—d5† c6—d5:
19. Ld2—b4† Ke7—e8
20. De5—h8‡ Sd7—f8
21. Lb4—f8: und gewinnt.

Drittes Gegenspiel.
(2. Spielart. 3. Verth. 1. Angriff.)
[S. das Diagramm auf S. 263 1. Spalte.]

10. ..... Sb8—c6
12. Ta1—e1 De5—c5†

Das Schach ist sehr natürlich, aber nicht vortheilhaft. Schwarz sollte De5—f5 thun und behielte dann das bessere Spiel, wie im Anhang gezeigt wird.

12. Kg1—h1 Sc6—d4
13. Df3—h3. Weiss kann auch sehr wohl 13. Te1—e7‡ thun.

13. .... Lh6—g5

oder d7—d5; 14. Dh3—h6:, d5—c4:; 15. Sc3—e4, Sd4—f5; 16. Dh6—f6, Dc5—d4; 17. g2—g4 und ist im Vortheil.

14. Dh3—h5 Dc5—f5

Die Combination 14. Sd4—e6 wäre weniger complicirt: 15. Sc3—e4, Dc5—f5; 16. Lc4—e6:, d7—e6:; 17. Se4—g5: u. s. w.

15. Sc3—e4 h7—h6
16. Ld2—c3 Sd4—c2:
17. Se4—f6† Ke8—d8
18. Dh5—f7: Sc2—e1:
19 Tf1—e1: Df5—c5
20. b2—b4 Dc5—d6
21. Sf6—e4 Dd6—g6
22. Se4—g5: und gewinnt.

Diese Variante bildet eines der elegantesten Beispiele, in denen der Sieg durch die Manöver der Officiere erfochten wird.

Anhang zum 3. Gegenspiel.
(2. Spielart. 3. Verth. 1. Angriff.)

Schwarz.

Weiss.

11. .... De5—f5!
Weiss kann die Dame zu verdrängen suchen, 12. g2—g4, Th8—g8; 13. h2—h3, d7—d6 gewährt aber kein für ihn günstiges Resultat. Demnächst kommt 12. Sc3—d5 und 13. Ld2—c3 in Frage, so wie endlich der Versuch den Angriff unmittelbar durch 12. Te1—e4 gegen den Bauern f4 in der Absicht zu richten, so viele Bauern als möglich für den geopferten Officier zu erlangen.

12. Sc3—d5 Ke8—d8
13. Ld2—c3 Th8—g8?
Hiermit erlangt Schwarz nur Remis, während Th8—e8, (13. Lc3—f6, Lh6—g5); 15. Sd5—f6, Te8—f8; 15. g2—g4, Df5—g6; 16. h2—h4, d7—d5; 17. Lc4—d5:, Lc8—g4:; (18. Sf6—g4:, Tf8—g8; 19. Ld5—c6:, b7—c6:; 20. Kg1—h2, Dg6—g4:; 21. Df3—g4:, Tg8—g4: u. s. w.) 18. Df3—g4:, Dg6—g4†; 19. Sf6—g4:, Tf8—g8; 20. Ld5—f3, f7—f5; 21. Lc3—f6, Kd8—d7; 22. d3—d4, f5—g4: u. s. w. für ihn vortheilhaft wäre.

14. Te1—e7: Sc6—e7:
15. Lc3—f6 Tg8—e8
oder Lh6—g5; 16. Sd5—e7:, Df5—f6:; 17. Se7—g8:, Df6—g7; 18. h2—h4, Lg5—h4:; 19. Df3—f4: u. s. w.

16. g2—g4 Df5—g6
17. Df3—e2 Lh6—f8
Auf Lh6—g5 geschähe 18. De2-e5.

18. g4—g5 d7—d6
19. Sd5—f4: Dg6—f5
20. h2—h3 h7—h6
21. Lc4—f7: h6—g5:
22. Sf4—g6 Df5—h3:
23. Sg6—f8 Dh3—g3†
24. Kg1—h1 Dg3—h3†
und macht remis durch immerwährendes Schach, da Weiss nicht zwischensetzen wird.

Es bleibt jetzt noch die letzte Spielweise, 12. Te1—e4, zu der wir hier die Stellung angeben, zu erörtern übrig.

Schwarz.

Weiss.

12. Te1—e4 0—0!
Gewöhnlich ist die Rochade bedenklich in ähnlicher Lage, hier erweist sie sich aber als für Schwarz vortheilhaft.

13. Ld2—f4: Lh6—g7!
14. Df3—e2 d7—d5
15. Lf4—c7: Df5—g5
Auch 15. Lf4—e5 ergiebt auf die Dauer keinen genügenden Angriff.

16. h2—h4. Auf 16. Lc7—f4

erzwänge Schwarz mit Dg5—g4 den Damentausch. Indem Weiss veranlasst wird, 16. h2—h4 zu thun, verliert die Combination Tf1—f3—g3 ihren wesentlichsten Stützpunkt.

16. . . . . Dg5—g6
17. Sc3—d5: Se7—d5:
18. Lc4—d5: Lc8—f5
19. Te4—f4 Lf5—e6
20. Ld5—e6: f7—e6:
21. Tf4—e4, oder 21. Tf4—g4, Tf8—f1‡; 22. Kg1—f1:, Ta8—f8†; 23. Kf1—g1, Sc6—d4; 24. De2—d1, Dg6—f6; 25. Tg4—f4, Df6—e7 u. s. w.

21. . . . . Tf8—f1‡
22. Kg1—f1: Ta8—f8†
23. Kf1—g1 Sc6—d4
24. De2—d1 Tf8—c8
25. c2—c3 Tc8—c7:
26. c3—d4: Dg6—g3

und Schwarz wird gewinnen.

Zweiter Angriff.

1. (e2—e4) (e7—e5)
2. (f2—f4) (e5—f4:)
3. (Sg1—f3) (g7—g5)
4. (Lf1—c4) (g5—g4)
5. d2—d4 g4—f3:
6. Dd1—f3: d7—d5

Dieser Zug bildet hier die richtige Vertheidigung, mit welcher Schw. im Vortheil bleibt.

7. Lc4—d5: Sg8—f6

Die Veränderung betrachtet den Zug c7—c6, welcher aber etwas weniger gut ist.

8. 0—0 c7—c6
9. Ld5—f7‡ Ke8—f7:
10. Lc1—f4: Lf8—e7

Indem Schwarz später einen Officier aufgiebt, kann er sicher mit dem Könige in die Ecke gelangen.

Veränderung. (2. Angriff.)

Schwarz.

Weiss.

7. c7—c6

Erstes Gegenspiel.
(Veränderung. 2. Angriff.)

8. Ld5—b3. Es wäre nicht rathsam, f7 zu nehmen, wie das zweite Gegenspiel zeigt.

8. . . . . Dd8—d4:

Auf Lc8—e6 würde d4—d5 vorgehen.

9. Lc1—f4: Sg8—f6

Auf 10. Dd4—b2: folgt Df3—h5. 10. Lc8—e6 ist nicht gut, weil Weiss nach dem Abtausche der Läufer auf h5 Schach geben und Sb1—c3 ziehen wird.

10. Sb1—d2 Lc8—g4

11. Df3—g3 Sf6—e4:
12. Sd2—e4:. Fehlerhaft wäre 12. Dg3—g4:, wegen Dd4—f2† und Df2—d2‡.
12. .... Dd4—e4‡
13. Ke1—d2 De4—e2†
14. Kd2—c1 und befindet sich im Vortheil.

Zweites Gegenspiel.
(Veränderung. 2. Angriff.)

[S. das vorige Diagramm mit Hinzufügung von 7. c7—c6.]
8. Ld5—f7‡ Ke8—f7:
9. Lc1—f4:. Wenn der König rochirt, wird d4 genommen und auf Lc1—e3 zieht sich die Dame nach f6 zurück.
9. .... Sg8—f6
10. c2—c3, oder 10. e4—e5, Dd8—d4:; 11. e5—f6:, Lf8—b4†; 12. Ke1—f1, Dd4—c4†; 13. Kf1—f2, Lb4—c5† u. s. w.
10. .... Lc8—g4
11. Df3—g3. Geht die Dame nach e3, so folgt Lf8—g7 und Th8—e8.
11. .... Th8—g8
12. Dg3—h4 Tg8—g6
13. e4—e5 Kf7—g8
14. Lf4—g5 Lf8—e7
15. 0—0 Sf6—d5 etc.

Dritter Angriff.

1. (e2—e4) (e7—e5)
2. (f2—f4) (e5—f4:)
3. (Sg1—f3) (g7—g5)
4. (Lf1—c4) (g5—g4)
5. Sb1—c3 g4—f3:
6. Dd1—f3: d7—d5

Dieser Gegenzug mag der beste sein; es würde jedoch auch d7—d6 eine sichere Vertheidigung gewähren. Dd8—f6, oder wie der Anhang zeigt, Sb8—c6 wäre aber nicht gut.

7. Lc4—d5: c7—c6
8. Ld5—b3 Lc8—e6
9. Lb3—e6: f7—e6:
10. Df3—h5† Ke8—d7

Das Damenschach ist hier der übliche Zug; sogleich 10. d2—d4 scheint aber bessere Chancen für den Angriff zu gewähren.

11. d2—d4 Dd8—f6
12. 0—0 Df6—g6
13. Dh5—a5 Sb8—a6
14. Lc1—f4: Lf8—b4
15. Da5—a4 Sg8—e7

und Schwarz bleibt im Vortheil.

Anhang zum dritten Angriff.

Schwarz.

Weiss.

6. .... Sb8—c6
7. d2—d4 Sc6—d4:

8.	Lc4—f7‡	Ke8—f7:
9.	Df3—h5†	Kf7—g7
10.	0—0	Sd4—e6
11.	Lc1—f4:	Lf8—c5†
12.	Kg1—h1	Sg8—f6
13.	Lf4—h6†	Kg7—g8
14.	Dh5—h4	Lc5—e7
15.	e4—e5	Sf6—e8
16.	Dh4—f2 und gewinnt.	

Das abgelehnte Königsgambit.

Elftes Spiel.

Nachdem wir auf den vorhergehenden Blättern die Vertheidigung des Springergambits meistens zum Vortheil für den zweiten Spieler ausgeführt, und im Gambit des Laufers das Spiel ausgeglichen haben, kann es überflüssig erscheinen, jetzt noch Züge anzugeben, mit welchen man der Annahme des Gambits ausweicht. Die Eigenthümlichkeiten mancher, und zuweilen sehr guter Spieler gestatten ihnen indess nicht immer, mit vollkommener Ruhe in alle Einzelnheiten der Vertheidigung einzugehen und sich lange, wie namentlich im Springergambit, fast allein darauf zu beschränken, die Pläne des Gegners zu vereiteln, ohne selbst angreifend hervorzutreten. Es ist ihnen Bedürfniss, der bedrängten Stellung zu entgehen, und sie sind aus diesem Grunde bereit, auf den Gewinn des Bauern durch Ablehnen des Gambits zu verzichten. Diese Nichtannahme hat jedoch auch einige Bedenken, da Weiss nun, falls nicht Schwarz selbst ein Opfer bringt, wenigstens seinen Bauern f4 gegen den feindlichen Königsbauern umtauschen kann, was wir im Allgemeinen als einen Vortheil anerkannt haben. Die Spiele lassen sich dessenungeachtet aber gleich stellen.

1.	e2—e4	e7—e5
2.	f2—f4	....

Erste Vertheidigung.

2.	....	d7—d5

Ginge dieser Bauer nur einen Schritt, so folgte Sg1—f3 oder Lf1—c4 und das Gambit könnte noch später, jedoch nicht mehr mit Vortheil angenommen werden.

3. e4—d5:. Hier wäre zu bemerken, dass auch 3. Sg1—f3, d5—e4:; 4. Sf3—e5:, Lc8—e6 (unrichtig wäre Lf8—c5; 5. Dd1

—h5, g7—g6; 6. Se5—g6:, Lc5—f2†; 7. Ke1—e2! u. s. w.); 5. d2—d4, e4—d3:!; 6. Lf1—d3:, Lf8—c5 zu einem für beide Theile gleichen Spiele führt.

3. .... e5—f4:

Hier konnte, jedoch etwas weniger gut, die Dame d8—d5: nehmen, worauf Dd1—e2 oder Sb1—c3 folgte. Weiss erlangte eine etwas freiere Stellung, welche indess die Vertheidigung noch nicht ausschlösse. Eine andere Spielart konnte aber durch 3. e5—e4 herbeigeführt werden. Es bildet dieser Zug eine Art Gegengambit, die näher betrachtet zu werden verdient. Wir analysiren dieselbe im Anhang.

4. Sg1—f3 Lf8—d6

In dieser Position wird Weiss den Bauern f4 nicht gewinnen können, aber auch d5 behaupten. Wir erklären das Spiel für gleich, wollen jedoch Dd8—d5: statt des letzten Zuges näher betrachten.

4. .... Dd8—d5:
5. Sb1—c3 Dd5—e6†

6. Ke1—f2, um den Thurm h1 bald nach e1 gegen die feindliche Dame benutzen zu können, wie wir eine ähnliche Combination bereits S. 102 andeuteten.

6. .... Lc8—d7
7. d2—d4 Lf8—d6
8. Lf1—d3 Sg8—e7
9. Sc3—e4 f7—f6
10. Th1—e1 De6—f7
11. Se4—d6‡ c7—d6:
12. Lc1—f4: mit besserem Spiel.

Anhang zur 1. Vertheidigung.

1. (e2—e4) (e7—e5)
2. (f2—f4) (d7—d5)
3. (e4—d5:) e5—e4

Erste Fortsetzung.
(Anhang.)

4. Lf1—b5†. Wollte Weiss den gewonnenen Bauern aufgeben, so böte sich ihm folgende, das Spiel ausgleichende Variante dar: 4. c2—c4, c7—c6; (Lf8—c5 hätte 5. b2—b4, und Sg8—f6 5. d2—d4 zur Folge); 5. d2—d4, c6—d5:; 6. Sb1—c3 etc. Der einfachste Zug ist 4. d2—d3.

4. .... c7—c6
5. d5—c6: b7—c6:

Besser wäre Sb8—c6:, worauf z. B. folgen konnte: 6. Lb5—c6‡, b7—c6:; 7. d2—d4, Lc8—a6; 8. Sb1—c3, Lf8—b4; 9. Sg1—e2, Sg8—f6; 10. 0—0, 0—0; 11. a2—a3, Lb4—c3:; 12. b2—c3:, c6—c5 und Schwarz steht gut.

6. Lb5—c4 Sg8—f6
7. d2—d4 Sb8—d7
8. Sg1—e2 Sd7—b6
9. Lc4—b3 Lc8—a6
10. Sb1—c3 Lf8—b4
11. 0—0 Lb4—c3:

12. b2—c3: Sf6—d5
13. Tf1—e1 f7—f5
14. g2—g4 und ist im Vortheil.

Zweite Fortsetzung.
(Anhang.)

1. (e2—e4) (e7—e5)
2. (f2—f4) (d7—d5)
3. (e4—d5:) (e5—e4)
4. d2—d3 Dd8—d5:

Unter A betrachten wir Lc8—f5. Auf Sg8—f6 würde 5. d3—e4:, Sf6—e4:; 6. Lc1—e3 folgen.

5. Sb1—c3 Lf8—b4
6. Dd1—d2. Bei 6. Lc1—d2, Lb4—c3:; 7. Ld2—c3:, f7—f6; 8. d3—e4:, Dd5—e4†; 9. Dd1—e2 gleicht sich das Spiel schnell aus.

6. .... Dd5—e6
7. d3—e4: Lb4—c3:
8. Dd2—c3: De6—e4†
9. Ke1—f2 Sg8—f6
10. Lf1—d3 De4—c6
11. Dc3—c6: Sb8—c6:
12. Sg1—f3 mit gleichem Spiel.

A. (2. Fortsetzung. Anhang.)

1. (e2—e4) (e7—e5)
2. (f2—f4) (d7—d5)
3. (e4—d5:) (e5—e4)
4. (d2—d3) Lc8—f5
5. Dd1—e2 Sg8—f6

Bei Dd8—e7 folgt 6. g2—g4, De7—h4†; 7. Ke1—d2 zum Vortheil für Weiss.

6. d3—e4: Sf6—e4:
7. Sb1—c3 Dd8—e7
8. Sc3—d1 und hat das stärkere Spiel.

Zweite Vertheidigung.

1. (e2—e4) (e7—e5)
2. (f2—f4) Lf8—c5

Diese Vertheidigung ist interessant, da sie Weiss an der Rochade nach f1 für den Augenblick hindert.

3. Sg1—f3 d7—d6

Unrichtig wäre d7—d5, wegen 4. Sf3—e5:, (d5—e4:; 5. Dd1—h5, Dd8—e7; 6. Se5—f7:, g7—g6; 7. Dh5—e5), Sg8—f6; 5. d2—d4, Lc5—b6; 6. e4—d5:, Dd8—d5:; 7. Lc1—e3, Sb8—c6; 8. c2—c3 u. s. w. Nicht zu empfehlen ist ferner 3. Sb8—c6.

4. c2—c3, um die Bauern in der Mitte vorrücken zu können. 4. Lf1—c4 hätte uns auf eine Variante das Gambit Lopez geführt (s. S. 91) und 4. Sb1—c3 brächte uns zur Wiener Partie. Am heftigsten, aber wohl nicht ganz sicher, könnte Weiss den Angriff mit 4. b2—b4 fortsetzen.

Erstes Gegenspiel.

4. .... Lc8—g4
5. Lf1—e2 Lg4—f3:
6. Le2—f3: Sb8—c6
7. b2—b4 Lc5—b6

8. b4—b5 Sc6—e7
9. d2—d4 a7—a6
10. b5—a6: Ta8—a6:
11. 0—0 Se7—c6
12. Lc1—b2 e5—f4:
13. Lf3—e2 und hat den Vortheil, die Mitte mit seinen Bauern zu behaupten.

Zweites Gegenspiel.

Schwarz.

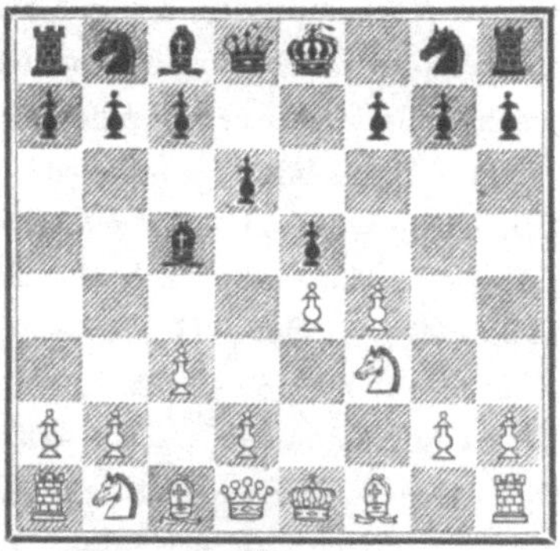

Weiss.

4. .... f7—f5
5. e4—f5:! Lc8—f5:
6. f4—e5: d6—e5:
7. Dd1—e2 e5—e4
8. d2—d4 Lc5—e7
9. Sf3—e5 c7—c6
10. g2—g3 Le7—d6
11. Lc1—f4 Sg8—f6
12. Lf1—g2 ....

Schwarz ist wegen des vereinzelten Bauern e4 im Nachtheil.

Drittes Gegenspiel.

4. .... Sg8—f6
5. d2—d4 e5—d4:
6. c3—d4: Lc5—b6

Ebenso wie Sg8—f6 würde Dd8—e7 das Vorrücken des Bauern d2—d4 nicht verhindert haben. Zwischen beiden Spielarten wäre aber der Unterschied, dass auf 6. Lc5—b4† bei der letzteren nicht Lc1—d2, sondern Ke1—f2 geschehen müsste.

Die Deckung der drei vereinigten Bauern hat, da der König noch nicht in Sicherheit gebracht ist, ihre Schwierigkeiten. Nur durch Vorrücken des Bauern e4 im geeigneten Momente wird es überhaupt möglich sein, die Sprengung der Mitte zu verhindern.

7. Lf1—d3 0—0
8. Sb1—c3 Sb8—c6
9. Lc1—e3 Sf6—g4
10. Le3—g1. In diesem Rückzuge liegt kein Nachtheil, weil später h2—h3 den Springer zurückdrängen und den Laufer wieder frei machen kann. Wäre 9. Lc8—g4 geschehen, so musste Ld3—c2 darauf folgen.

10. .... f7—f5
11. Ld3—c4† Kg8—h8

Nun müsste 12. e4—e5 geschehen. d6—e5:; 13. d4—e5:, Dd8—d1‡; 14. Sc3—d1: würde sich daraus ergeben, aber für Weiss nicht nachtheilig sein. Der Plan hingegen, den wir sogleich verfolgen wollen, ist nicht zu empfehlen, obschon ein Thurm gegen einen Springer und Bauern dabei erobert wird. Er löst das Centrum auf und stellt den weissen König dem Angriffe der feindlichen Figuren zu sehr bloss.

12. Sf3—g5 f5—e4:

13. Sg5—f7† Tf8—f7:

Weiss zog nicht 13. h2—h3, weil Tf8—f4: darauffolgte. Der Thurm nahm den Springer f7, weil die Dame zugleich angegriffen war, stände aber auf c4 oder b3 die weisse Dame, so müsste jedenfalls Tf8—f7: geschehen, weil bei Kh8—g8 sonst Sf7—h6†, Db3—g8† nebst Sh6—f7† zum erstickten Mat führen würde, für welches wir die Stellung angeben.

[S. das nächste Diagramm.]

14. Lc4—f7: e4—e3

Dieser Bauer, welchen Schwarz genügend decken kann, entscheidet das Spiel, weil er den Laufer g1 und den Thurm eingeschlossen hält.

15.	Sc3—e2	Dd8—f6
16.	Lf7—d5	Sc6—b4
17.	Ld5—f3	Lc8—f5
18.	Ke1—f1	Df6—g6

Matstellung.

Schwarz.

Weiss.

19.	h2—h3	Sg4—f6
20.	a2—a3	Sb4—d5
21.	Lf3—d5:	Sf6—d5:
22.	Dd1—b3	c7—c6
23.	g2—g3	Lf5—d3
24.	Th1—h2	Dg6—e4
25.	Kf1—e1	Lb6—a5†
26.	Ke1—d1	b7—b5
27.	Ta1—c1	Ld3—c4
28.	Tc1—c4:	b5—c4:
29.	Db3—c4:	La5—d2

Schwarz muss wegen des Bauern e3 gewinnen.

Spiel-Endungen.

Bei Spielern von ziemlich gleicher Stärke sind die Partien nicht selten, in denen die Entscheidung erst nach dem Abtausch fast aller Stücke durch ein kleines, auf der einen Seite vorhandenes Uebergewicht herbeigeführt oder, trotz desselben, durch geschicktes Gegenspiel des Gegners unmöglich gemacht wird. Die hauptsächlichsten dieser Endspiele wollen wir zusammenstellen, da ihre Kenntniss nicht allein nothwendig ist, um das Spiel in den sich darbietenden Fällen zum Schluss zu führen, sondern weil man schon im Laufe der Partie auf das möglicherweise eintretende Endspiel Rücksicht nehmen und die günstigste Stellung für dasselbe zu erlangen suchen muss. Alle denkbaren Endungen lassen sich zwar ebenso wenig wie alle Anfänge vollständig aufzeichnen, aber die am häufigsten sich darbietenden Spiele genügen, um einen Anhalt für die in der Analyse fehlenden zu gewähren.

Zunächst treten die Spiele hervor, in denen der eine König allein gegen König und Officiere übrig ist. Um das Mat in solchem Falle zu erzwingen, genügt das Vorhandensein eines Laufers und selbst beider Springer, da diese nur Pat erlangen können, nicht. Die Dame oder der Thurm, beide Läufer, sowie Laufer und Springer vereinigt sind aber hinreichend. Die Ausführung für die beiden letzten schwierigen Fälle folgt unten.

Nachdem wir untersucht haben, wie der einzelne König mat zu setzen sei, gehen wir zu Endspielen über, in denen auf beiden Seiten Officiere sich befinden und zuletzt betrachten wir die Combinationen der Bauern.

I. Die beiden Läufer gewinnen gegen den einzelnen König.

Schwarz.

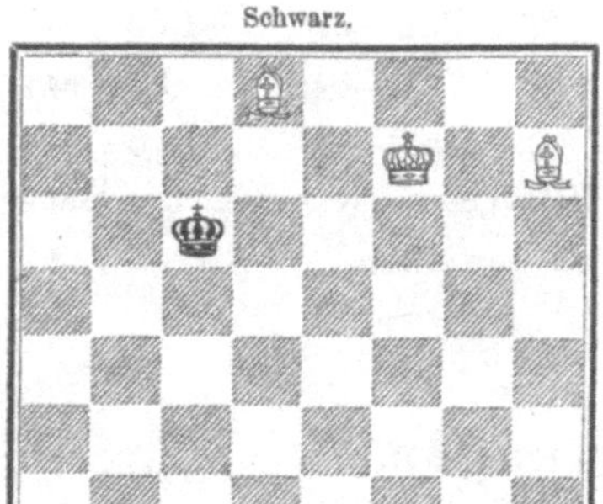

Weiss.

Das Mat kann nur erfolgen, wenn der König in eine Ecke getrieben ist. Das Nebeneinanderstellen beider Läufer ist geeignet, dem Könige Reihen von Feldern abzuschneiden.

1. . . . . Kc6—d5
2. Ld8—f6 Kd5—d6
3. Lh7—e4 Kd6—d7
4. Lf6—e5 Kd7—c8
5. Kf7—e6. Nicht nach e7, da dieses pat machen würde.
5. . . . . Kc8—d8
6. Le4—b7 Kd8—e8
7. Le5—c7 Ke8—f8
8. Ke6—f6 Kf8—g8

Ginge der König nach e8, so folgte Lb7—c6†.

9.	Lc7—f4	Kg8—f8	12.	Lf4—d6†	Kf8—g8
10.	Lb7—c6	Kf8—g8	13.	Lc6—d5†	Kg8—h8
11.	Kf6—g6	Kg8—f8	14.	Ld6—e5‡.	

II. Laufer und Springer gewinnen gegen den König.

Die Schwierigkeit, das Mat durch Springer und Laufer zu erreichen, liegt weniger darin, den einzelnen König an den Rand zu drängen, als vielmehr ihn in die Ecke zu bringen, welche der Laufer beherrschen kann, denn nur dort ist das Mat möglich. Man vermeide übrigens, häufig Schach zu bieten, da es wirksamer ist, dem Köuige die Plätze abzuschneiden, auf welche er zu gehen gedenkt. Den Springer wird gewöhnlich die Felder angreifen, welche dem Laufer unzugänglich sind, aber man bewege den Springer möglichst selten, da seine Manöver mehr Zeit erfordern als die des Laufers, welcher überdies seine Stellung verändern und doch ohne Tempoverlust in derselben Richtung wirksam bleiben kann.

Schwarz.

Weiss.

1. .... Kh6—h5,

oder nach h7, s. die erste Veränderung. Schwarz kann nur auf a8 oder h1 mat werden.

2. Lc6—e8† Kh5—h4

Geh der König nach h6, so kommen wir auf das Spiel der Veränderung.

3.	Kf6—f5	Kh4—g3
4.	Le8—h5	Kg3—h4
5.	Lh5—g4	Kh4—g3
6.	Kf5—g5	Kg3—f2
7.	Kg5—f4	Kf2—e1
8.	Kf4—e3	Ke1—f1
9.	Se5—d3	Kf1—g2
10.	Ke3—f4	Kg2—f1
11.	Kf4—g3	Kf1—g1
12.	Lg4—e2	Kg1—h1
13.	Sd3—f2†	Kh1—g1
14.	Sf2—h3†	Kg1—h1
15.	Le2—f3‡.	

Erste Veränderung.

1.	....	Kh6—h7
2.	Se5—f7	Kh7—g8

3. Lc6—e4 Kg8—f8
4. Le4—h7 Kf8—e8
5. Sf7—e5 Ke8—d8

Oder wie die 2. Veränderung ausführt, Ke8—f8. Man beachte dabei den Gang des Springers, der ungefähr derselbe in beiden Spielen bleibt.

6. Kf6—e6. Dies ist der beste Zug, man könnte jedoch auch Lh7—e4 thun.

6. .... Kd8—c7
7. Se5—d7 Kc7—c6
8. Lh7—d3 Kc6—c7
9. Ld3—e4 Kc7—d8
10. Ke6—d6 Kd8—e8

Geht der König nach c8, so folgen im Wesentlichen dieselben Züge von Weiss, nur in anderer Ordnung: man würde mit Sd7—c5 anfangen.

11. Le4—g6† Ke8—d8
12. Lg6—f7 Kd8—c8
13. Sd7—c5 Kc8—d8
14. Sc5—b7† Kd8—c8
15. Kd6—c6 Kc8—b8
16. Kc6—b6 Kb8—c8
17. Lf7—e6† Kc8—b8
18. Sb7—c5 Kb8—a8
19. Le6—d7 Ka8—b8 etc.

Zweite Veränderung.

5. .... Ke8—f8
6. Se5—d7† Kf8—e8
7. Kf6—e6 Ke8—d8
8. Ke6—d6 und gewinnt wie oben.

III. Die Dame gewinnt gegen den Thurm, selbst gegen Thurm und einen Bauern.

Schwarz.

Weiss.

Damit die Dame in der gegenwärtigen Stellung gewinne, muss Weiss seinen König hinter den Bauern bringen und diesen demnächst doppelt angreifen. Dazu ist aber erforderlich, dass man den feindlichen König zwinge, vor den Bauern zu gehen, und zweitens muss der Thurm von dem Felde e5 vertrieben werden, da er von dort dem Könige den Uebergang über die 5. Linie und über die e-Linie sperrt.

1. Dd3—h7† Ke7—e6

Ginge der König nach d8, so folgte 2. Dh7—f7, Te5—c5; 3.

Df7—e6, Kd8—c7; 4. De6—e7†, Kc7—c6 und der König ist doch auf die 6. Reihe getrieben. Oder 2. (Dh7—f7), Kd8—c8; 3. Df7—a7, Kc8—d8; 4. Da7—b8†, Kd8—d7; 8. Db8—b7†, Kd7—d8; 6. Db7—c6, Kd8—e7; 7. Dc6—c7†, Ke7—e6; 8. Dc7—d8, Te5—f5†; 9. Kf4—g4, Tf5—e5; 10. Dd8—e8†, Ke6—d5; 11. De8—c8 u. s. w.

2. Dh7—c7 Te5—c5

3. Dc7—d8. Diese Position ist erforderlich, um den schwarzen König nach d5 zu nöthigen.

3. .... Tc5—e5

4. Dd8—e8† Ke6—d5

Ginge er nach f6, so könnte Weiss durch De8—d7 und nachher Kf4—g4 über die 5. Linie mit dem Könige kommen.

5. De8—c8 Te5—e4†

Zieht er den Thurm nach h5, so wird die Dame auf a8 Schach geben und den Bauern erobern. Bei 5. Kd5—d4† folgt 6. Dc8—c6, Te5—d5; 7. Dc6—c7, Kd4—d3; 8. Dc7—c1, (Td5—d4†; 9. Kf4—f5), Kd3—d4; 9. Dc1—c6 und gewinnt nun ebenfalls den Bauern.

6. Kf4—f5 Te4—e5†

Mit 6. Kd5—d4; 7. Dc8—c6, d6—d5 brächte Schwarz seinen Bauern um einen Schritt vorwärts, verlöre aber doch nun durch 8. Dc6—c2, da das Feld e8 vom Thurm nicht betreten werden darf, wegen des Schachs auf a4.

7. Kf5—f6 Te5—e4

Hätte er den König nach d4 gezogen, so rückte die Dame nach c6.

8. Dc8—f5† Te4—e5

9. Df5—d3† Kd5—c5

10. Dd3—d2. Weiss muss jetzt nur noch den Uebergang über die e-Linie erzwingen.

10. .... Kc5—c6

11. Dd2—d4 Kc6—d7

Die Folge von Kc6—c7 wäre: 12. Dd4—a4, Te5—c5; 13. Da4—a7†, Kc7—c6; 14. Kf6—e7 und gelangt hinter den Bauern.

12. Dd4—c4 Te5—c5

Hätte er den Thurm entfernt, so würde ihn die Dame durch ein Schach zu gewinnen suchen.

13. Dc4—f7† Kd7—c6

14. Kf6—e7. Endlich ist es dem Könige gelungen, hinter den Bauern zu kommen, wodurch das Spiel entschieden wird. Stände übrigens der Bauer auf d7 statt d6, so wären die Manöver des Königs nicht möglich und das Spiel bliebe remis. Ein Thurmbauer würde jedoch auch auf der zweiten Reihe verlieren.

14. .... Tc5—e5†

15. Ke7—d8 Te5—c5

16. Df7—d7† Kc6—d5

17. Kd8—e7 Tc5—c6

18. Dd7—f5† Kd5—c4

19. Ke7—d7 Tc6—c5

20. Df5—e4† Kc4—b3

21. Kd7—d6: ....

Schwarz.

Weiss.

21. .... Tc5—c2

Geht der Thurm nur einen Schritt, Tc5—c4, so folgt De4—e1 und dann kommt der weisse König heran.

22. Kd6—d5. Es wäre nutzlos, mit der Dame Schach zu geben, während der König noch entfernt ist.

22. .... Kb3—b2

Zieht der Thurm Tc2—c1, so giebt De4—f3 Schach und gewinnt wieder eine Linie.

23. Kd5—d4 Kb2—a1, um sich pat setzen zu lassen, wenn Weiss den Thurm nimmt.

24. Kd4—d3 Tc2—b2

25. De4—a4† Ka1—b1

26. Kd3—c3. Hierdurch zwingt man den Thurm, sich vom Könige zu entfernen. Hätte aber Weiss den Zug in dieser Position, so würde er durch Da4—e4† und nachher auf a8 oder h1 (Schach) das fehlende Tempo leicht gewinnen.

26. .... Tb2—h2

27. Da4—b5† Kb1—a1

28. Db5—a6† Ka1—b1

29. Da6—b6† Kb1—a2

30. Db6—a7† Ka2—b1

31. Da7—b8† und gewinnt den Thurm.

IV. Die Dame gegen beide Läufer.

Gewöhnlich gewinnt die Dame, wegen ihrer grösseren Beweglichkeit, gegen zwei kleine Officiere. Nur wenn diese eine besonders günstige Stellung, welche die Annäherung des feindlichen Königs verhindert, in der Nähe ihres Königs einnehmen, vermögen sie das Spiel unentschieden zu machen. Die Stellung muss übrigens, da der feindliche König sie zu umgehen suchen wird, so beschaffen sein, dass sie nach Umständen geändert werden kann. Läufer oder Springer stehen zu diesem Zweck am geeignetsten neben einander, dicht vor ihrem Könige, wie in der folgenden Position.

[S. das nächste Diagramm.]

1. Da4—d7†, Kg7—g8, aber nicht Lg6—f7, denn dieses hätte die Annäherung des feindlichen Königs zugelassen und damit das Spiel verloren gemacht.

Schwarz.

Weiss.

2. Dd7—e6† Kg8—g7
3. Kg4—f4 Lg6—h7
4. De6—d7† Kg7—g6
5. Dd7—e8† (s. hier die Veränderung.)

5. .... Kg6—g7
6. Kf4—g4 Lh7—g6
7. De8—e6 Lg6—h7
8. De6—d7† Kg7—g6
9. Dd7—e8† Kg6—g7
10. Kg4—h5 Lh7—f5
11. De8—a4 Lf5—g6†

Das Spiel bleibt unentschieden.

Veränderung.

5. Kf4—g4 Lh7—g8
6. Dd7—f5† Kg6—g7
7. Kg4—h5 Lg8—f7†
8. Kh5—g4 Lf7—g6

Das Spiel bleibt unentschieden. Hätten die Läufer vor ihrem Könige eine ähnliche Stellung mitten im Brete eingenommen, so müssten sie sich ebenfalls nicht vom Könige trennen, sondern ganz auf dieselbe Art vertheidigen, wie es eben gezeigt ist, und würden dann auch remis machen.

V. Die Dame gegen beide Springer.

Die beiden Springer sind, wenn sie neben oder über einander bei ihrem Könige stehen, weniger der Annäherung des feindlichen Königs ausgesetzt, überhaupt weniger in der Defensive, als in derjenigen Stellung, in welcher einer den andern unterstützt oder gleich wieder zur Deckung zurückgezogen werden muss. Bei der Analyse gehen wir daher von einer ungünstigen Stellung aus und lassen die Springer zunächst einander decken.

[S. das nächste Diagramm.]

1. Kh2—g3 Kd4—d3

Es würde hier auch gut sein, Sc4—d6 zu ziehen und dann die Springer neben einander zu vereinigen.

2. Da8—d5† Kd3—c3
3. Kg3—f4 Se5—d3†
4. Kf4—f3 Sd3—b4

Wäre der Springer nach e5 mit Schach zurückgegangen, so würde Kf3—e4 folgen, die Springer

Schwarz.

Weiss.

fesseln und, wie der Anhang näher angiebt, das Spiel dadurch für Weiss entscheiden.

5.	Dd5—d1	Sc4—d2†
6.	Kf3—e2	Sd2—b3
7.	Dd1—e1†	Kc3—c4
8.	De1—h4†	Kc4—c3
9.	Dh4—f6†	Sb3—d4†
10.	Ke2—f2	Sb4—d5

Das Spiel bleibt unentschieden.

Anhang.

[S. das nächste Diagramm.]

Weiss wird den König an den Rand zu drängen und dort pat zu setzen oder so zu stellen suchen, dass die Springer ziehen müssen und dabei verloren gehen.

5.	....	Kc3—b3
6.	Ke4—d4	Kb3—b2
7.	Dd5—b7†	Kb2—c2

Schwarz.

Weiss.

Schwarz thut gut, mit dem Könige weder freiwillig in die Ecke, noch überhaupt an den Rand des Bretes zu gehen.

8.	Db7—b5	Kc2—d1
9.	Db5—b3†	Kd1—e2
10.	Db3—g3	Ke2—f1

11. Kd4—e4. Weiss konnte nicht mit der Dame gleich nach h4 gehen, da ihm dann ein Schach auf f3 drohte.

11.	....	Kf1—e2
12.	Dg3—g2†	Ke2—d1
13.	Dg2—f2	Kd1—c1
14.	Ke4—d4	Kc1—d1

15. Kd4—c3 und gewinnt, welches auch eintreten musste, wenn Schwarz andere Züge that, als die von uns vorausgesetzten.

VI. Die Dame gegen Laufer und Springer.

Die Vertheidigung von Laufer und Springer gegen die Dame hat wegen der ungleichartigen Bewegung dieser kleinen Officiere besondere Schwierigkeit, dennoch giebt es auch hier Stellungen, in denen die Dame nicht gewinnen kann.

Schwarz.

Weiss.

Setzen wir den Springer auf g7, so greift er die Felder h5, f5, e7 und e8 an. Steht nun der König bei diesem Springer, so muss sich ihm der feindliche König, um mit der Dame zu gewinnen, auf dem Felde g5, e5 oder e7 nähern. Stellen wir aber noch den Laufer auf f6, so sind alle Zugänge gedeckt und somit ist für den Augenblick die Annäherung des Feindes unmöglich gemacht. Daher müssten bei einer solchen Stellung Springer und Laufer erst gezwungen werden, ihre Position zu verlassen, ehe der König wirksam mit der Dame angreifen könnte, und ferner müsste man, um zu gewinnen, den Vertheidiger abhalten, eine neue Position der beschriebenen Art einzunehmen. Dass man jedoch dies Letztere zu verhindern nicht im Stande ist, wird die folgende Ausführung zeigen.

1. Dc6—d5† Kf7—g6

2. Dd5—g2†. Ginge die Dame nach g8, so würde Schwarz seinen Laufer nach g5 oder h4 und dann nach f6 zurückziehen.

2. . . . . Kg6—f7

3. Dg2—g4. Da nun Schwarz das Feld g6 der Dame wehren muss, um seine Position zu behaupten, so kann nur der Laufer ziehen, jedoch auch dieser darf sich nicht zu weit entfernen. Er muss in dieser und in ähnlichen Stellungen auf dasjenige der Felder g5, e7 oder e5 gezogen werden, welches gerade vom Feinde nicht angegriffen wird. Er zieht also hier

3. . . . . Lf6—e5

4. Dg4—c4† Kf7—g6

5. Dc4—e4† Kg6—f6

Schwarz hat gegenwärtig eine andere Position einnehmen müssen, und es bleibt nun zu untersuchen, ob Weiss etwa aus dieser den Gewinn erzwingen kann.

6. Kd7—c6 Sg7—f5,

um nachher wieder die weissen Felder dem Könige abzuschneiden.

7. De4—f3 Kf6—e6

Schwarz muss, so viel als möglich, den König so stellen, dass er seine beiden Officiere frei gebrauchen kann, besonders den Springer, da die Hauptschwierigkeit der Vertheidigung in der richtigen Führung dieses Steines besteht; er muss die Felder besetzen, von denen aus er am wirksamsten die Annäherung des feindlichen Königs hindert, zugleich aber auch seine Anfangsstellung gegen den Laufer wieder zu erlangen suchen.

8. Df3—e4. Hätte Weiss 8. Kc6—c5 gezogen, so wäre sein ganzer Plan zerstört worden, denn Schwarz zöge Lc5—d6† und dann Sf5—e7, wodurch er wieder eine der ursprünglichen ähnliche Stellung einnähme. Desshalb thut Weiss am besten Df3—e4 oder d5† wie in der Veränderung.

8. .... Ke6—f6
9. Kc6—d5 Sf5—e7†
10. Kd5—c4 Se7—f5
11. Kc4—d3 Sf5—d6
12. De4—d5 Kf6—f5
13. Kd3—e3 Kf5—f6
14. Ke3—f3 Sd6—f5,

wodurch Weiss verhindert wird, seinen König sogleich nach g4 zu bringen.

15. Dd5—c6† Sf5—d6
16. Kf3—g4 Kf6—e6

und Schwarz hat eine der anfänglichen ganz ähnliche Stellung.

Veränderung.

Schwarz.

Weiss.

8. Df3—d5† Ke6—f6
9. Kc6—d7 Sf5—g7
10. Kd7—d8 Sg7—e6†
11. Kd8—c8 Kf6—f5
12. Kc8—d7 Se6—f4

Weiss hat nichts gewonnen.

VII. Thurm gegen Thurm und Laufer.

Zu den interessantesten Problemen gehört die Lösung des Spieles von Thurm und Laufer gegen Thurm. Die Vertheidigung ist schwierig, aber doch scheint sie nicht allein auf der Mitte des

Breıes allgemein möglich zu sein, sondern überhaupt kann das Mat nur in einigen Randpositionen, welche sogleich näher bezeichnet werden sollen, erzwungen werden.

Schwarz.

Weiss.

1. Tc6—c8† Td7—d8
2. Tc8—c7 Td8—d2

Um den Gewinn zu erzwingen, muss man den schwarzen Thurm nöthigen, eines der Felder d1 oder d3 einzunehmen.

3. Tc7—b7 Td2—d1

Weiss muss nun suchen, seinen Thurm so zu stellen, dass er sich in der Entfernung eines Springerzuges vom feindlichen König befindet. Tb7—c7 würde indess wegen Td1—d2 nicht förderlich sein, hingegen entspricht Tb7—g7 dem Zweck, während Schwarz Td1—f1, welches letztere Feld mit d1 correspondirt, thun muss. Den Zug des Königs betrachtet die erste Veränderung.

4. Tb7—g7 Td1—f1
5. Le5—g3 Ke8—f8

Die zweite Veränderung beschäftigt sich mit Tf1—f3.

6. Tg7—g4 Kf8—e8
7. Tg4—c4 Tf1—d1

Zieht Schwarz Ke8—f8, so folgt 8. Lg3—e5, Kf8—g8; 9. Tc4—h4 u. s. w.

8. Lg3—h4 Ke8—f8
9. Lh4—f6 Td1—e1†
10. Lf6—e5 Kf8—g8
11. Tc4—h4 und gewinnt.

Erste Veränderung.

4. .... Ke8—f8
5. Tg7—h7 Td1—g1
6. Th7—c7 Kf8—g8
7. Tc7—c8† und gewinnt.

Zweite Veränderung.

5. .... Tf1—f3
6. Lg3—d6 Tf3—e3†
7. Ld6—e5 Te3—f3

Hätte er Ke8—f8 gezogen, so war Tg7—h7 die Antwort.

8. Tg7—e7† Ke8—f8

Auf Ke8—d8 folgt Te7—b7.

9. Te7—c7 Kf8—g8
10. Tc7—g7† Tg8—f8
11. Tg7—g4 Kf8—e8

Auf Tf3—e3 würde Tg4—h4 folgen.

12. Le5—f4 und gewinnt.

Aehnlich wie die Lösung der Stellung auf der e-Linie ist auch die Analyse für die analoge Position der Züge auf der Reihe f. Endlich lässt sich auch noch das Mat in der Stellung ganz in der Ecke des Bretes erzwingen, aber die Linie der Springer bildet vielleicht eine Ausnahme.

Schwarz.

Weiss.

1. Td6—d8† Tc7—c8
2. Td8—d7 Tc8—c2

Geht er nach f8, so muss er durch den Zug 3. Td7—d6 verlieren.

3. Lb5—c6 Tc2—b2†

Zöge hier der König nach c8, so gewänne Weiss durch 4. Td7—d4.

4. Lc6—b5 Tb2—c2
5. Td7—f7, damit der schwarze Thurm das Feld c1 einnehme.
5. .... Tc2—c3
6. Lb5—a4 Tc3—c1
7. La4—c6 Tc1—b1†
8. Kb6—c5 Tb1—b2!

Dies ist der einzige Zug, der nicht bestimmt verliert. Bei 8. Tb1—g1 gewinnt 9. Lc6—e4. Auf 8. Tb1—c1† folgt 9. Kc5—d6, Tc1—d1†; 10. Lc6—d5 u. s. w.

9. Lc6—d5 Tb2—h2
10. Tf7—b7† Kb8—c8
11. Tb7—e7 Kc8—b8
12. Kc5—b6 und wir können nicht angeben, wie Weiss den Gewinn schliesslich erzwingen mag. Die Schwierigkeit der Lösung liegt darin, dass Weiss hier nicht, wie bei der ersten Stellung, seinen Thurm in Springerentfernung halten und beliebig von der einen Seite zur andern übergehen kann. Der einzelne Thurm vermag wohl stets Weiss zu verhindern, mit dem Könige das Feld e6 und zugleich mit dem Laufer das Feld e5 einzunehmen.

Befinden sich übrigens Thurm und König in der Mitte des Bretes, so bleibt das Spiel schon desshalb unentschieden, weil die überlegenere Macht nicht hinreicht, eine Randposition zu erzwingen.

Schwarz.

Weiss.

Schliesslich wollen wir noch erwähnen, dass auch am Rande, ausser der angedeuteten Stellung auf der Linie der Springer, noch manche Positionen, wie z. B. die vorstehende, welche eine Aehnlichkeit mit der zuerst analysirten hat, sich als unauflöslich erweisen.

VIII. Thurm und Springer gegen Thurm.

Wenn die Steine sich auf der Mitte des Bretes befinden, ist das Mat von Thurm und Springer gegen Thurm nur in einzelnen Fällen zu erreichen, steht hingegen der vertheidigende König am Rande auf den Feldern des Thurms, Springers oder Laufers, so ist das Mat verhältnissmässig leicht. Auf den Feldern der Dame und des Königs ist der Widerstand grösser und zuweilen wohl unübersteiglich. Die Stellungen, in denen Thurm und Springer die grösste Kraft äussern, sind solche, bei welchen sich der feindliche Thurm auf derselben Hälfte des Bretes befindet, auf welcher die Könige stehen, und der Springer nach dem Felde neben seinem Könige so gezogen werden kann, dass er bei einem Schach zwischen setzt.

Schwarz.

Weiss.

1. Te5—c5 Tb2—b6
2. Kf6—f7 Tb6—b7†
3. Se6—c7 und gewinnt.

[S. das nächste Diagramm.]

1. Sb5—d6† Ke8—f8,

denn Ke8—d8 wäre wegen Kf6—e6 verderblich.

Schwarz.

Weiss.

2. Tb7—d7 Ta8—b8,

oder Kf8—g8, wie in der Veränderung.

3. Td7—a7 Tb8—d8

Weiss muss den Thurm nach d8 zu gehen nöthigen, um keinem

Schach ausgesetzt zu sein, wenn er den Springer bewegt.

4. Sd6—f5 Td8—b8
5. Sf5—g7 Tb8—b6†
6. Sg7—e6† Kf8—g8
7. Ta7—e7 Tb6—a6

Geht der Thurm nach b3, so folgt Te7—e8†.

8. Kf6—g6 Ta6—a8
9. Te7—d7 Ta8—b8
10. Td7—d6 Tb8—e8
11. Td6—c6 Te8—a8
12. Se6—g5 Kg8—f8
13. Tc6—e6 Ta8—b8
14. Sg5—h7† Kf8—g8
15. Te6—e7 Tb8—b6†
16. Sh7—f6† Verloren.

Veränderung.

2. .... Kf8—g8
3. Kf6—g6 Kg8—f8
4. Td7—f7† Kf8—g8
5. Sd6—e4 u. s. w.

Schwarz.

Weiss.

1. Tc5—c7† Kf7—g8
2. Kf5—f6 Td6—a6
3. Tc7—e7 Ta6—b6
4. Kf6—g6 Tb6—b8
5. Te7—d7 und das Spiel ist auf die vorhergehenden Varianten reducirt.

IX. Thurm und Bauer gegen Thurm.

Häufig wird es dem einzelnen Thurme gelingen, das Spiel unentschieden zu halten, wenn sein König sich vor dem feindlichen Bauern befindet.

[S. das nebenstehende Diagramm.]

Schwarz.

Weiss.

1. Tb3—a3 e5—e4
2. Ta3—b3. Der Thurm darf diese dritte Linie erst verlassen, wenn der Bauer auf e3 gezogen ist. Durch 2. Ta3—a8 würde Weiss, wie die Veränderung zeigt, verlieren.

2. .... Th2—a2
3. Tb3—c3 e4—e3
4. Tc3—c8 Kf4—f3

5. Tc8—f8† und giebt so immerwährend Schach. Wenn sich der weisse König aber von dem Bauern entfernte, könnte Weiss diesen gewinnen.

Veränderung.

2. Ta3—a8 Kf4—f3
3. Ta8—f8† Kf3—e3
4. Ke1—f1. Hätte Weiss den König nicht gezogen, so gab Schwarz dann auf h1 Schach, tauschte die Thürme und spielte Ke3—d2.
4. .... Th2—h1†
5. Kf1—g2 Th1—e1
6. Tf8—e8 Ke3—d2
7. Kg2—f2. Hätte Weiss auf d8 Schach geboten, so geschah Kd2—e2.
7. .... e4—e3†
8. Kf2—g2 Kd2—e2

e3—e2 hätte das Spiel unentschieden gemacht.

9. Te8—e7 Te1—d1
10. Te7—e8 Td1—d7
11. Te8—e6 Td7—g7†
12. Kg2—h2 Ke2—f2
13. Te6—f6† Kf2—e1
14. Tf6—e6 e3—e2
15. Te6—d6 Tg7—c7
16. Kh2—g2 Tc7—c2
17. Td6—d7 Tc2—d2
18. Td7—b7 Td2—d8
19. Tb7—b1† Ke1—d2
20. Tb1—b2† Kd2—e3
21. Tb2—b3† Td8—d3
22. Tb3—b1 Td3—d1

u. s. w.

Wenn sich in einer Position auf beiden Seiten nur Thürme mit einer ungleichen Anzahl von Bauern finden, so pflegt das Uebergewicht eines Bauern nicht zu entscheiden. Man suche, die Bauern zu tauschen und den letzten mit dem Könige aufzuhalten. Befinden sich indess auch noch kleine Officiere im Spiel, so ist weniger Aussicht auf Remis vorhanden, falls die Stücke nicht Läufer auf verschiedenfarbigen Feldern sind. Bereits wiederholentlich würde nämlich erwähnt, dass verschiedene Läufer besonders geeignet sind, das Spiel unentschieden zu machen.

X. Der Laufer macht das Spiel gegen Thurm, zuweilen gegen Thurm und einen Bauern unentschieden.

Gewöhnlich wird Thurm und Bauer gegen einen einzelnen Laufer gewinnen, indess kann es vorkommen, dass der Laufer die Felder neben dem Bauern so beherrscht, dass er dadurch den feindlichen König verhindert, das fernere Vorrücken des Bauern zu unterstützen. Diese Fälle sind jedoch selten und können bei Springerbauern gar nicht zur Geltung kommen.

In der folgenden Stellung gewinnt Weiss.

Schwarz.

Weiss.

1. Td1—a1. Den minder guten Zug d4—d5† betrachten wir nachher.

1. .... Lc7—b8
2. Ta1—a6† Lb8—d6
3. Ta6—b6. Nun ist Schwarz gezwungen, den König zu ziehen und das Feld d5 ungedeckt zu lassen.

3. .... Ke6—d7
4. Ke4—d5 Ld6—g3
5. Tb6—b7† Lg3—c7
6. Tb7—a7 Kd7—c8
7. Kd5—c6 und rückt dann ungehindert mit dem Bauern vor.

1. d4—d5† Ke6—d7

Schwarz verliert auch jetzt, die Vertheidigung ist aber langwieriger.

2. Ke4—d4 Lc7—g3
3. Td1—a1 Lg3—f4

Der Laufer sucht sich, so lange er kann, bereit zu halten, dem feindlichen Könige Schach zu bieten, wenn dieser auf ein Feld neben seinem Bauern ginge. Weiss wird aber doch eines der Felder c5, d5 oder e5 mit dem König dauernd zu betreten im Stande sein.

4. Ta1—a7† Kd7—d6
5. Ta7—a6† Kd6—d7
6. Ta6—f6 Lf4—h2
7. Tf6—g6 Lh2—f4
8. Tg6—g4, worauf Schwarz die Linie b8—h2 nicht mehr mit Nutzen behaupten kann. Geht der Laufer nun nach h2 oder c7, so entscheidet 9. Tg4—g7†, Kd7—d6; 10. Tg7—g6†. Auch die andern Züge sind für Schwarz nicht haltbar.

8. .... Lf4—d2

Der Laufer könnte nach c1 gehen, verliert aber dann ebenfalls.

9. Tg4—g2! Ld2—b4

Auch Ld2—f4 würde ungenügend sein.

10. Tg2—b2 Lb4—f8

Auf Lb4—a3 oder e7 würde 11. Tb2—b7†, Kd7—d6; 12. Tb7—b6†, Kd6—d7; 13. Kd4—e5 entscheiden.

11. Tb2—b7† Kd7—d6
12. Kd4—e4 Lf8—e7
13. Tb7—b6† Kd6—c7
14. Tb6—g6 und gewinnt.

Hierbei wollen wir noch erwähnen, dass Schwarz auch verlieren müsste, wenn er die Linie b8—h2 früher mit dem Laufer verliesse, als er sich dazu in unserer Ausführung gezwungen sieht.

In der folgenden Stellung bleibt das Spiel unentschieden.

Schwarz.

Weiss.

1. Ta7—b7 Lb3—c4
2. Tb7—c7 Lc4—a2!

oder d5; Schwarz muss seinen Laufer auf der Linie nach f7 und so halten, dass er Schach bieten kann, wenn Kf5—g6 geschieht. Auf diese Art bleibt das Spiel unentschieden. Zieht dabei der Bauer nach f7, so nimmt ihn Schwarz nicht sogleich, sondern spielt erst Kf8—g7. Schwarz würde aber verlieren, falls er dann seinen Laufer nicht auf der erwähnten Diagonale hätte. Geschähe z. B.

2. . . . . Lc4—b5?

so folgt:

3. f6—f7 Kf8—g7
4. Kg5—f5 Lb5—a4.
5. Tc7—b7 La4—d1

Auf Lc6 entscheidet Ke6.

6. Kf5—e6 Ld1—h5
7. Tb7—c7 Lh5—g6
8. f7—f8D† Kg7—f8:
9. Ke6—f6 und gewinnt.

Ein Springerbauer wird in Verbindung mit dem Thurme auch in den sonst für den einzelnen Laufer günstigen Stellungen gewinnen.

Schwarz.

Weiss.

1. g6—g7† Kh8—h7

Wenn er den Bauern nähme, gewänne 2. Kf5—g6.

2. Tb7—b4 Ld4—f2

Auf Ld4—g7: gewinnt Tb4—h4† und Kf5—g6.

3. Tb4—g4 Kh7—g8

4. Kf5—g6 Lf2—d4

5. Tg4—f4 Ld4—g7:

6. Tf4—c4 Verloren.

Der Laufer allein kann im Allgemeinen das Spiel gegen den einen einzelnen Thurm unentschieden machen. Am geeignetsten ist dazu die Stellung mit dem Könige in einer Ecke, nicht von der Farbe des Laufers, wo man dann neben dem Könige mit dem Laufer das Schach decken und nur pat gesetzt werden kann. Steht der König jedoch auf einem andern Randfelde, so ziehe man nie den Laufer zwischen ein Schach vom Thurme, sondern hindere nur, dass sich der feindliche König dem andern gerade gegenüber stelle. Man wird dies am besten thun können, wenn man sich selbst auf einem Randfelde von der Farbe des Laufers hält.

XI. Thurm gegen Springer.

Ein Springer, der sich in der Nähe seines Königs befindet, wird gegen den Thurm remis machen; ist er jedoch vom Könige getrennt, so läuft er Gefahr, verloren zu gehen.

Schwarz.

Weiss.

Giebt der Springer auf g8 Schach, so bleibt das Spiel unentschieden.

1. .... Sh6—g4†?

2. Kf6—e6 Ke8—d8

Ginge der König nach f8, so würde der Springer auf ähnliche Weise gewonnen werden, wie ihn jetzt Weiss erobert.

3. Th7—h4 Sg4—e3

Auf 3. Sg4—f2 würde Th4—d4† folgen.

4. Th4—e4 Se3—c2

Geht der Springer nach f1, so giebt Weiss auf d4 Schach und zieht dann 6. Td4—d3, wodurch der Springer eingeschlossen wird.

5. Ke6—d5 Sc2—a3

6. Kd5—c5 und gewinnt.

XII. Der Thurm gegen Officier und zwei Bauern.

Ein Thurm gegen Laufer oder Springer und zwei Bauern macht das Spiel unentschieden. Diese Behauptung ist zwar im Allgemeinen richtig, aber die Führung des Thurmes, zumal gegen einen Laufer, ist schwierig. Man muss stets darauf bedacht sein, eine solche Position einzunehmen, dass man, wenn die Bauern weiter vorgehen, den Thurm für beide opfern kann. In dem folgenden Beispiele ist dies nicht mehr möglich.

Schwarz.

Weiss.

1. Kd1—e1 Kd4—c5

Schwarz muss, um zu gewinnen, mit dem Könige auf c3 und mit dem Laufer auf c4 stehen.

2. Td8—c8†. Gäbe der Thurm nicht Schach, sondern ginge er etwa nach e8, so würde Schwarz in drei Zügen mit dem Bauern d3 in die Dame kommen.

2. . . . . Kc5—b4
3. Tc8—b8† Kb4—c3
4. Tb8—c8† Ld5—c4

und gewinnt.

Ständen die Bauern erst auf ihren fünften Feldern, so würde das Spiel unentschieden bleiben, weil Weiss noch nicht zu befürchten hätte, dass ein Bauer durch zweimaliges Vorrücken zur Dame würde. Er könnte dann nämlich, sobald sich der schwarze König auf die c-Linie begiebt, mit dem Thurm nach e8 ziehen und Schwarz zwingen, mit dem Könige zurück zu gehen oder einen Bauern vorzurücken. In beiden Fällen würde Schwarz nichts gewonnen haben.

Stände in dem oben ausgeführten Beispiele auf d5 ein Springer statt des Laufers, so würde das Spiel ebenfalls unentschieden bleiben. Gewöhnlich vertheidigt sich der Thurm gegen Springer und Bauern am besten, wenn er den Bauern zur Seite bleibt, während der König sich ihnen gegenüberstellt.

In welchen Fällen der Thurm einen oder mehrere, nicht von Figuren begleitete Bauern aufhält, wird später, sobald wir die einzelnen Bauern betrachten, erwähnt werden.

XIII. Laufer gegen Springer nebst Bauern.

Bleiben in einem Endspiele Bauern übrig und ist dabei auf der einen Seite ein Laufer, auf der andern ein Springer, so hat der Letztere nicht selten einen Vortheil, da er nicht an eine Farbe wie der Laufer, gebunden ist, sondern alle Felder angreifen kann. In der folgenden Stellung entscheidet jedoch nicht ein Uebergewicht des Springers, sondern der Umstand, dass der Laufer abgeschnitten wird.

Schwarz.

Weiss.

Schwarz zieht f6—f5 und gewinnt. Thäte er jedoch als ersten Zug a5—a4, so würde er zwar den Laufer (gegen den a-Bauern) erobern, aber dann nicht hindern können, dass der Bauer f6 gegen g3 umgetauscht und dadurch das Spiel unentschieden gemacht würde.

XIV. Laufer gegen Bauern.

In der folgenden Stellung können die drei Bauern gegen den einzelnen Officier nicht gewinnen, obgleich dies sonst oft der Fall ist, wie z. B. das Endspiel des S. 155 u. folg. mitgetheilten **Giuoco piano** beweist.

[S. das nächste Diagramm.]

In dieser Stellung ist das Spiel unentschieden, es mag Weiss oder Schwarz den Zug haben.

1.	....	Kb4—b3
2.	Kf3—f4 oder Kf3—e3	
2.	....	Kb3—b2:
3.	Kf4—e5	Kb2—c3
4.	Ke5—d5	Kc3—d3
5.	e4—e5	Kd3—e3

Schwarz.

Weiss.

6. Kd5—e6 Ke3—f4
7. Ke6—f6 Lg6—f5

Remis.

Oder:

1. .... Kb4—b3
2. Kf3—e3 statt Kf3—f4
2. .... Kb3—b2:
3. Ke3—d4 Kb2—c2
4. e4—e5 Lg6—f7
5. Kd4—e4 Lf7—e6
6. g5—g6 Kc2—d2

Remis.

Aber auch wenn Weiss anzieht, ist das Spiel remis, nämlich:

1. Kf3—f4 Kb4--c5

Wenn der König nach b3 ginge, so würde Weiss gewinnen.

2. Kf4—e5 Kc5—c4
3. b2—b4 Lg6—h7

Den Bauern darf Schwarz noch nicht nehmen.

4. b4—b5 Kc4—c5
5. b5—b6 Kc5—b6:
6. Ke5—d5 Kb6—c7
7. e4—e5 Kc7—d7

Unentschieden.

Oder:

1. Kf3—f4 Kb4—b3?
2. e4—e5 Kb3—c4

Nimmt der König den Bauern b2, so gewinnt Weiss durch e5—e6.

3. b2—b4 Kc4—d5
4. b4—b5 Lg6—h7
5. b5—b6 Kd5—c6
6. e5—e6 Kc6—b6:
7. Kf4—e5 Kb6—c7
8. Ke5—f6 Lh7—g8
9. e6—e7 Kc7—d7
10. Kf6—g7 Lg8—d5
11. Kg7—f8 und gewinnt.

Zieht Weiss im ersten Zuge e4—e5, so kann er ebenfalls nur remis machen, wenn Schwarz richtig dagegen spielt.

1. e4—e5 Kb4—c5
2. Kf3—f4 Kc5--d5
3. b2—b4 Lg6—d3
4. b4—b5 Ld3—b5:
5. Kf4—f5 Lb5—d7†

Remis.

XV. König und ein Bauer.

Der Springer kann, auch wenn er von seinem Könige nicht unterstützt wird, wie das folgende Beispiel zeigt, einen Bauern gewöhnlich aufhalten.

Schwarz.

Weiss.

1. Sa2—c1† Kb3—b2
2. Sc1—d3† Kb2—c2
3. Sd3—b4† Kc2—b3
4. Sb4—d3, um von c1 aus wieder Schach bieten zu können, falls der Bauer vorrückt. Ueberhaupt bemerke man, dass wenn in ähnlichen Stellungen der Springer nicht unmittelbar Schach geben kann, er stets ein Feld findet, um dann im zweiten Zuge mit Schach zugleich den vorrückenden Bauern anzugreifen.

Ein Thurm in Verbindung mit seinem König hält 3 bis 4 Bauern auf, der Thurm allein verliert aber gegen 2 geschlossene Bauern, wenn diese ihre sechsten Felder erreicht haben. Der König und ein Bauer machen, wenn der feindliche König nicht zeitig herbeikommen kann, das Spiel gegen den einzelnen Thurm unentschieden. In dem folgenden Beispiele gewinnt jedoch der Thurm noch.

Schwarz.

Weiss.

1. Tg7—g6† Kd6—d5
2. Ke8—d7 c6—c5
3. Tg6—d6† Kd5—c4
4. Kd7—c6 Kc4—b4
5. Kc6—d5 c5—c4
6. Td6—b6† Kb4—c3
7. Tb6—c6 und gewinnt.

Ein Bauer in der Nähe seines Königs und auf dem vorletzten Felde kann zuweilen gegen die Dame das Spiel unentschieden machen, jedoch ist dies nur auf den Reihen der Thürme und Läufer möglich. Auf den anderen Linien verliert er immer, z. B.

[S. das nächste Diagramm.]

1. Db1—f5† Kf2—g2
2. Df5—g4† Kg2—f2
3. Dg4—f4† Kf2—g1
4. Df4—e3† Kg1—f1
5. De3—f3†. Wäre bei diesem Manöver der Bauer auf der f-Linie, so würde Schwarz nun den König in die Ecke des Bretes ziehen, um nach Verlust des Bau-

Schwarz.

Weiss.

ern pat zu sein. Dieser Umstand rettet das Spiel bei einem Lauferbauern. Noch leichter sieht man, wie der Thurmbauer, auch weil der König in der Ecke pat werden kann, nicht verliert. Bei den Springer- und Mittelbauern ist aber hier kein Pat möglich.

5. . . . . Kf1—e1

Nun gewinnt Weiss ein Tempo, um den Köng näher zu bringen. Die Wiederholung desselben Manövers entscheidet zu seinen Gunsten.

In dem folgenden Beispiele verliert, wegen möglicher Annäherung des Königs, selbst ein Lauferbauer.

[S. das nächste Diagramm.]

1. Dg3—b3 Kd1—d2
2. Db3—b2 Kd2 d1
3. Kg4—f3 Kd1—d2
4. Kf3—e4 Kd2—d1
5. Ke4—d3 und gewinnt.

Sind nur die beiden Damen und Bauern auf jeder Seite übrig geblieben, so pflegt ein Bauer mehr

Schwarz.

Weiss.

oder weniger nicht zu entscheiden, denn selbst gegen einen Bauern, welcher von Dame und König unterstützt auf die siebente Reihe vorgerückt ist, kann die Dame allein noch mitunter remis machen.

Schwarz.

Weiss.

1. . . . . f3—f2

Weiss sucht nun immer Schach zu geben, oder sich mit der Dame so zu stellen, dass der Bauer nicht vorrücken darf. Den König wird Weiss aber nicht näher bringen, damit nicht die schwarze Dame auf ein Schach zwischen setzen und zugleich selbst Schach bieten könne. Der nothwendig dann erfolgende Damentausch würde die Partie für Schwarz entscheiden. Es muss von Weiss 2. Dc4—e4† geschehen, mit Dg4† würde er verlieren.

2. Dc4—g4†? Dd6—g3
3. Dg4—e4† Kg2—g1
4. De4—d4 Kg1—h2
5. Dd4—h8† Kh1—g2!

Hier würde die Spielart 5. Dg3—h3; 6. Dh8—e5†, Kh2—g1; 7. De5—g5†, Dh3—g2; 8. Dg5—e3 das Remis wieder zulassen.

6. Dh8—a8† Kg2—g1
7. Da8—a7 Dg3—b3†
8. Kb5—c6 Kg1—g2
9. Da7—g7† Db3—g3
10. Dg7—b2 Kg2—g1
11. Db2—d4 Kg1—h2
12. Dd4—h8† Dg3—h3
13. Dh8—e5 oder b8† Kh2—h1 und Schwarz gewinnt.

Der Bauer allein gegen den einzelnen König kann nur dann gewinnen, wenn ihn sein König so begleitet, dass er die letzten Felder dem Feinde unzugänglich macht, d. h. wenn er z. B. in der folgenden Stellung den Platz c2 oder a2 erreicht.

[S. das nächste Diagramm.]

Der Bauer kann zunächst am Vorgehen nicht gehindert werden, aber Weiss vermag, wenn er am

Schwarz.

Weiss.

Zuge ist, so zu spielen, dass er selbst das letzte Feld mit dem Könige besetzt und sich dort pat machen lässt. Die Züge sind jedoch genau vorgeschrieben. Weiss muss damit beginnen, sich dem feindlichen Könige auf c3 gegenüber zu stellen. Rückt Schwarz dann den König nach b5, so muss Weiss die Opposition durch Kc3—b3 behaupten, damit Schwarz mit seinem Könige keinen Raum vor dem Bauern gewinnt, denn dieses könnte ihm die Gelegenheit gewähren, nach a2 oder c2 zu gelangen.

1. Kb2—c3 b6—b5
2. Kc3—b3 b5—b4
3. Kb3—b2 Kc5—c4
4. Kb2—c2 b4—b3†
5. Kc2—b2 Kc4—b4
6. Kb2—b1. Durch K—a1 oder c1 wäre das Spiel verloren worden.

6. .... Kb4—a3

7. Kb1—a1 b3—b2†
8. Ka1—b1 Ka3—b3,

wodurch Weiss pat gesetzt ist.

Bei einem Eckbauern wäre die Vertheidigung leichter, da der einzelne König nur die Ecke zu erreichen braucht, um sicher zu sein. Selbst ein feindlicher Laufer, der nicht auf der Farbe des Eckfeldes steht, könnte ihn von dort nicht vertreiben. Zwei Bauern gewinnen gegen den König, auch wenn er in der Ecke steht, indem man gewöhnlich den einen opfert, um für den andern eine siegreiche Stellung in Verbindung mit dem Könige zu gewinnen.

XVI. Bauern gegen Bauern.

Befinden sich in einem Endspiele mehrere Bauern auf jeder Seite, so entscheidet, bis auf wenige Ausnahmen, das Uebergewicht eines Bauern. Es kommt aber dabei nicht allein auf die richtige Führung der Bauern, sondern namentlich auch auf die Manöver der Könige an. Die schon vorher erwähnte Entgegenstellung, oder die Möglichkeit, dieselbe zur rechten Zeit zu erlangen, führt oft die Entscheidung, selbst bei gleichen Kräften, herbei. Es muss desshalb grosse Vorsicht auf die Erlangung und Behauptung der Opposition verwendet werden. Wer zuerst, vielleicht aus Mangel an freien Zügen der Bauern, mit dem Könige zu ziehen und dadurch die Entgegenstellung aufzugeben genöthigt ist, räumt fast immer dem Gegner ein freies Feld zum Vordringen ein.

Schwarz.

Weiss.

In dieser Position wird Schwarz, wenn er zuerst zieht, verlieren; mit dem Zuge kann Weiss aber nur remis machen.

1. Ke4—d4 Ke6—d6

Durch Aufgeben der Opposition 1. Ke6—f5 hätte Schwarz verloren.

2. Kd4—d3 Kd6—d7
3. Kd3—e3 Kd7—e7
4. Ke3—d4 Ke7—d6
5. Kd4—e4 Kd6—e6

Schwarz behauptet die Entgegenstellung und macht das Spiel unentschieden. Mit dem Anzuge verliert er aber, weil er dann genöthigt ist, die Entgegenstellung aufzugeben.

1. .... Ke6—d6
2. f4—f5 Kd6—e7.

Hätte Schwarz den Bauern genommen, so gelangte Weiss mit dem Könige nach h7 und brachte dann seinen Bauern g5 ungehindert zur Dame.

3. f5—f6†. Das Spiel wäre remis, wenn Weiss den Bauern g6 schlägt.

3. .... Ke7—e6

4. Ke4—d4. Hier könnte Weiss auch sogleich f6—f7 ziehen und den Bauern aufgeben.

4.	....	Ke6—d6
5.	f6—f7	Kd6—e7
6.	Kd4—e5	Ke7—f7:
7.	Ke5—d6	Kf7—f8
8.	Kd6—e6	Kf8—g7
9.	Ke6—e7	Kg7—g8
10.	Ke7—f6	Kg8—h7
11.	Kf6—f7	Kh7—h8
12.	Kf7—g6:	Kh8—g8
13.	Kg6—h6	Kg8—h8
14.	g5—g6	Kh8—g8
15.	g6—g7	Kg8—f7
16.	Kh6—h7	

und gewinnt.

Schwarz.

Weiss.

Der unbewegte Thurmbauer wird hier, da auf g5—g6, h7—h6 folgt und nach Kf6—f7, h7—h6; g5—g6 der schwarze König pat ist, das Spiel unentschieden halten. Wären aber die beiden weissen Bauern noch nicht so weit vorgerückt, und befände sich z. B. g5 noch auf g4, oder stände einer unbewegt auf seinem ersten Felde, so könnte Weiss mit dem einfachen Zuge Kf6—f7 gewinnen.

In der folgenden Stellung bleibt das Spiel, wie es scheint, immer unentschieden.

[S. das nächste Diagramm.]

1. .... Kf5—f4

2. Kf2—e2. Auf h2—h3 folgt h7—h6, hingegen führt g2—g3† zu Kf4—g4; 3. Kf2—g2, h7—h5 u. s. w.

2. .... Kf4—e4
3. Ke2—d2 Ke4—d4

Schwarz.

Weiss.

Auch hier wäre die Antwort auf h2—h3 h7—h6 gewesen.

4. g2—g3 Kd4—e4
5. Kd2—e2 Ke4—f5
6. Ke2—f3 Kf5—g5
7. h2—h3 Kg5—f5
8. g3—g4† Kf5—g5
9. Kf3—g3 h7—h6
10. h3—h4 Kg5—g6 etc.

Hat Weiss den Anzug in der ursprünglichen Stellung, so gewinnt er auch nur bei falschem Gegenspiel vermittelst einer eigenthümlichen Umgehung des schwarzen Königs.

1. Kf2—f3 Kf5—g5?

h7—h5 ist richtig.

2. Kf3—e4 Kg5—g4
3. Ke4—e5 Kg4—g5
4. Ke5—e6! Kg5—g4

Auf Kg5—g6 folgt 5. h2—h3 (s. Veränderung 2). Bei 4. Kg5—h5, Kh6, Kh4 oder 4. h6—h5 gestaltet sich das Spiel ähnlich, wie in den hier angegebenen Varianten. 4. h7—h6 betrachten wir als 1ste Veränderung, aber auch dagegen bleibt die Angriffsmethode dieselbe.

5. Ke6—f6 Kg4—f4
6. Kf6—g7 h7—h5
7. Kg7—g6 Kf4—g4

Auf h5—h4 thäte Weiss, wie hier, 8. h2—h3.

8. h2—h3† Kg4—h4
9. Kg6—h6 Kh4—g3
10. Kh6—h5: und gewinnt.

Veränderung 1.

Schwarz.

Weiss.

4. .... h7—h6
5. Ke6—f7 h6—h5

Auf Kg5—h5 geschähe 6. Kf7—f6, auf 5. Kg5—g4 oder Kh4 aber 6. Kf7—g6.

6. Kf7—g7 h5—h4
7. h2—h3 Kf5—f4
8. Kg7—g6 Kf4—g3
9. Kg6—g5 und gewinnt.

Veränderung 2.

4. .... Kg5—g6
5. h2—h3 Kg6—g7

Ginge der König nach h6 oder h5, so thäte Weiss 6. Ke6—f6 und verbliebe bei dem schon ausgeführten Systeme. Dies wäre auch bei 5. Kg6—g5; 6. Ke6—f7, h7—h5; 7. g2—g3 der Fall. 5. h7—h6 betrachten wir im Zusatz.

6. Ke6—f5 Kg7—f7

Oder h7—h6; 7. h2—h3.

7. Kf5—g5 Kf7—g7

Auf Kf7—f8 geschähe 8. Kg5—h6, Kf8—g8; 9. g2—g3, Kg8—h8; 10. g3—g4, auf 7. Kf7—g8 aber 8. Kg5—h6 und 9. g2—g4.

8. h3—h4 h7—h6†

9. Kg5—f5 Kg7—f7

10. h4—h5 und gewinnt.

Zusatz zur 2. Veränderung.

Schwarz.

Weiss.

5. .... h7—h6

Ginge der Bauer bis h5 vor, so gewänne Weiss mit 6. h3—h4.

6. g2—g3 Kg6—g7

Auf Kg6—h5 oder Kg5 geschähe 7. Ke6—f7.

7. Ke6—f5 Kg7—f7

8. h3—h4 Kf7—g7

9. h4—h5 Kg7—f7

10. g3—g4 Kf7—g7

11. Kf5—e6 und gewinnt.

Beiläufig mag bemerkt werden, dass, wenn in der Anfangsstellung der schwarze Bauer statt auf f7, auf g7 stände, Weiss mit und ohne den Zug gewinnen müsste.

Schwarz.

Weiss.

Es sei zuletzt von Weiss g2—g3 geschehen, Schwarz wird dann, obgleich hier um einen Bauern schwächer, das Spiel gewinnen.

1. .... Te4—e3†

2. Tf3—e3: f4—e3:

3. Kc3—c2. Rückte der Bauer g3—g4 vor, so würde Schwarz mit dem Könige über e4 nach f2 gehen und seinen Bauern zur Dame führen.

3. .... Kd5—d4:

Kd5—e4 würde jetzt verlieren.

4. Kc2—d1 Kd4—d3

Es konnte noch 4. g3—g4, Kd4—e4; 5. g4—g5, Ke4—f5 zum Vortheil für Schwarz geschehen.

5. g3—g4 e3—e2†

6. Kd1—e1 Kd3—c2

7. g4—g5 Kc2—b2:

8. g5—g6 c4—c3

9. g6—g7 c3—c2

10. g7—g8D c2—c1D

11. Ke1—e2: Dc1—c4†

und gewinnt.

Schwarz.

Weiss.

Weiss spielt Kg4—h4, Schwarz hält sich ihm auf h6 gegenüber und das Spiel bleibt unentschieden. Weiss kann aber auch versuchen, das Feld c4 zu erreichen, um den Bauern c5 zu erobern. In dieser Absicht geschehen folgende Züge:

1. Kg4—f3 Kg6—f6

2. Kf3—f2 Kf6—f7

3. Kf2—g3 Kf7—g7

4. Kg3—f2 Kg7—f6

5. Kf2—g1. Dies ist ein Fehlzug, denn Schwarz kann jetzt mit Vortheil auf den vorher angedeuteten Plan des Weissen sich einlassen und ein entscheidendes Gegenspiel machen.

5. .... Kf6—g5

6. Kg1—g2. Auch Kf2 würde das Spiel nicht mehr retten.

6. .... Kg5—f4

7. Kg2—f2 c5—c4!

8. d3—c4: Kf4—e4:

9. Kf2—e2 Ke4—d4

10. Ke2—f3 Kd4—c4:

11. Kf3—e4 Kc4—b3

und gewinnt.

Schwarz.

Weiss.

Weiss gewinnt.

1. e5—e6† Kd7—d6

2. e6—e7. Es ist übrigens nicht nothwendig, diesen Bauern aufzugeben.

2. Kd6—e7:

3. Kd4—e5 f5—f4

4. g3—f4: g5—g4

5. Ke5—e4. Hier würde d5—d6†, Ke7—e8 das Spiel remis gemacht haben.

5. .... Ke7—d6

6. f4—f5. Man betrachte die Stellung der beiden getrennten Bauern f5 und d5. Stände der schwarze König auf e7, so könnte er keinen der Bauern angreifen und erobern, ohne dem andern das Vorrücken zur Dame zu gestatten.

6. .... g4—g3

7. Ke4—f3 Kd6—e5

8. d5—d6 g3—g2

9. Kf3—g2: Ke5—d6:

10. Kg2—f3 Kd6—e5

11. Kf3—g4 und gewinnt, indem er den Bauern f5 nachher wieder verlässt und mit dem Könige b6 und b5 nimmt.

Druck von Metzger & Wittig in Leipzig.